规划理论与实践丛书　熊国平/主编

大城市绿带规划

熊国平　等　著

东南大学出版社

·南京·

内容提要

本书研究回顾了国内外关于大城市绿带规划的研究成果,梳理了相关学科理论与研究方法,并对国内外大城市绿带规划实践进行了对比研究,以石家庄中心城区绿带规划为研究案例,判定石家庄中心城区绿带演变特征,揭示其演变动因,提出石家庄中心城区绿带规划管控措施。

本书可供从事城乡规划、风景园林等工作的人员使用,亦可供相关高等院校师生阅读和参考。

图书在版编目(CIP)数据

大城市绿带规划 / 熊国平等著. —南京:东南大学
出版社,2019.9

(规划理论与实践丛书)

ISBN 978-7-5641-8309-7

Ⅰ.①大… Ⅱ.①熊… Ⅲ.①大城市—城市绿地—绿
化规划—研究—石家庄 Ⅳ.①TU958.222.1

中国版本图书馆 CIP 数据核字(2019)第 041452 号

大城市绿带规划
Dachengshi Lüdai Guihua

著 者	熊国平 等	
出版发行	东南大学出版社	
出 版 人	江建中	
网 址	http://www.seupress.com	
电子邮箱	press@seupress.com	
社 址	南京市四牌楼 2 号	
邮 编	210096	
电 话	025 - 83793191(发行) 025 - 57711295(传真)	
经 销	全国各地新华书店	
印 刷	江苏扬中印刷有限公司	
开 本	787mm×1092mm 1/16	
印 张	14	
字 数	323 千	
版 次	2019 年 9 月第 1 版	
印 次	2019 年 9 月第 1 次印刷	
书 号	ISBN 978-7-5641-8309-7	
定 价	68.00 元	

本社图书若有印装质量问题,请直接与营销部联系。电话(传真):025-83791830

丛书引言

城市规划实践是城市规划理论的源泉,城市规划理论是城市规划实践的升华,二者相辅相成。1980 年代以来,中国进入快速城市化时期,做大做强是城市规划实践的主要工作,新区建设如火如荼。从深圳到上海浦东,到天津滨海,再到雄安新区,城市发展日新月异,新空间不断涌现,中心商务区、保税区、出口加工区、奥体中心、大学城、自由贸易区等不断建成。加班加点、只争朝夕的城市规划实践是城市规划工作者的常态。城市规划理论跟随欧美,以引进吸收为主,很少有时间总结和升华本土的城市规划实践,形成系统化城市规划理论。

经历 30 年的快速扩展,中国城镇化率超过 50%的拐点,进入城市社会,城镇化开始由加速增长阶段进入减速高质增长阶段。长期快速城镇化所掩盖的一些深层次矛盾逐步凸显,表现为交通拥堵问题严重,大气、水、土壤等环境污染加剧,建设用地粗放低效,自然历史文化遗产保护不力,城乡建设缺乏特色等。预防和治理"城市病"要求城市规划者从繁重的城市规划实践中抽身,思考和总结城市发展的得与失。在出版社同仁的帮助下,我们策划了"规划理论与实践丛书",希望通过这套丛书分享学术思想,深化研究成果。

在文化生态保护区规划理论与实践方面,结合高淳村俗文化生态保护实验区总体规划、洪泽湖与文化生态保护实验区总体规划、黔东南民族文化生态保护实验区总体规划实践进行理论提升,在国家自然科学基金和江苏省科技支撑计划的资助下,在东南大学出版社出版著作《村俗文化生态保护区规划》《渔文化生态保护区规划》,在中国建筑工业出版社出版著作《民族文化生态保护区规划》。

在大城市规划理论与实践方面,结合北京、南京、济南、石家庄、郑州的规划实践进行理论提升,在高等学校博士学科点专项科研基金的资助下,在中国建筑工业出版社出版著作《当代中国城市形态演变》《新转型背景下城市空间结构优化》,以及译作《塑造城市》,在东南大学出版社出版著作《大城市绿带规划》《大城市近郊山区保护与发展规划》。

在乡村规划方面,结合汶川灾后重建、南京国际慢城、石梁河集中连片贫困地区扶贫开发规划的规划实践进行理论提升,在国家科技支撑计划的资助下,在中国建筑工业出版社出版著作《集中连片贫困地区扶贫开发规划》。

希望通过我们的努力,围绕我国城市发展面临的机遇与挑战,用系列著作的方式,为我国城市规划实践和城市规划理论的发展尽绵薄之力,抛砖引玉,期望同行批评和指正,更盼望同行的帮助和支持,一同加入我国城市规划理论和实践的探索中。

熊国平
于中大院

前　言

　　形成绿色发展方式和生活方式,建设美丽中国,推动生态文明成为共识,我国大城市的发展从快速扩张向品质提升、由增量拓展向存量优化转变,绿带作为控制大城市空间蔓延的规划工具之一,能够控制城市蔓延、保护生态空间、促进区域可持续发展。但在实践中,绿带规划失控现象普遍存在,在快速城市化进程中,中心城区向外迅速扩展,大城市绿带空间不断遭到蚕食,城市的生态环境遭受威胁,亟须对绿带空间规划建设进行有效控制,打造山水林田湖草生命共同体,探索科学的保护、利用和管理绿带的理论与方法。

　　研究从绿带的布局、绩效、功能、空间演化、管控等方面对国内外研究进展进行梳理,结合城乡规划学、景观生态学和城市形态学的相关理论研究,运用比较分析法、实证分析法、数理分析法、生态空间效能分析、建设用地蔓延分析、生态敏感性分析、产业适宜性分析、村庄布点因子分析、游憩空间分布分析、通风廊道规划分析、生态容量分析等研究方法,以石家庄中心城区绿带空间作为实证,通过对国内外大城市绿带规划案例进行分类总结,借鉴其成功的规划经验,探寻对石家庄切实有效的规划管理手段,以期有益于我国大城市绿色隔离地区的规划建设。本研究具有重要的研究价值和现实意义。

　　研究以石家庄中心城区绿带空间为研究对象,首先对其生产空间、生活空间、生态空间、游憩空间的演变特征进行总结分析;其次,探讨石家庄中心城区绿带空间的空间演变动因,将动因归纳为城乡发展差距明显、城乡规划管理失控、城市休闲游憩兴起;最后,对石家庄中心城区绿带空间规划提出策略和方案,在分区与管控、产业选择、生态与安全、城乡用地、镇村风貌、开发控制方面提出针对性规划措施。

Preface

Forming a green development method and lifestyle, building a beautiful China, and promoting ecological civilization has become a common view. The development of large cities in China has been transformed from fast expansion to quality improvement, and from incremental expansion to stock optimization. The green belt, as one of the planning tools for controlling the spatial sprawl of large cities, can control the urban sprawl, protect ecological space, and promote regional sustainable development. However, in practice there commonly exists an out-of-control situation regarding green belt planning. During fast urbanization, central urban areas expand outward quickly, the green belt space in large cities has been eroded constantly, and the urban ecological environment is threatened. It is urgently necessary and very important to effectively control the planning and construction of green belt space, and create a life community of mountains, waters, forests, farmlands, lakes, and grass and to explore scientific theories and methods for the protection, use, and management of green belts.

This book combs the progress of both domestic and overseas research regarding the aspects relating to green belts including the layout, performance, function, spatial evolution, and control, etc.. In combination with the research on relevant theories of urban and rural planology, landscape ecology, and urban morphology, and by applying the research methods such as comparative analysis method, empirical analysis method, mathematical analysis method, ecological spatial efficiency analysis, construction land sprawl analysis, ecological sensitivity analysis, industrial suitability analysis, village distribution factor analysis, recreational space distribution analysis, ventilation corridor planning analysis, and ecological capacity analysis, etc. , this paper takes the green belt space in the central urban area of Shijiazhuang (the urban capital of Hebei Province) as an empirical case, classifies and summarizes the cases of green belt planning in domestic and overseas large cities, refers to their successful planning experiences, and explores the planning management means which are practical and effective for Shijiazhuang, aiming to benefit the planning and construction of green isolation zones in large cities of China. It therefore has important research value and practical significance.

Taking the green belt space in the central urban area of Shijiazhuang as the research object, the book firstly summarizes and analyzes the evolutionary characteristics of its production space, living space, ecological space, and recreational space. Secondly, it discusses the motivations for the spatial evolution of the green belt spaces in the central urban area of Shijiazhuang and summarizes the motivations as the obvious gap between urban and rural development, the out-of-control nature of urban and rural planning and management, and the rise of urban leisure and recreation. Finally, the book puts forward the strategy and scheme for the green belt space planning in the central urban area of Shijiazhuang, and proposes pertinent planning measures from the aspects of zoning and control, industry selection, ecology and security, urban and rural land use, town and village features, and development control.

目　录

Contents

1 研究背景与意义

1.1 研究背景

1.1.1 生态文明建设成为共识

自改革开放以来,我国经济一直保持着较快速的增长,而城市化进程也呈现出快速发展的态势,城市化率由 20 世纪 90 年代初的 26.4% 上升至 2015 年的 56.1%。有些城市发展在空间上表现为无序的、"摊大饼式"的扩张,城市蔓延的问题在 1990 年代逐渐显露出来并受到关注。持续无序的空间扩张造成了交通道路和市政设施建设成本的上升,降低了公共服务设施的利用水平,而缺乏协调的功能布局则加剧了交通拥堵、职住失衡等问题,降低了城市运行的效率,北京、上海等大城市长期受到公共服务水平不均、通勤时间过长等问题的困扰。城市的无序蔓延也对区域生态系统造成了破坏,生态系统对区域污染物的净化、应对能力下降,如近年频频困扰华东、华北地区的雾霾问题,对城市人居环境带来深远影响。控制城市蔓延,优化空间布局,同时强化生态文明建设成为共识,上升为国家发展战略。

1.1.2 绿带成为控制大城市空间蔓延的工具之一

绿色隔离空间政策产生于西方工业革命背景下,是在快速城市化时期对城市恶性膨胀产生的思考和应对,其主要方式是通过确定城市周边的禁建地区,来达到控制城市蔓延、保护生态空间、促进区域可持续发展等目的。绿带规划最早开始于 1930 年代的英国伦敦,自艾伯克隆比的"大伦敦规划"将"绿环"付诸实践以来,绿色隔离空间政策实施已达 70 年左右,并在多个国家和地区作为控制城市增长工具被运用。而我国最早则是由北京在 1990 年代开始运用这一规划工具,此后珠三角、成都、杭州和石家庄等区域、城市陆续进行了绿带的建设以控制城市蔓延问题。

我国城市空间增长寻求转型发展,表现为由追求量的扩张向追求质的提升、由增量拓展向存量优化的转变。2014 年公布的《国家新型城镇化规划(2014—2020 年)》明确提出了要优化城市空间结构和管理格局,防止城市边界无序蔓延,专门提到城市规划要"由扩张性规划逐步转向限定城市边界、优化空间结构的规划,加强城市空间开发利用管制,合理划定城市'三区四线',合理确定城市规模、开发边界、开发强度和保护性空间"等要求。以绿色隔离空间为代表的城市增长控制工具逐渐受到重视。

1.1.3 绿带规划失控普遍存在

我国绿带政策在控制城市蔓延扩张、引导近郊发展方面取得了一定成效,但以"土地城镇化"为主的外延式扩张,城市用地不断向外围扩展,郊区尤其是近郊农业用地不断遭到"蚕食",对城市绿带规划失控现象普遍存在,绿带建设对于产业用地的布局引导、居民生活的质量提升、生态系统的保护强化尚存不足。

早在1958年,北京就明确了"分散集团式"的城市布局结构,并预留了围绕市中心的314平方公里绿地作为绿带。但由于在后来的城市规划中对此区域疏于保护,没有编制过完整的专项规划,也没有专门制定政策对此区域进行保护与整治,因此绿带不断遭到城市建设用地的蚕食,至1983年,绿带面积已减少至260平方公里,其中绿化面积仅占50%。由于规划中控规指标缺失、生态准入门槛低、控制力度小,原有绿地、耕地才会被日益扩大的城镇所蚕食。在我国,城市绿带被侵蚀,规划失控现象普遍存在。

1.2 研究意义

1.2.1 理论意义

在规划理论方面,构建适应绿带地区特点的规划控制体系,实现分区控制。本研究将绿带中的生态指标作为研究对象,深入分析其要素特征,并将其作为一个完整的体系在理论层次上进行完善和构建,与原有开发强度指标体系相辅相成、互为补充,是对传统控规指标体系的必要发展和补充。

我国绿带规划研究起步于1990年代末,在理论发展初期以国外城市绿带案例研究为主,近年对国外经验的借鉴仍是绿带研究的热点,实证研究较少,绿带实证研究的丰富性有待提升。本书将以石家庄为研究对象,对其城乡空间的演变与动因进行总结,这将从研究对象上丰富国内绿带实证研究。

1.2.2 实践意义

在规划实践方面,为绿化隔离地区控制指标体系的确定提供技术支撑。本研究通过对石家庄市绿带典型地区的研究,采用科学的方法确定绿带的各项指标的合理范围,通过指标体系对绿带的规划和管理进行控制。

近年石家庄城市发展迅速,中心城区与周边县市建设用地扩展较快。2014年,石家庄进行了区划调整,原鹿泉市、藁城市撤县级市设区,栾城县撤县设区,并入石家庄城区。中心城区与周边各区一体化发展的趋势加强,绿带所承受的用地扩张压力进一步提升。对石家庄绿带内城乡空间的演变进行总结,并提出相应的改进策略,将优化中心城市周边绿带的建设,更好地指导石家庄形成合理的城市空间形态。

在规划管理方面,为绿带的合理管控提供依据。构建石家庄市绿带规划控制体系,确定建设中各项有关指标的合理范围,探讨绿带地区强制性与协调性并存的规划管理方法,将有助于规划部门强化规划管理工作。

2 国内外研究进展

2.1 国外研究进展

绿环早期具有与古代城墙相类似的、分割城市用地和外围永久开放空间的作用。

英国是开展相关研究最早的国家。约翰·克劳德斯·鲁顿(John Claudius Loudon)在其1829年发表的著作《都市呼吸地带的要点》(*Hintson Breathing Places for Metropolis*)中创造性地提出在伦敦周边规划长期的建设城市绿带(Green Belt),以实现塑造城市形态、提供开放空间,以及保护农田、森林和城市环境的目的,然而该想法并未得到实践的检验。密斯(Lord Meath)和威廉·布尔(W. Bull)分别在1890年和1901年提出在伦敦外围设置绿环,通过林荫大道把郊区公园和开放空间联系起来,为城市提供优美景观和休闲娱乐场所。

绿带规划最早起源于英国伦敦。19世纪末,霍华德(Ebenezer Howard)在《明日的田园城市》中指出:"在城市外围应建设永久性绿地,供农业生产使用,以此来抑制城市的蔓延。"其首次将绿环作为一种控制城市用地无限扩张的工具引入城市规划中。1929年,霍华德的追随者恩温(Raymond Unwin)作为编制大伦敦规划的主要顾问,提出通过在城市地区外围设置一圈绿环来控制母城和卫星城连接成片,并在1933年提出了伦敦绿带(Green Belt)的规划方案。此举标志着绿环突破了原来作为城区的隔离带、休闲带或是农业带的功能,成为防止城市无序扩张、实现城乡空间合理化的工具。1938年,英国皇家规划协会通过伦敦绿带法案(Green Belt Act),将城市周边的公共空间法定化,首次对伦敦绿带进行控制,以期对城市蔓延现象进行控制,这标志着伦敦绿带规划的正式开始。随后英国规划政策指引(Planning Policy Guidance)在此基础上对绿带控制体系的内容进行扩充,认为绿带政策不仅应对城市蔓延现象,还应将城市废弃用地纳入考虑范围,通过阻止城市外扩,从而刺激内城更新的动力。1944年,艾伯克隆比主持编制的大伦敦规划对绿带的范围进行了进一步明确(图2-1)。受到伦敦绿带建设的影响,欧洲

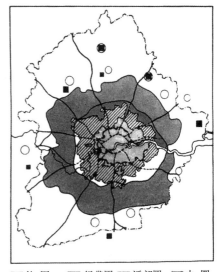

图2-1 大伦敦规划示意图

图片来源:彼得·霍尔. 城市和区域规划[M].
北京:中国建筑工业出版社,2008.

的莫斯科、巴黎、柏林，北美的渥太华、多伦多，及亚洲的东京、首尔、香港等陆续实施了绿带政策。而绿带研究则遵循着"规划建设—回顾总结—优化提升"的脉络。

2.1.1 绿带的布局

Amati(2006)将绿带分为环形绿带、楔形绿带、环城卫星绿带、缓冲绿带、中心绿带等 5 种基本形式。归纳总结世界大城市绿带布局,可以将其大致分为环状圈层式、楔形放射式、环网放射式、廊道网络式、绿心模式、多组团模式 6 大类。

1) 环状圈层式

环状圈层式主要功能特征为绿带环绕在建成区外围,形态呈环形,将周边的次级中心城镇与核心城市区隔离开来(图 2-2)。环状圈层式绿带适用于中心性显著并呈现圈层式扩张发展的城市,代表城市有伦敦、巴黎、首尔等。伦敦绿带宽度为13～14公里,面积为 5 780 平方公里(图 2-3);巴黎绿带宽度为 10～30 公里,面积为 1 200 平方公里(图 2-4)。Fitzsimons 等(2012)认为伦敦绿带容纳了城市的农业与休闲产业,通过严格的开发限制,保持了原有乡野风光,为促进城市外围休闲游憩发展提供机会。首尔绿带同样采用环形绿带布局。

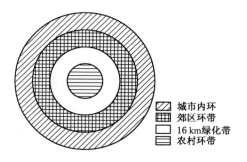

图 2-2 环状圈层式绿带模式示意图
图片来源:张浪.城市绿地系统布局结构模式的对比研究[J].中国园林,2015,31(4):50-54.

Bengston 等(2006)认为绿带在初期对城市扩张起到了控制作用,但在 1990 年绿带政策放

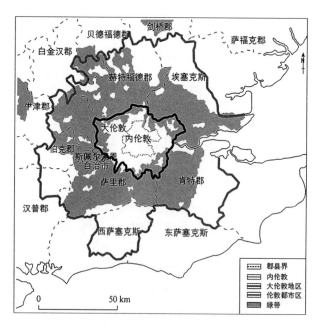

图 2-3 大伦敦环状绿带
图片来源:许浩.国外城市绿地系统规划[M].北京:中国建筑工业出版社,2003:25.

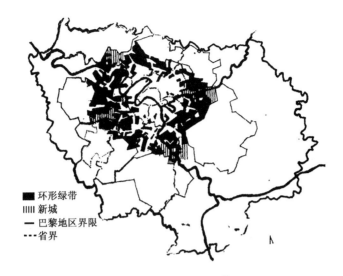

图 2-4　巴黎环状绿带

图片来源:黎新.巴黎地区环形绿带规划[J].国外城市
规划,1989(3):22-28.

松之后,却导致了都市区"蛙跳式"的土地利用结构,造成职住分离严重、城市通勤量激增、基础设施建设力度不足等一系列负面后果。M. Yokohari 等(2000)认为环城绿带形态趋于复合化、多样化,以顺应城市发展需求。巴黎采用环城卫星绿带布局,Amati 等(2006)认为这种布局能通过有控制的发展过程嫁接于传统的土地利用方式上,尽可能适应都市区居民的休闲需求。

2)楔形放射式

楔形放射式的城市外围绿带同原有的工业区、居民区与卫星城相结合,分布在城市周围,并不严格地按照环形分布,而是灵活布置,同时用由宽到窄的绿地向内延伸,一般是利用河流、起伏地形、放射干道等结合市郊农田、防护林布置(图 2-5)。楔形放射式绿带适用于城市郊区绿地分布不均,建成区内有丰富的河流、低山等自然本底的地区。代表城市有俄罗斯莫斯科、德国柏林等。莫斯科绿带宽度为 10～28 公里,面积为 4 700 平方公里(图 2-6);柏林绿带由 8 个区域公园组成,面积为 2 800 平方公里(图 2-7)。

图 2-5　楔形放射式绿带模式示意图

图片来源:张浪.城市绿地系统布局结构模式的
对比研究[J].中国园林,2015,31(4):50-54.

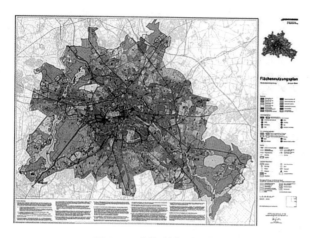

图 2-6　莫斯科楔形绿带
图片来源:莫斯科规划局网站

图 2-7　柏林楔形绿带
图片来源:柏林规划局网站

3) 环网放射式

环网放射式绿带多见于用地面积紧张、生态用地不足的大型城市。其布局特征为将环状绿带与楔形绿地相结合,在城区内建立多个环状圈层(但宽度较窄),同时通过放射性绿廊连接延伸,通常形成"环、楔、廊、园、林"的生态绿地结构道(图 2-8)。代表城市有北京、上海等。北京绿带宽度为 0.5～1 公里,面积为 700 平方公里(图 2-9)。上海绿带宽度为 0.5 公里,长度为 98 公里,面积为 72 平方公里(图 2-10)。

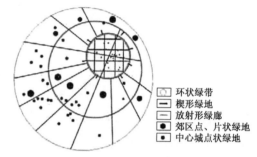

图 2-8　环网放射式绿带模式示意图
图片来源:张浪.城市绿地系统布局结构模式的对比研究[J].中国园林,2015,31(4):50-54.

城镇建设用地
第一道绿化隔离地区　第二道绿化隔离地区

图 2-9　北京环网绿带
图片来源:北京城市总体规划(2004—2020 年)

图 2-10　上海环网绿带
图片来源:上海城市总体规划(2016—2040 年)

4) 廊道网络式

廊道网络式绿带适用于沿江沿海或呈带状扩张的城市。其布局特征是在城市外围将各绿色斑块及城市周边的森林连接起来,形成形态有机的绿带,向内建立多样绿色廊道,包括休闲娱乐型绿道、生态型绿道、历史型绿道等(图 2-11)。代表城市有新英格兰等,新英格兰绿带宽度比较有机,面积 45 000 平方公里。

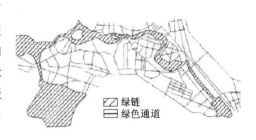

☑ 绿链
□ 绿色通道

图 2-11　廊道网络式绿带模式示意图
图片来源:张浪.城市绿地系统布局结构模式的对比研究[J].中国园林,2015,31(4):50-54.

5) 绿心模式

绿心模式绿带比较少见,常用于分散式发展的城市群地区。其布局模式是城市中心建成大面积绿色开放空间,建成区则分布在绿心周围,绿心与建成区四周以山、城、田、海等自然特征为基础,构筑缓冲绿带(图 2-12)。代表城市有荷兰兰斯塔德等。荷兰兰斯塔德绿带面积 400 平方公里,占城市总面积的 40%(图 2-13)。

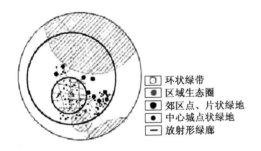

⊚ 环状绿带
● 区域生态圈
● 郊区点、片状绿地
· 中心城点状绿地
— 放射形绿廊

图 2-12　绿心绿带模式示意图
图片来源:张浪.城市绿地系统布局结构模式的对比研究[J].中国园林,2015,31(4):50-54.

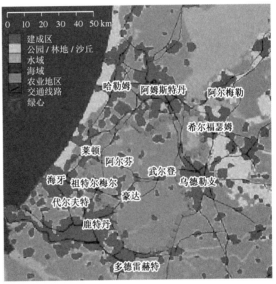

图 2-13　荷兰兰斯塔德绿心
图片来源:荷兰规划局网站

6) 多组团模式

多组团模式绿带适合具有山水格局或组团式发展的城市。其布局特征是利用城市内丰富的山水自然本底,采用与地形相结合的自然曲线,在城区间形成多条带状的城市绿带,或将城市分隔成几个绿地组团,造就一种绿地与城市交织的宜人环境(图 2-14)。代表城市有英国哈罗新城等,英国哈罗新城绿带面积 15.9 平方公里,占城市总面积的 60%(图 2-15)。

图 2-14 多组团绿带模式示意图
图片来源:张浪. 城市绿地系统布局结构模式的
对比研究[J]. 中国园林,2015,31(4):50-54.

图 2-15 英国哈罗新城有机绿带
图片来源:张晓佳. 城市规划区绿地系统规划研
究[D]. 北京:北京林业大学,2006.

2.1.2 绿带的绩效

1970 年以来,许多学者开始对绿带政策的实践进行总结研究与反思。绿带的正面效果受到肯定,学者主要通过总结城市蔓延所产生的经济、社会、环境等方面的负面影响来支撑对城市增长进行管理和控制的理论研究。

学界认为,绿带在控制城市蔓延、提高城市土地利用效率、保护城市生态环境方面有一定作用。Longley 等(1992)认为绿带的存在能够解释世界级的大城市——如伦敦——二战结束后停止蔓延的现象。Amati 等(2006)认为绿带能够有效抑制城市蔓延、控制城市扩张。Hall 等(1973)认为绿带能够使土地利用方式更加集聚高效,使中心城市的发展更加紧凑,城市结构不断优化,实施绿带政策以后提高了城市土地的使用效率,使原来废弃的棕地得以开发,开发密度的提高使城市形态更为紧凑。Munton 等(1988)从地理视角探讨了绿带政策的成效,特别是其对土地利用结构和土地价格起到的积极影响。Siedentop 等(2016)认为绿带及其开放空间能够影响城市发展模式。Amati 等(2006)认为绿带能抑制中心区的蔓延以减少居民总通勤量,最终减少化石燃料的燃烧。Robert Gant 等(2011)以英国绿带政策作为案例,通过对其发展历程的整理,肯定其在控制城市蔓延、保护生态环境方面发挥的重大作用;他同时指出,要重视绿带质量,以更好地发挥绿带效应。M. Amati 等(2010)指出,在当今全球气候变暖的时代下,绿带不仅要在绿带内部、城市内部发挥生态效益,其存在也应为改善全球环境做出贡献。

绿带在社会经济方面也具有一定效应。Nelson 等(1995)和 Dawkins 等(2002)认为,绿带可以在城市建成区保持税收和就业,促进邻里社区和民族稳定。

绿带的正面效果得到肯定的同时,围绕绿带的争论从未停止过,绿带政策所产生的负面影响也不容忽视。

绿带对于控制城市无序蔓延有一定的作用,但这作用是有限的。Bengston 等(2006)、Curtis(1996)和 Bibby(2009)承认绿带在初期对于城市集中、加密发展作用明显,但当城市建设区越过绿带继续扩展,反而会引起"蛙跳式"的蔓延。如韩国首尔都市区的扩展,已经跃过绿带限制区向更加深入的地区蔓延,导致土地利用结构发生改变,反而引发城市通勤量增加、基础设施建设滞后以及职住分离等负面效应。

绿带在社会经济方面也存在着一定的负面影响。Barker(2005)认为限制绿带开发影响整个地区的经济活力,而且绿带政策对土地开发的严格限制加剧了城市中心区住宅价格高涨,促使社会不公平现象激化。

此外,绿带政策效果在实践层面往往受到种种制约,因而作用有限。对英国绿带政策最普遍的一种批评是认为绿带政策没有对绿带内真正的乡村给予管理和保护。Adam Smith Institute(1988)的研究认为绿带政策是一种消极的政策,没有"保持良好、生态健康的乡村环境",形成了"贫瘠的或难以到达的荒地"或者"劣质、维护糟糕的农地",而且绿带内的土地为私人所有,因此难以实现为城市居民在城市边缘提供可达、用于休闲的开放性乡野空间的绿带建设目标。在这种压力下,学界对绿带的功能定位与发展取向进行了新的思考。首先,绿带政策的严格性成为讨论的焦点。RTPI(2000)建议对绿带政策进行重新审查,从保护绿化带的角度,支持采取更加灵活、动态的方式来实施绿化带政策。Kühn(2003)认为目前把绿带作为"城市发展容器"的消极定位,难以保护增长中的城市区域的开放空间,取而代之的应该是一种基于使用的以及民众理解的积极定位。此外 Kim(1990)指出,以增长控制为核心是短视且构思错误的想法,将导致绿带建设的失败,人性化与长期化绿带政策应该得到重视。Williams 等(2007)也认为以往绿带规划基于"城市与农村分割"的理念,现今应当尊重城市和农村土地用途混合物的规划概念,来鼓励建立一个有序增长的城市。

M. Tewdwr Jones(1997)探讨了绿带政策与绿楔政策的异同,认为绿楔可以被用来针对处理开发压力下的特定地区,其受到法律的限制没有绿带严格,开发规划的每一次修订都可以为绿楔的调整提供机会,这样就保证了更大的灵活性,以适应经济发展的改变和土地增长的需求。

2.1.3 绿带的功能

绿带具有限制城市恶性扩张的功能。绿带最初便是在西方快速工业化时期,作为容纳城市发展的工具出现的。绿带在空间上紧邻城市建成区,是城市空间扩展的潜在地区,其管控思路即是通过审批制度限制内部城市建设活动,以压缩城市建设用地的增长空间。在绿带建设的初期,绿带作为"城市边界"的作用十分突出,在 20 世纪七八十年代对伦敦绿带建设进行总结反思时,其控制作用得到了肯定。最初 Elson(2002)等国外学者认为,绿带控制是为了对城市形态和城市建设规模进行控制。Richard Munton 等(1988)对绿带政策的实施目标进行了总结,认为从绿带最早的重要描述开始,中央政府一直坚持绿带政策最重要的目标是限制特定城市地区的扩张。D. Mandelker(1962)认为随着时间推移,绿带被赋予其他目标,包括提供乡村娱乐的开放空间,保护农业用地,保证城市边缘的宜人环境,在各个郡、城市住区之间设立警戒线。但随着对绿带功能认识的全面,学术界开始普遍认同将绿带作为城市绿色基础设施(Green Infrastructure)的一部分,将其功能与意义进行拓展(M. Amati 等,2010)。

绿带承担着农业、休闲、度假等多种功能。绿带被认为具有保护农业发展、促进郊野游憩、稳定邻里空间的作用。绿带是以生态用地为主的近郊空间，邻近城市，同时具有丰富的休憩、旅游资源。游憩功能在"大伦敦规划"以后的绿带实践中得到较大重视，巴黎、柏林、渥太华等城市在绿带建设中相当重视绿带内部城市公园、娱乐项目的建设。在为城市居民提供便利的休闲场所的同时，旅游休憩项目也为绿带内部居民提供了除农业以外的就业渠道，支撑着绿带地区城镇与村庄的经济发展。除此之外，绿带也具有保护城市周围地区的农业、景观美化等功能。Herington(1990)认为城市周围的开发可以通过战略和地方规划政策有效控制，建议用绿色地带(Green Area)、绿道(Green Way)代替绿带，强调其生态保护和提供开放空间的功能。Laruelle(2008)指出绿带一方面保护了都市区周边农业，同时大片绿色开放空间可以保证城市和乡村之间的合理过渡。Kühn(2003)认为绿带的经济效用在于它作为开放性空间，保留农业和森林景观作为它原有的景观特色，为城市及都市区周边的乡村地带提供休闲空间。Dawkins 等(2002)认为这种形态容易将税收和工作留在城市的建成区内，促进邻里的社会和种族稳定，节约能源，保护城市外的绿色空间。柴舟跃等(2016)总结了德国科隆和法兰克福绿带的功能，其农业与休闲并重，保护原生态森林，发展蔬果种植业，农田、草坡、湖景、小花园、运动场穿插组织，承载了多样化的休闲空间和活动主题，是市民就近休闲的目的地；还通过相关主题活动策划和志愿者活动，保护文化多样性，激发使用者的环保意识。

绿环的目标与功能定位体现出明显的阶段性，与城市的社会经济发展阶段密切相关。以英国为代表，其可以明显分为四个阶段。第一阶段，带有显著目标导向式、蓝图式的痕迹，关注点集中在物质空间形态。这可以从恩温和艾伯克隆比将各自的方案称为"终极方案"窥见。这一阶段注重绿环的图案化的表达，未将之视为一个长期发展的过程，所以对经济、社会的发展也关注较少，绿环的功能仅仅停留在限制内城扩张上。第二阶段，探索绿环除"限制内城发展"之外的其他用途，强调绿环的过程性和系统性。城市经济的增长加剧了绿环与内城的冲突：受限于严格的绿环政策，城市增长活力下降。此时，对于绿环其他功能的探讨增多，强调绿环是一项系统政策，而不仅仅是蓝图式的表达。第三阶段，绿环政策受到社会经济政策的影响，在市场力的强势作用下，绿环政策陷入停滞。第四阶段，绿环发展呈现多样化的形态和多元化的功能定位。随着环境恶化和气候变化，通过政府强制规划调控来缓解城市环境的绿环政策又受到重视。紧凑城市、低碳城市等概念的研究扩充了城市调控手段，绿环概念泛化，这体现在战略隔离(Strategic Gap)、绿楔(Green Wedge)、村庄缓冲(Rural Buffer)等新名词的引入。绿环定位与功能的发展体现了对城市不同发展阶段的适应，但是不同时期的侧重点不同导致绿环的规模和形态也会进行相应的变化。有学者认为，不同时期的侧重点不同使得绿环沦为规划短期调整的工具，容易让人疑惑，对其有效性评价也变得十分复杂。

2.2 国内研究进展

国内最早实行绿带政策的是北京。1958 年北京市城市总体规划提出绿化隔离带的概念，其在 20 世纪 80 年代被重新肯定，1983 年正式启动了第一道绿化带工程，这成为我国绿带实践的开端。

同时，"城市蔓延"的概念被引入国内，城市蔓延问题逐渐受到关注。国内城市蔓延研究产生于 1990 年,1999 年张庭伟引入"城市蔓延"一词,随后国内城市蔓延的内涵界定逐渐精确,学界结合国外先进理念和国内城市实证,总结出我国城市蔓延具有蔓延城市普遍性、蔓延方式多样性、强中心与蔓延并行、土地利用低效性等特征,指出我国城市蔓延动力机制不同于西方城市的受经济、交通驱动,更明显地受到我国土地政策制度的影响。

随后,珠三角(2003)、石家庄(2006)、成都(2013)、杭州(2013)相继运用这一规划工具对城市用地的恶性扩张进行控制。由于我国绿带研究起步晚于西方国家,在理论发展初期,研究主要以国外绿带建设案例研究的形式开展,随着北京绿隔建设开展,实证研究逐渐增多,而近年针对绿隔内部空间或者特定用地的较为深入的研究开始出现。

2.2.1 绿带的空间演化

在绿带空间形态研究方面,欧阳志云等(2004)总结出与 Amati(2006)总结出的相似的形态模式,如环形、楔形等。汪永华(2004)将绿带的组合方式归纳为环形绿带、楔形绿带、中心加环绕(中心绿地)、带状绿带、网状绿带、缓冲绿带 6 种,并指出:结构复杂化、功能多样性将成为环城绿带建设的趋势。王旭东等(2014)认为绿带形态具有连续性和渗透性的特点,与周边用地的耦合影响其形态演变。李玚等(2014)认为由于环形绿带的空间属性,都市居民享受到绿带休闲便利及舒适的人均环境的机会是不均等的,为了使城市所有居民拥有均等进入绿带的游憩机会,一些城市采用环城卫星绿带、缓冲绿带、中心绿带等类型与布局(图 2-16)。王思元(2012)在其《城市边缘区绿色空间格局研究及规划策略探索》中,将绿色隔离空间分为"向外扩张型"城市发展模式与"绿环/绿楔"格局、"内部填充型"城市发展模式与"镶嵌式绿块"格局、"转换核心型"城市发展模式与"绿色补丁"格局 3 种(图 2-17、图 2-18、图 2-19)。

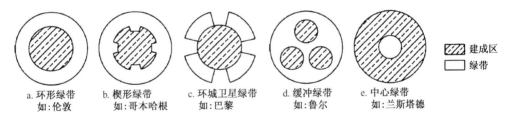

a. 环形绿带   b. 楔形绿带   c. 环城卫星绿带   d. 缓冲绿带   e. 中心绿带
如:伦敦   如:哥本哈根   如:巴黎   如:鲁尔   如:兰斯塔德

图例: 建成区 绿带

图 2-16　绿带空间结构的基本形式
图片来源:李玚,刘家明,宋涛,等. 城市绿带及其游憩利用
研究进展[J]. 地理科学进展,2014,33(9):1252-1261.

在绿带尺度研究方面,龚兆先等(2005)认为绿带应具有一定的宽度,才能发挥生态效应,否则仅具观赏性;王红兵等(2014)研究发现,在大城市的 3 个空间层次,即中心市区、城区和都市区上,从市中心到环城绿带的最小距离与城区最大半径高度相关($r = 0.83, P = 0.01$),与都市区最大半径中度相关($r = 0.69, P = 0.05$),与从市中心到山地的最小距离完全相关($r = 1.00, P = 0.01$)。从市中心到环城绿带的最大距离与城区最大半径高度相关($r = 0.86, P = 0.01$),与中心城区和都市区的最大半径均中度相关($r = 0.65/0.72, P = 0.05$),与从市中心到山地的最大距离完全相关($r = 1.00, P = 0.01$)。发达城市比发展中城市具有更大的绿带控制半径,建议发展中城市更多地向都市区外围规划环城绿带并预留一定的城市发展空间,还应当把外围山地作为规划环城绿带的优先要素。

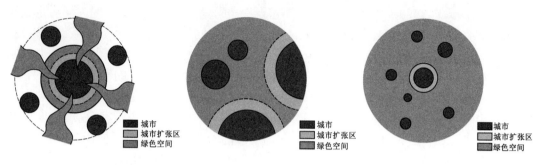

图 2-17　绿环/绿楔格局图　　　图 2-18　镶嵌式绿块格局图　　　图 2-19　绿色补丁格局图
图片来源：自绘　　　　　　　　图片来源：自绘　　　　　　　　图片来源：自绘

在绿带空间演变研究方面，近年来部分学者更将研究视角聚焦到特定空间（如村庄、游憩、产业）上，对绿带内部演变进行更为深入的研究。李功等（2015）从北京市绿带游憩空间的整体分布格局、规模容量特征和各类型游憩空间分布特征及成因 3 个层面进行分析，指出绿带游憩空间内存在的资源环境本底决定了其具有既有吸引物游憩空间、政策性规划引导郊野休闲公园空间分布相对均匀、重要水系与运动健身游憩空间的空间分布高度关联、主题活动游憩空间更倾向于靠近主要交通干道等空间特征。吴纳维（2014）对北京产业项目用地进行分析，发现从土地利用层面上看，产业用地实施速度明显呈现由中心城向外围递减的趋势，原规划选址上建筑拆迁的困难使许多产业用地无法实施。对村庄产业进行分析可以发现，产业项目的主营产业、开发及经营方式都出现了结构性变化，而项目发展可提供的就业岗位数量没有得到有效提升，依然无法解决城乡接合部地区的本地劳动力就业缺口问题。

2.2.2　绿带的功能

在绿带功能方面，普遍认为绿带具有生态保护、合理控制、引导城市形态发展等功能。

生态保护的功能。城市的扩张伴随着大量的农林用地、生态用地转变成城市建设用地，限制城市建设用地增长的过程即是对绿带地区生态基底进行保护的过程。此外，绿带政策也对生态要素进行强化，在规划管控与政策引导的促进下，对绿带地区中林地、湿地等高等级生态系统进行提升，使地区的生态净化、过滤功能得到强化。

在控制城市扩张方面，谢涤湘等（2004）认为绿带能够有效抑制城市蔓延。宋彦和丁成日（2005）认为，绿化带在提供休闲娱乐、公共开放空间、保护环境等方面发挥了一定的作用，但对于控制城市蔓延方面并不成功，行政命令式、一刀切地规划和保护绿化带和绿地，往往弊大于利，难以持续。汪永华（2004）认为随着环境保护运动的兴起，保护和改善城市生态环境质量成为环城绿带新的主要目标，因此将绿带功能总结为生态功能、社会功能、经济功能，其中生态功能包括：改善小气候、净化环境、恢复城市生态、保护水资源、提高城市生物多样性；社会功能包括：界定城市空间、休闲游憩、景观美学、科研教育功能；经济功能包括：建立苗木生产基地、带动地方经济发展。同时注重功能的复合性，使绿带具有生物廊道、城市景观塑造、城市户外空间营建、历史遗迹保护及教育、游憩、观光等多种功能。李功等（2014）通过对多个城市绿带游憩开发案例的梳理，将绿带的游憩空间分为郊野休闲公园、郊野游憩公园、运动场所及自然公园 4 种类型。王卫红(2013)分析了绿带功能演进,发现绿带逐渐兼备生态、自然保护、康乐、文化、美学、交通、城区分隔等多重功能,具有可持续土地利用特征。绿带不仅为城市带来新鲜空气、为野生动植物提供活动空间,还可通过空间分割兼顾康乐休闲、历史文化保护和交通等功能,使环城绿带逐渐融入更大的区域综合绿道生态网络中,这也成为国内外环城绿带的发展趋势。

2.2.3　绿带的绩效

在我国绿带规划开展近十载之后,国内学者开始回顾绿带的规划建设,从不同方面对绿带的绩效进行评价。

李玏等(2014)综合世界范围的实践及相关研究,总结了绿带政策实施后给城市带来的积极效应和消极效应。积极效应有:①明显抑制都市建成区蔓延速度;②保护都市周边农业,保证了城市和乡村间的合理过渡;③为城市及都市区周边提供休闲空间;④减少城市热岛效应、风暴和洪水等极端气候变化对城市中心区的影响,维护城市生态安全格局。消极效应有:①限制不当容易引起"蛙跳式"土地利用结构,导致城市通勤量和基础设施建设增加;②加剧中心区住宅价格高涨,促使社会不公平现象激化;③绿带内土地为多种产权单位拥有,国有土地及集体土地进入市场机会不平等,导致圈地现象屡禁不止。

一些学者总结了国内环城绿带的建设,肯定了环城绿带对城市蔓延的控制作用,并强调环城绿带的生态功能。谢涤湘等(2004)在总结了珠江三角洲环城绿带的建设经验后提出,环城绿带可以抑制城市蔓延扩张,并具有生态环保、休闲游憩、景观美化的功能,提出在环城绿带的建设中,应将保护与合理开发利用有机结合,与环城旅游度假带的建设结合起来。汪永华(2004)对绿带在城市发展中的功能进行探讨,认为绿带规划中应形成合理规划结构,使之发挥城市生态安全的屏障和城市生态恢复的重要手段的功能。汪永华(2005)认为环城绿带建设有利于解决大城市生态环境的恶化、空间结构的混乱、城市功能的退化等问题,认为环城绿带的建设应确保以提高城市生物多样性、改善城市边缘景观异质性、恢复城市生态功能为基础。

一些学者以北京为例,分析了北京绿隔的变化情况,并对北京绿隔的实施情况做出评价。李强等(2005)认为规划权力结构制度性安排的差异是导致伦敦和北京绿带政策绩效差异的深层原因。伦敦自治市政府的高度规划决策权及居民较强的公共参与意识是绿带政策有效实施的基础;其次英国 1947 年的《城乡规划法》明确提出绿带政策,环境部 42 号文提出绿带建设目标,1988 年英国环境部公布了《规划政策纲要第二备忘录:绿带》(Planning Policy Guidance Note2:Green Belts),充分说明绿带政策在英国的法律性质和地位。而北京绿带政策则是以北京市地方规章面目出现的,政策的权威性差异也是导致北京和伦敦绿带政策绩效差异的重要因素。闵希莹等(2003)认为面对北京经济增长的需求和压力,不宜再把限制空间扩展当作规划的首要任务,而应正视城市建设用地会继续扩大的可能性和必然性,主动引导和满足经济活动的空间需求。韩西丽(2004)认为北京的"绿化隔离带"应逐步向"绿道"转化,强化其生态和休闲的功能。甘霖(2012)则从遥感影像对北京绿隔的绿地斑块变化情况进行研究,指出绿隔固化边界控制、绿隔控制成效显著,但绿隔绿地建设与规划目标相去甚远,且绿地斑块景观碎化程度日趋严重。曹娜(2012)指出北京绿化隔离地区存在有绿无带、绿地连续性差,有量无质、绿地功能性差,有建无钱、还绿积极性差的问题,提出优化结构、优先保护战略性生态节点和廊道,转化空间、一绿变公园环、二绿变绿隔,活化功能、从隔离型绿化带变综合性绿化带的应对策略。曾赞荣等(2014)利用北京市土地利用变更调查数据研究发现,2005—2012年北京绿隔地区仍然持续着农用地向建设用地转变的剧烈变化,且呈现边缘组团与二隔地区快于一隔地区的特征,出现了"绿隔"作用弱化等问题。

一些学者从实践角度研究了绿带建设中有关城乡协调的问题。马静(2011)从绿地建设、生态林木面积、居民意向、产业发展等方面分析,认为绿带规划显著改善环境质量,提升北京城市整体形象;促进城乡协调发展,推动新村建设步伐;优化升级产业结构,推动绿色产业发展。但其也指出现阶段存在绿地养护困难且未纳入城市绿地系统、中央和部队单位搬迁困难、农民利益缺乏保障(农民住房指标不足,农民就业困难)、公共设施建设滞后等绿化建设与管理、农民社会保障等问题。尹慧君(2010)认为,绿化隔离地区是城市空间结构中的重要组成部分,担负着控制城市蔓延、引导空间发展方向、保护基本农田、构成绿色生态屏障、提供市民休憩场地等重要职能。该区域城乡二元景观特征明显,二元经济结构并存,应强调"控制"与"引导"相结合,明确目标,合理"控制",统筹兼顾,科学"引导"。柴舟跃等(2016)认为绿带范围内的产权属性和管理权限存在冲突,受到城乡二元土地结构制度以及"县市—乡镇"行政制度划分的影响,绿带内土地征用和确权难度较大,地方发展诉求也不可避免地与绿带的整体性目标产生矛盾。

2.2.4　绿带的管控

在绿带研究初期,国内学者对国外绿带规划案例进行借鉴,主要是对规划系统、管控方法、新的发展趋势的引入,对象主要为伦敦和首尔。潘鑫等(2008)学者认为,借鉴国际上大城市规划与建设城市绿化控制带的经验,加强我国大城市绿化控制带的建设,是我国大城市有效控制城市无序扩大和改善城市生态环境的一个重要途径。但谢欣梅(2009)认为,我国正处于快速城市化时期,对国际绿带建设经验不可直接照搬。张怀振等(2005)总结了欧洲绿带政策发展的简史,对伦敦、巴黎、柏林等城市的绿带政策进行分析,指出立法保障绿带实施、绿带边界的永久性、绿带面积的净增长、多渠道的资金来源、保护与开发相结合等方面是欧洲绿带建设的成功经验。杨小鹏(2008)认为韩国绿带政策中借鉴的美国新城政策和英国绿带政策相互矛盾,过分注重技术手段与短期目的,缺乏对整体与长期的思量,使绿带政策中出现"蛙跳式"用地引致资源浪费、社会不公平加剧、土地和住宅价格高涨、农田和环境保护不力等问题。李潇(2014)解读了德国"环城绿带"的理念内涵,剖析了3种不同规模城市的"环城绿带"实践案例,挖掘其支撑机制,提出对绿带实行以项目策划作为支撑的保护性开发,并积极利用,将环城绿带融入城市生活,在社会中形成自下而上的全民参与、多元维护的运作局面,塑造共融的城乡关系。文萍等(2015)总结伦敦、东京、首尔的绿带实践后指出,在经济利益的驱动下,绿带内土地所有者会通过各种手段获得开发许可,导致规划被迫调整或违法建筑盛行的局面,仅仅限制绿带内的土地用途并不能保证规划的顺利实施,因此应重点考虑对土地所有者的利益补偿。同时,还应与其他规划手段相结合,合理引导与控制城市空间形态,如在绿带外围建设新城是很多城市普遍采用的规划技术组合。新城开发能够有效缓解中心城区的扩张需求,但也存在新城过度依赖中心城区的问题。

随着国内绿带规划的开展,对于国外绿带规划的案例借鉴也从单纯的引入转变为国内外规划对比,国内的研究对象一般选取北京。李强等(2005)分析比较了伦敦绿带与北京绿带制度安排、政策绩效的差异,指出因为自上而下的规划控制与地方微观决策权力的多元化之间的冲突,以及市民参与规划决策权力较小,致使北京绿带政策的绩效与伦敦相比相对较差,此外政策的权威性差异也是北京与伦敦绿带政策绩效差异的一个重要原因。谢欣梅等(2012)深入分析了伦敦绿化带的政策、演变及评价,针对北京绿化带提出了政策稳定性、预留足够可开发土地、土地利用多样化、引入灵活的市场机制、摒弃几何形态绿化带等建议。

一些国内学者总结了北京、上海、珠三角等大城市的绿带实践,并提出优化策略。吴国强等(2001)在分析上海绿带的规划背景、结构与理念的基础上,提出了绿带地区的开发设想,以总结、探索绿带规划建设的模式和绿带规划的可持续实施途径。冯萍(2003)在结合国内外实践的基础上,从地方性、管控弹性、政策衔接等方面对《环城绿带规划指引》的主要思路与特点进行讨论,并提出了珠三角地区绿带建设的策略、建议。谢涤湘等(2004)同样以珠三角为切入点,分析城市绿带建设的需求、重点、难点以及目标,并提出了绿带建设应采取的规划管理措施。闵希莹等(2003)在对北京第二道绿化隔离带概念梳理的基础上,对北京城市空间布局的历程进行了回顾,对比了城市布局现状与建设目标之间的差异,通过分析城市布局与绿化隔离带的密切关系,提出城市布局优化的基本思路。王红兵等(2014)通过分析国内外11个大城市的环城绿带,提出了分期分级规划模式、卫星林概念、地理优先原则和从镶嵌分布到反镶嵌分布模式。

在生态控制方面,陈玮玮(2008)认为生态控制区应实行保护与控制相结合、和谐共生、生态优先、协调发展的理念,正确处理与生态带、风景区、城镇建设区的关系。通过农村居民点调控、外围衍生景点设计、旅游配套服务设施、矿山废弃地再利用的方法,控制和发展此区域。陆同伟等(2011)认为生态带应分区控制,通过生态适宜性分析,将生态带划分为紧建区、限建区、适建区3个不同的生态功能区,并通过整体性指标、分项控制指标、指导性指标、生态建设导引对不同区域赋予不同的指标值。

在政策法规方面,王旭东等(2014)对国内外绿带规划实践进行比较,指出政策法规缺乏指导性、实施过程缺乏动态调控是我国绿带规划存在的主要问题。潘嘉虹(2014)从各国实践绿环政策和对绿环的争论得出结论,城市不同发展阶段所面临的问题不同,对制定绿环目标与重视程度亦不同。长期目标和短期目标、刚性目标和软性目标是相辅相成的,但侧重点不同,对绿环的规模布局也会产生较大影响。因此,须要明确首要目标(刚性目标),按城市的发展阶段从社会整体效益出发,制定可行的策略。

在评价指标方面,温全平等(2010)认为,环城绿带的详细规划指标应具有控制引导、方便示范和便于推广的特性。重点考虑环境生态维度、视觉景观维度、游憩活动维度和经济维度,有利于密切联系环城绿带与城市的关系,这是对城市发展的一种较为全面的、积极的回应。

在影响绿带发展因素方面,贾俊等(2005)认为促进城市更新和引导区域投资的空间分布、严格控制开发建设也非常重要,并提出交通成本、农业地区开发压力、土地供应、农民增收等因素将是我国绿带发展中面临的重要挑战。

3 理论基础与研究方法

3.1 概念解析

3.1.1 概念辨析

"绿带"是从英文单词"Green Belt"翻译过来的,具有相同含义的词包括"城市隔离带""环城绿带""区域绿带"等,是通过政策或立法的方式,在城市外围地区设立一定规模、连续或基本连续的、永久性的绿色开放空间,将城市建成区与乡村进行分隔。现代意义上的城市绿色隔离空间概念起源于西方国家。绿色隔离空间,又称"绿环",是西方国家应对城市蔓延所带来的严重社会、经济和环境问题而提出的一种技术解决措施和空间政策响应。最早是由英国议会通过了伦敦及其附近各郡的"绿带法"(Green Belt Act),1944 年"大伦敦规划"正式推出绿环方案,通过绿环阻止城市蔓延发展,并取得了良好的成效。

国外城市多以法案的形式对其进行定义,如伦敦的环城绿带法案中"绿带"是指通过政策或立法的方式,在城市外围地区设立一定规模、连续或基本连续的、永久性的绿色开放空间。随着可持续发展理念的深入和各国生态城市建设的积极开展,城市绿色空间的相关研究得到了广泛关注。目前,我国正处于快速城市化阶段,土地粗放利用、建设用地无序蔓延等问题客观存在。2014 年公布的《国家新型城镇化规划(2014—2020 年)》明确提出了要优化城市空间结构和管理格局,防止城市无序蔓延,其中专门提到城市规划要"由扩张性规划逐步转向限定城市边界、优化空间结构的规划,加强城市空间开发利用管制,合理划定城市'三区四线',合理确定城市规模、开发边界、开发强度和保护性空间"等要求。以"绿带""绿色隔离空间"为代表的城市增长控制工具逐渐受到重视。谢涤湘等(2004)、汪永华(2004)等学者将其总结为是在城市周围建设的绿色植被带,是城市绿色廊道的一种类型,即在一定规模的城镇或者城镇密集区外围安排较多的绿地或绿化比例较高的相关用地,形成围绕城市建成区的永久性开敞空间。

国内绿带实践多从管理控制方面给出定义。北京在城市中心区与边缘地区之间以"分散集团式"设置绿化隔离带。上海在城市外环线外侧,环绕整个上海市区构建宽 500 米的绿环,在《上海市环城绿带管理办法》中将绿带定位为"城市规划确定的沿外环线道路两侧一定宽度的绿化用地"。广东省近年提出了建设珠江三角洲绿环的规划构想,在《广东省环城绿带规划指引》中将绿带定义为"在城镇规划建设区外围一定范围内,强制设定基本闭合的绿色开敞空间,它将成为永久性的限制开发地带,纳入城市规划的统一管理"。

绿色隔离空间的基本功能是控制城市规模的无节制扩张,是城市增长管理极有效的手段和方法。其并不是要控制城市的发展,而是要通过把城市的发展限制在一个明确的地理空间上进而对城市的发展过程和地点进行引导和控制,在阻止城市无序扩张的同时满足城市发展的需求。

国内城市在实践时为了细化绿带的功能与特征,提出了"绿化隔离带""环城绿带""生态带""基本生态控制线"等多种概念,这些概念在范围上或互相嵌套,或互相包含,因此须要对所研究概念进行梳理和辨析,便于确定研究对象的内涵、特征和空间位置。

1) 绿化隔离带

绿化隔离带概念是在 1993 年 10 月国务院批准新修订的《北京城市总体规划》中提出的,其中提道"中心地区与各边缘集团之间,以及边缘集团之间的隔离带内,要用经济的办法,逐步实现绿化,以植树为主,适当安排各种公园、文化、体育、游乐设施,加快建设步伐",后在 2000 年北京城市规划设计研究院编制的《北京市区绿化隔离地区绿地系统总体规划》中再次明确。之前自 1958 年至 1993 年历版总体规划中均以"绿地""绿化"等名词代替。石家庄在 2008 年编制规划时也采用了绿化隔离带的概念。

绿化隔离带是指在多中心组团布局中,中心城与各组团之间,以及各组团之间的以绿化为主的地区。从目前已有的实践来看,绿化隔离带在宽度上一般较宽,其形态不限定为规则的形态,可由"绿环+绿楔"的形式组成。

2) 环城绿带

环城绿带主要在国内的广东、上海、西安、长沙等城市应用,是对绿带概念的限定与细化,其特点是在城市外围形成连续的环状绿化。其宽度从长沙市的 100 米宽到西安的 100～300米宽,到上海环城绿带的平均 500 米宽,到广东省的 500 米以上,总体来说宽度并不宽,还未形成区的规模。《广东省环城绿带规划指引》对环城绿带的定义为在城镇规划建设区外围一定范围内,强制设置的基本闭合的绿色开敞空间。它将作为永久性的限制开发地带,被纳入城市规划统一管理。

3) 生态带

生态带是对绿带意义与功能的拓展,目前只有杭州市在使用此概念。此概念类似于国外的"Green Infrastructure",呈现为一个相互联系的绿色空间网络结构。生态带是以保护自然环境、维持生态平衡为目的而设置的城市生态基础设施。其形态上类似绿楔,从城市外围伸入城市内部。

4) 基本生态控制线

基本生态控制线最早在深圳规划中提出,后在武汉、广州、昆明都进行过基本生态控制线规划的实践。从深圳基本生态控制线的规划可以看出,基本生态控制线之间围合出的控制绿地基本呈现块状,适用于无法形成连续绿地空间的城市。基本生态控制线的设置目的是保护城市生态安全,遏制城市向外蔓延。它是保障城市生态安全的底线。

5) 绿道

绿道一般呈线性空间结构,是沿自然廊道(河岸、溪谷或山脊线)或人工廊道(铁路、风景道路)建设的可供游人和骑行者徜徉其中的、与自然生态环境密切结合的线性开放空间。其主要功能是承担信息、能量和物质的流动作用,促进景观生态系统内部的有效循环,并具有休闲、文化和美学功能。

6）绿色基础设施

绿色基础设施一般呈网络状空间结构，是相互联系的绿色空间网络构成的生命支持系统，由各种开敞空间和自然区域组成，包括河流、绿道、湿地、森林、乡土植被等。其具有保护生物多样性和物种栖息地、保护地方景观、降低城市对灰色基础设施的依赖、减少城市对自然灾害的敏感性、塑造城市成长框架等功能。

3.1.2 概念界定

1）大城市（Metropolis）

关于大城市的规模在各个国家的设定是不同的，按照 1989 年《中华人民共和国城市规划法》的规划，大城市是指市区和近郊区非农人口 50 万以上的城市。但随着我国城镇化水平的迅速提高，这个规模已经无法满足现代城市发展的需要，因此在 2008 年 1 月 1 日，随着《中华人民共和国城乡规划法》的实施，原有的规模划分同时废止，但新实施的规划法并没有设定城市规模的条文。2014 年 11 月 20 日，国务院发布《关于调整城市规模划分标准的通知》[①]，将城区[②]常住人口[③]100 万以上 500 万以下的城市划定为大城市，其中 300 万以上 500 万以下的城市为Ⅰ型大城市，100 万以上 300 万以下的城市为Ⅱ型大城市。本书以石家庄市为例，2012 年石家庄市辖区总人口达 246.9 万人，为Ⅱ型大城市。

2）绿带（Green Belt）

本书所讨论的绿带泛指所有在大城市外围，以控制城市蔓延为目的设置的，绿化比例较高的永久性开敞空间。绿带宽度根据各城市的不同情况确定，但一般不应小于 500 米，并且为了保证绿带的生态效益，其规划绿化比例不应低于 60%。

3.2 研究对象

本书将以石家庄绿带为例对绿带城乡空间演变及其动因进行深入的研究，并针对大城市绿带规划控制体系及大城市规划控制指标进行研究。前者主要包括绿带规划控制在生态环境、建筑建造、交通系统、产业准入、基础设施方面的策略及方法研究；后者主要包括控制体系中各方面的指标研究，以形成绿带地区规划控制指标体系，与现有规划控制指标体系形成补充。

本规划综合石家庄市城市总体规划、各组团区县城乡总体规划的范围，制定石家庄绿色隔离空间范围（图 3-1）。其中绿色隔离空间的边界一般由区域性交通路网、河流、绿化带等识别性强的元素构成，以保证绿隔空间的可识别性，同时便于相关部门的规划管控。

---

① 《关于调整城市规模划分标准的通知》以城区常住人口为统计口径，将城市划分为五类七档。城区常住人口 50 万以下的城市为小城市，其中 20 万以上 50 万以下的城市为Ⅰ型小城市，20 万以下的城市为Ⅱ型小城市；城区常住人口 50 万以上 100 万以下的城市为中等城市；城区常住人口 100 万以上 500 万以下的城市为大城市，其中 300 万以上 500 万以下的城市为Ⅰ型大城市，100 万以上 300 万以下的城市为Ⅱ型大城市；城区常住人口 500 万以上 1 000 万以下的城市为特大城市；城区常住人口 1 000 万以上的城市为超大城市。

② 城区是指在市辖区和不设区的市，区、市政府驻地的实际建设连接到的居民委员会所辖区域和其他区域。

③ 常住人口包括：居住在本乡镇街道，且户口在本乡镇街道或户口待定的人；居住在本乡镇街道，且离开户口登记地所在的乡镇街道半年以上的人；户口在本乡镇街道，且外出不满半年或在境外工作学习的人。

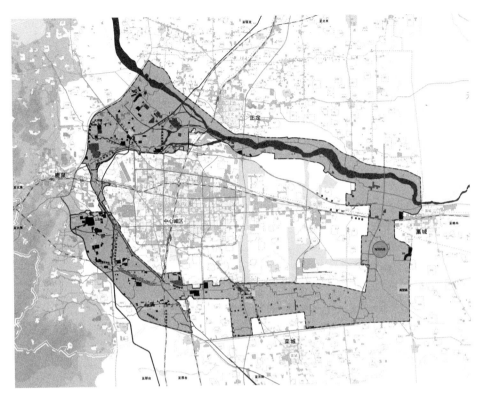

图 3-1 石家庄绿色隔离空间范围

图片来源:自绘

　　石家庄绿带地区位于石家庄市区与周边县区之间,东邻藁城,京港澳高速在东部纵向穿过,南邻栾城,西邻鹿泉、太行山,北邻正定,滹沱河横向穿过。石家庄绿色隔离空间总面积 480 平方公里,总人口 32.4 万人,范围涉及鹿泉市大河镇、上庄镇、铜冶镇、寺家庄镇、栾城楼底镇、冶河镇、窦妪镇、柳林屯乡、藁城丘头镇、岗上镇、南营镇,以及中心城区新华区正定县的部分地区。绿隔空间东至果王线(不包含藁城城区),东侧良村开发区与藁城城区距离 3 250 米;南至衡井公路(不包含装备制造基地),中心城区与南侧装备制造基地距离 1 200米,与栾城城区距离 3 700 米;西至张石高速公路—青银高速公路(不包含鹿泉开发区),中心城区与鹿泉城区距离 2 400 米,与鹿泉开发区距离 600 米,与上庄镇区距离 1 100 米;北至滹沱河北岸沿河路,与中心城区距离 1 200 米。

3.3　相关理论研究

3.3.1　城乡规划学的绿带研究

　　田园城市理论(Garden City):1898 年由霍华德(E. Howard)在其所著的《明日的田园城市》中提出。该理论认为在城市外围应当建设永久性的绿地,供农业生产使用,并以此来抑制城市的蔓延扩张。这一观点被学界认为是绿带的理论起源。

有机疏散理论:1918 年,伊利尔·沙里宁(Eliel Saarinen)为缓解由于城市机能过于集中而产生的弊病,提出了有关城市发展及布局结构的"有机疏散理论"。该理论认为,城市如同自然界活的有机体,其内部秩序是一致的,不能顺其自然地凝成一块,而应该把人口和工作岗位分散到可供合理发展的离开城市中心的地域上去,对日常活动(如工作、学习)做集中安排,并将偶然活动(如工业)疏散到中心城市以外。这样,既能满足人们的工作与交往要求,又不脱离自然,使人们居住在一个城市和乡村优点兼备的环境之中。有机疏散理论还强调分散的城市地域之间要用保护性的生态空间来隔离;这样可以构建一个完整的网状生态空间结构,保证分散的城市地域的整体环境质量(图 3-2)。

图 3-2　基于有机疏散理论的大赫尔辛基规划
图片来源:赫尔辛基规划局网站

绿道网络理论:20 世纪 90 年代起源于北美。19 世纪中期,奥姆斯特德(F. Olmsted)等在美国波士顿地区规划了一条呈带状分布的城市公园系统,即通过林荫大道将城市公园联系起来,环绕城市形成一条"绿翡翠项链",这条"项链"成为国际上公认的第一条生态廊道。早期生态廊道多是沿道路、河流等线状分布,功能上只关注连通性与游憩审美价值,对生态效益考虑得很少。从 1980 年代开始,"生态廊道"的综合功能受到关注,尤其是野生动植物的物种生存需要开始得到关注。有关研究表明,现代"生态廊道"具有综合性功能:如野生动植物的保护、防洪、涵养水源、教育、满足游憩娱乐和心理需求等。这种综合性功能,尤其是在生态环境保护方面的特殊作用,使生态廊道在城市建设中受到普遍关注。目前,Ahern

(1995)提出的生态廊道概念得到普遍认同,即绿道是为了多种用途(包括与可持续土地利用相一致的生态、休闲、文化、美学和其他用途)而规划、设计和管理的由线性要素组成的土地网络。

城市绿道系统规划是指建立在绿地系统规划基础上,通过不同层级的绿道将城市、城郊、城镇、乡村之间的线形绿色空间有机联系起来,构建集生态保育、休闲游憩、经济产业、文化教育等综合功能于一体的绿色网络系统。

绿道从乡村深入到城市中心区,有机串联各类有价值的自然和人文资源,兼具生态、社会、经济、文化等多种功能。绿道能发挥防洪固土、清洁水源和净化空气的作用,可以为植物生长和动物繁衍栖息提供充足空间,有助于更好地保护自然生态环境;同时,也可以为都市地区提供通风廊道,缓解热岛效应。绿道可以为人们提供更多贴近自然的场所,可供居民安全、健康地开展慢跑、散步、骑车、垂钓等各种户外活动;同时,提供大量的户外交往空间,增进居民之间的融合与交流。绿道能够促进旅游观光、商贸服务等相关产业的发展,拉动消费,扩大内需,并为周边居民提供多样化的就业机会;同时,还能够提升土地使用价值,改善城市投资环境,促进经济增长。绿道可以将各类有代表性的文化遗迹、历史建筑和传统街区串联起来,使人们可以更便捷地感受历史的风采;同时,可以彰显城市的文化魅力,提升城市品位。

按照等级和规模划分,绿道可分为区域绿道、城市绿道和社区绿道。区域绿道(省立)是指连接城市与城市,对区域生态环境保护和生态支撑体系建设具有重要影响的绿道;城市绿道是指连接城市内重要功能组团,对城市生态系统建设具有重要意义的绿道;社区绿道是指连接社区公园、小游园和街头绿地,主要为附近社区居民服务的绿道。

绿道主要由自然因素所构成的绿廊系统和为满足绿道游憩功能所配建的人工系统两大部分构成。绿廊系统主要由地带性植物群落、水体、土壤等具有一定宽度的绿化缓冲区构成,是绿道控制范围的主体。发展节点包括风景名胜区、森林公园、郊野公园和人文景点等重要游憩空间。慢行道:包括自行车道、步行道、无障碍道(残疾人专用道)和水道等非机动车道。标识系统:包括标识牌、引导牌和信息牌等标识设施。基础设施:包括出入口,停车场,环境卫生、照明、通信等设施。服务系统:包括休憩、换乘、租售、露营、咨询、救护、保安等设施。

紧凑城市理论(Compact City):1973 年由 G. Dantzig 和 T. Satty 在其专著《紧凑城市——适于居住的城市环境计划》中提出。紧凑城市理论是从城市空间结构的角度来探索城市可持续发展的途径。可持续发展的城市空间结构的核心要求是在保证城市经济效率和生活质量的前提下,使能源和其他自然资源的消费和污染最小化。紧凑城市理论在城市空间结构方面的内涵是多样化的。其较典型的阐述包括:Gordon 和 Richardson(1997)认为,紧凑是高密度的或单中心的发展模式;Ewing(1997)认为,紧凑是职住场所的聚集,包括用地功能的混合;Anderson 等(1976)认为,单中心和多中心的城市空间结构也可以被看成是紧凑的;Green 等(1996)拓展了紧凑的含义,认为由交通运输线路有效联系在一起的、空间上散布的城市单元也可视为是紧凑的;王涌彬(2005)根据我国国情,在紧凑城市的基础上提出了"紧凑新城镇"概念,其核心思想是在强调中心城市空间结构紧凑的同时,依托外围的开发区、大型住区等的建设,建立形态紧凑、功能独立的"新城镇"。

边缘效应理论:边缘也可被称为边际,指两种或两类物体、环境所接触的部分(关卓今,裴铁璠,2001)。在生态学中,"边缘效应"是指两种不同环境的结合部分,或两类生态系统的过渡区域,由于距离系统中心较远,往往潜藏着还未被人类所发现、认识的珍贵资源及具有特殊适应性的生物物种,此类地点常常具有物种优势现象。由于生态学的发展已达到人类生态学阶段,边缘效应的概念已经不仅仅表现在两种生态群落的交界面上,也可以表现在人类不同生产、活动、生活环境的过渡地带中,如城乡交错地区、农牧交错地区、农林交错地区等。城市边缘区是城市和乡村的过渡地带,人口、经济、社会、生活、物质、能量等方面都存在过渡地带的时空变换。其内部具有竞争力强、变化速度快、生物多样性高、移动能力强等优势;同时,也具有生态脆弱性、修复难度大、抗干扰能力弱等弱点(祝的春,2004)。基于边缘效应的特点来考虑城市边缘区的特性,对城市边缘区绿色空间的提升有着重要的意义。

极化生物圈理论模式:1987 年由苏联 B. B. 罗多曼提出。该理论的核心是,平原极化生物圈中郊区游憩地域配置应包括集约农业区域、乡村游憩地、自然保护区、康乐公园等。该模式是在对大都市郊区土地利用景观(自然公园)研究的基础上提出的郊区游憩地域配置的理想模式,用以指导自然公园配置。

地域圈层模式:由 Clawson 和 J. Knetsch 提出。该模式根据土地利用特点提出了空间利用者指向地域、中间地域和资源指向地域三种土地利用类型,相对应的是大都市郊区游憩地域配置的三个圈层。该模式提出,在空间资源紧缺的都市区(即空间利用者指向地域)修建都市公园和运动场;在距离都市较近的乡村游憩地(即中间地域)建康乐公园、田园公园、农村博物馆和主题公园;而在距离都市较远的地区(即资源指向地域)建国家森林公园、国家公园、城市野营公园、狩猎场等。

环城游憩带理论:1998 年由吴必虎提出。理论核心是环城游憩带多指发生在大城市的郊区,主要为大城市居民提供游憩设施、游憩场所和游憩空间(包括旅游目的地),形成城市游憩活动的频发地带。随各片区域的联系加强,游憩空间由"点游"到"线游"到"片游"形成环城游憩带状的空间格局。

游憩发展理论:1998 年由吴承照提出。理论核心是编制游憩规划首先要从发展的角度明确游憩发展的一般规律和特殊规律。一方面,经济发展是城市游憩发展的动力基础,资源与环境是城市游憩发展的物质基础,城市经济和社会发展与游憩发展相互制约、相互促进;另一方面,城市性质不同,文化背景不同,游憩发展规律也有一定差异,工商业城市、政治中心城市、小城镇等由于其经济发展水平不同、文化交流不同、市民游憩需求不同,表现出游憩发展阶段性差异,这一点对游憩规划至关重要,明确这一点,就可以避免盲目模仿、引进,而是因地制宜确定可行的游憩发展计划。

环境兴趣中心理论:1998 年由吴承照提出。理论核心是认为兴趣中心(又称吸引物)是游憩地的精华,是吸引客流的"磁根"。不同年龄的人兴趣不同,不同文化程度的人兴趣不同。兴趣是主客观相互作用的产物,以信息为媒介,包含历史信息、文化信息、审美信息、自然信息的景观或活动都能引起兴趣。具有一定的空间容量,可以让游客亲身体验信息的地域就称为游憩地。

需求层级理论:由 A. H. Maslow 提出。理论核心是人的需求可分为六个层次:Physiological(生理)、Security(安全)、Affiliation(社交)、Esteem(尊重)、Learning and Aesthetic(学习与美学)、Actualization(自我实现)。依据需求理论,分析城市绿带在满足不同层次需求时所发挥的作用。

3.3.2　景观生态学的绿带研究

景观生态学理论:1939 年由 Carl Troll 提出。理论核心是利用景观生态学的思想与方法进行土地的规划利用、评价以及自然保护区和国家公园的景观设计。景观生态学的作用是在绿带规划中为不同层次的绿带规划选型提供科学的理论支撑。景观生态学的研究对象是景观单元的空间格局、类型构成和生态过程中的相互作用,它强调空间格局、生态学过程和尺度之间的关系及相互作用。作为一门新发展起来的交叉学科,景观生态学在景观和土地评价、管理、规划、保护及修复中被重新认识和重视。而生态学在景观规划中的真正应用起始于 19 世纪末,出现在以 George Marsh、John Powell、Patrik Geddes 等为代表的生态学家、规划师及其他社会科学家的规划著作和规划实践中。景观生态学以景观的空间结构及其变化怎样影响各种生态过程为核心内容,为研究城市化中各种社会、经济和自然过程与城市空间结构改变的相互关系提供了一定的分析途径和理论指导。斑块(patch)、廊道(corridor)和基质(matrix)在景观生态学中,描述了景观空间的基本结构,也就是说,不管面对多复杂的景观要素,都可将其概括为斑块、廊道和基质这三种基本景观类型。斑块是指相对较为均质且与其周围环境不相同的非线性区域。基质是范围面积大、连接度高的,有景观嵌于其内的背景生态系统或者土地利用类型,对景观动态有着重要的控制意义。廊道,在形态上体现为区别于相邻两侧土地的条带状要素,是景观中唯一的线形要素。根据景观生态学理论,为了满足系统内部各个元素之间的物质和能量的流通、交换,使其具有更高的能效与更加稳固的内部关系,这个系统应该形成一个联系紧密、功能互补的网络系统,并在布局合理的斑块之间构建廊道,增加不同斑块之间的联系,使不同要素之间相连相通,发生联系。景观生态学是绿带空间提升的理论基础和支撑(图 3-3)。

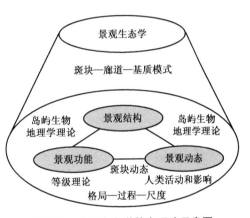

图 3-3　景观生态学基本理论示意图

图片来源:马璐璐. 北京城市边缘区绿色空间现状及提升策略研究[D]. 北京:北京林业大学,2015.

斑块—廊道—基质理论:斑块、廊道和基质是当代景观生态学用来解释景观结构的基本模式,普遍而广泛地应用于各类景观——包括森林景观、城市建成区景观、农业景观、郊野景观等等——的结构分析。斑块是指其形状、大小、类型及其边界特征等不同于周边基质的,相对均匀的非线性区域,是其中景观尺度最小的单元。斑块数量越多,则代表物种的多样性就越高。廊道是其中线性的不同于两侧基质的狭长景观单元,具有连接和阻隔的双重作用:一方面它将不同的孤立斑块或斑块与种源连接起来,成为动植物传播和活动的通道,另一方面它将不需要连接的斑块阻隔开来。基质是景观中的基本元素,是景观中连接度最强、对景观的控制作用最强的部分,构成整个景观的背景,它影响着斑块之间的物质和能量的流通以及整个景观的连接度。这一理论是分析景观结构功能,比较和判别不同景观结构的简洁而可操作的语言。景观生态学可以运用这一语言探讨各类景观是如何由这三种基本元素所构成的,以及定性定量地描述各类景观中三大元素的形状大小和空间关系,并运用这一语言研究景观中物质和能量的流动,从而进一步地研究各个元素对于动植物的空间扩散的影响等等。在经历了多年的研究之后,景观生态学得到了长足的发展,并成为景观规划的重要依据之一。该理论可以通过具有空间意义的地表空间划分,为绿带规划提供指导。

景观生态安全格局理论:俞孔坚认为景观中存在着某种潜在的空间格局,它们由一些关键性的局部、点及位置等关系所构成。这种格局对维护和控制某种生态过程有着关键性的作用,被称为"安全格局"(Security Pattern,简称 SP);同时,认为通过对生态过程潜在表面的空间分析,可以判别和设计景观生态安全格局,从而实现对生态过程的有效控制。景观中的各点对于某种生态过程的重要性都是不一样的,其中有一些局部、点和空间的关系对控制景观水平生态过程起着关键性的作用;这些景观局部、点及空间联系即构成景观生态安全格局网。景观生态安全格局网的构成如下:源(Source),景观现状中存在的乡土物种栖息地,它们是物种进行扩散和得以维持生存的源点;缓冲区(Buffer Zone),环绕源的周边地区,是物种扩散的低阻力区;源间通道(Inter-source Linkage),相临两源之间最易联系的低阻力通道;辐射道(Radiating Routes),由源向外围景观辐射的低阻力通道;战略点(Strategic Point),对沟通相邻源之间联系有关键意义的"跳板"。在建构簇群式城市生态空间结构的时候,应该尽可能构建

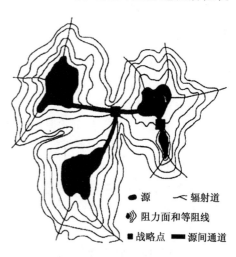

● 源　 ╱ 辐射道
))) 阻力面和等阻线
■ 战略点 ━ 源间通道

图 3-4　景观生态安全格局
图片来源:俞孔坚. 生物保护的景观生态安全格局[J]. 生态学报, 1999(01):10-17.

区域范围内完整的景观生态安全格局网,尤其要首先保证大型自然斑块形成的生态源区及源间通道(大型生态廊道),为构建战略点和辐射道奠定基础,保护簇群式城市自然景观生态流的连续,提高其向城市建设景观内部渗透的能力(图 3-4)。

景观异质性和景观多样性理论:在某一个系统中总是存在着对单个生物种类或整个生物链的存在发挥决定作用的资源或性状,这些资源或性状在空间或时间上的变异程度或强度就是景观异质性。通俗地说,其理论就是研究景观元素如基质、廊道、斑块或动植物、热能、水源等在空间和时间上分布的不均匀性和其变化。景观异质性同景观美感有着直接的关联。景观异质性越高,其区域内部的生境多样化程度就会越高,从而带来生物的多样性,进一步提高了景观的多样性。多样性的景观给受众带来更多更全面的感受,提高了区域景观美感。景观异质性的高低代表着区域环境的变化强度,异质性越高,表示区域可以容纳的生物种类就越多,所以景观异质性从一定程度上决定了区域的生物多样性。基于景观异质性对生物多样性的巨大影响,其理论已引起景观生态学的高度重视,正如 Wilson 所说,"景观设计(Landscape Design)将在生物多样性保护中发挥重要作用,尽管当代环境越来越人工化,仍可以通过对绿带、水系、森林等元素的布置来保持高度的生物多样性。景观规划中不但应该考虑美学因素和经济效益,同时也必须考虑生物多样性的保护"。区域景观本身就是一个异质性的系统,如果没有景观的异质性,区域内部的物质流、能量流和信息流就

会受到阻碍,进一步影响景观的发展和动态平衡。故景观异质性对景观美感的塑造和生物多样性都有非常重要的意义。

岛屿生物地理学平衡理论:1967 年由 R. H. MacArthur 提出。理论核心是关于岛屿与生物群落的生态平衡理论。在绿带规划中,区域绿道作为连接斑块的重要纽带,提高生境的连接性。

景观连接度理论:1984 年由 Merriam 提出,是针对同类斑块或异类斑块之间的生态过程的有机联系产生的景观生态学理论,这种有机联系可以是动植物的迁徙,也可以是斑块之间物质流、信息流和能量流的流动。它为景观空间格局与生态过程之间的关系研究提供了理论基础,能够指导绿带规划,提高绿带中各景观要素之间的连通性,增强绿带要素相互间的连接度。①景观连接度对于生物多样性保护的意义:城市的不断扩张和农业经济的发展,使得动植物的生境日趋破碎和萎缩,对生物多样性的保护构成了巨大的威胁。景观连接度渐渐被用于评估生境破碎化对区域生物多样性带来的影响,研究结果表明提高景观连接度可以作为促进复合种群动态和物种扩散的有效手段,从而提高生物多样性,降低区域性种群的灭绝风险。故景观连接度也成为影响生物多样性的指标之一。通过对区域景观连接度的分析,可以发现影响景观斑块的生态联系的关键点,在这些关键点上通过设置生物廊道等途径改善斑块之间的联系。当然景观连接度的研究是基于现有的生境之上的,所以在景观建设时,生境保护和恢复是更加重要的内容。②景观连接度在景观规划中的作用:景观连接度的研究为区域景观生态规划提供科学的理论依据,可以广泛地应用在生态环境建设当中。具体来说,由于人类社会中存在大量的城市和交通设施,以及建设用地的肆意扩张,阻隔了很多区域斑块之间的生态联系,其结果是景观破碎度增加,降低了生物多样性和景观多样性。而对景观连接度的研究则可用于生态恢复工程当中,如建立城市生态廊道、野生动物通道设计等,为景观规划中的生态恢复工程提供科学依据,从而使环城绿带的景观建设达到其建立之初所设定的目的。

廊道效应原理:Ahern 提出的生态廊道概念得到普遍认同,即绿道是为了多种用途(包括与可持续土地利用相一致的生态、休闲、文化、美学和其他用途)而规划、设计和管理的由线性要素组成的土地网络。该概念包含了五层含义:线状的外形轮廓;连接是绿道的最主要特征;具有综合功能(包括生态、文化、社会和审美功能);符合可持续发展的战略目标,是自然保护和经济发展的平衡;绿道是一个完整线性系统的特定空间战略。宗跃光(1999)将城市景观廊道分为人工廊道与自然廊道:人工廊道以交通干线为主,自然廊道以河流、植被带为主。宗跃光认为,人工廊道效应的实质是廊道对于城镇居民活动的吸引与集聚,表现为人工廊道所产生的经济效益由廊道向外的逐步衰减(图 3-5),即廊道效应的大小符合距离衰减规律。由于城镇居民活动对于自然环境通常是起胁迫作用,因此可将自然廊道所产生的环境效

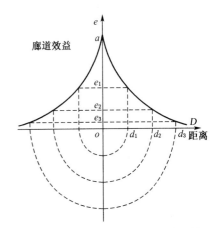

图 3-5　人工廊道效应的距离衰减规律
图片来源:宗跃光. 城市景观生态规划中的廊道效应研究——以北京市区为例[J]. 生态学报, 1999(2): 3-8.

益视为由人工廊道的向外递增,经济效益与环境效益的交点即廊道综合效益的最佳分界点(图3-6)。理想的城市景观结构可抽象为人工廊道与自然廊道相间分布的模式(图3-7)。由于簇群式城市是"轴向+组群"的城市空间结构形态,依托城市交通廊道发展是其基本特征,因此廊道效应原理为笔者后面对簇群式城市的城市建设空间与城市生态空间的整合研究提供了基本的理论支持。

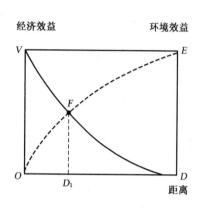

图3-6 廊道综合效益的最佳分界点
图片来源:宗跃光. 城市景观生态规划中的廊道效应研究——以北京市区为例[J]. 生态学报,1999(2):3-8.

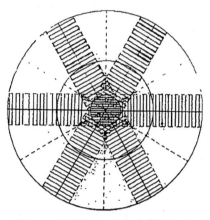

■■中心市区 ▤▤人工廊道区 ▨▨自然廊道区

图3-7 理想的大城市景观结构
图片来源:宗跃光. 城市景观生态规划中的廊道效应研究——以北京市区为例[J]. 生态学报,1999(2):3-8.

缓冲区理论:1941年由Victor Shelford提出。理论核心是在一定空间内,建立缓冲范围,本质上是一种资源影响范围的延伸,是一种基于资源保护的理论,在绿带规划中指导绿带缓冲区的建立。

3.3.3 城市形态学的绿带研究

城市形态学,是早期城市研究的重点之一。它于20世纪四五十年代由英国学者创立。城镇景观是城市形态学研究的中心内容,包括街道格局、建筑风格和土地利用特征三个组成部分。城市形态学主要研究三个组成部分的内在联系和相互影响,以及由于这些影响和联系造成的城市形态的变化。

"形态学"(Morphology)一词来源于希腊语Morphe(形)和Logos(逻辑),意指形式的构成逻辑。"形态学"首先运用于生物研究法,是生物学重要的分支之一,主要研究生物的形态(如构造、外形等)及其转化。国际城市形态研究会(ISUF)及Johnston编著的《人文地理学词典》将城市形态学(Urban Morphology)定义为对城市形式(Urban Form)的研究,是针对城市的物质肌理、塑造和影响城市形态的人、社会经济和自然过程的研究。城市形态学作为一门跨学科课题,在地理学、社会学、生态学、经济学及城市规划等各学科领域都有众多理论假设和研究模型。由于尚未建立城市形态研究的规范理论,有关城市形态的定义、研究内容长期以来在学术领域还未有共识。在英语文献中常用Urban Morphology、Urban Form或Urban Landscape等词来表示城市形态。国内外学者将城市形态的概念分为狭义和广义两种:狭义的城市形态是指城市实体所表现出来的具体的城市空间物质形态;广义的城市形态是一种复杂的经济、文化现象和社会过程,是在特定的地理环境和一定的社会经济发展阶段中,人类各种活动与自然因素相互作用的综合结果,是人们通过各种方式去认识、感知并反映城市整体的总体意象。在《城市环境规划设计与方法》中,齐康认为城市形态是城市不断发展变化过程中城市空间形态的表现,是城市系统内外矛盾互相作用的结果。《中国大百科全书》对"城市的形态"解释为:"城市的形态是城市内在的政治、经济、社会结构、文化传统的表现,反映在城市和居民点分布的组合形式上,城市本身的平面形式和内部组织上,城市建筑和建筑群的布局特征上等。"只有把城市形态放在不断发展中的城市政治、经济、文化之中加以考察,才能对其有深入的理解。要在对城市形态的研究中发现什么是比较稳定的因素,什么是变化和更替的因素,这样有助于总结历史经验和确定正确的城市规划观点。

城市绿色空间布局,特别是城市绿带,能够直接反映城市形态,可以有效组织城市空间结构,塑造城市形象特色。

3.4 研究方法

3.4.1 生态空间效能分析

生态用地功能在地块具有适度规模时才能体现出来,对地区生态系统提供积极效应。景观格局用于对生态用地的分析,检验生态用地的连续性与规模。景观的破碎化是指在自然变化或人类活动等因素干扰下,景观由简单向复杂演变的过程,即景观由均质、单一和连续的整体变成异质、复杂和不连续的镶嵌体的过程。景观的破碎化与自然资源保护互为依存,同时它又与人类活动紧密相关,与景观格局、功能及过程密切联系。

借助 ArcGIS 与 ENVI 等空间分析平台对绿带地区 2005 年和 2016 年的用地现状进行对比,对生产空间(工业、仓储)、生活空间(居住、公共服务)、生态空间(农林用地)、游憩空间(旅游设施用地)等的空间布局进行分析,以总结石家庄绿带地区近十年的空间演变特征。

对美国 USGS 网站 2005 年 2 月 TM5 和 2015 年 2 月 LS8 遥感数据进行图像的植被覆盖指数($NDVI$)计算,评估生态斑块效能,生态空间效能与植被覆盖度(VFC)正相关,与斑块密度指数(PD)和斑块破碎化指数(FN)负相关。

1)植被覆盖度(VFC)

植被覆盖度是指植被(包括叶、茎、枝)在地面的垂直投影面积占统计面积的百分比[1]。它反映了一个地区生态要素的强度,体现了地区生态资源的保护价值,同时也对土地利用分类中的农田、林地等用地的质量进行进一步的描述。植被覆盖度指示了植被的茂密程度及植物进行光合作用面积的大小,是反映地表植被群落生长态势的重要指标和描述生态系统的重要基础数据,对区域生态系统环境变化有着重要指示作用(图 3-8)。

可以利用遥感数据测量植被覆盖度,较为实用的方法是利用植被指数近似估算植被覆

---

[1] 容易与植被覆盖度混淆的概念是植被盖度。植被盖度是指植被冠层或叶面在地面的垂直投影面积占总面积的比例。

盖度,常用的植被指数为 $NDVI$。下面是李苗苗等在像元二分模型的基础上研究的模型:

$$VFC = (NDVI - NDVI\,soil)\,/\,(NDVI\,veg - NDVI\,soil)$$

当区域内可以近似取 $VFC\,max = 100\%$,$VFC\,min = 0\%$ 时,公式可变为

$$VFC = (NDVI - NDVI\,min)\,/\,(NDVI\,max - NDVI\,min)$$

结合时间跨度,对不同年份的 VFC 值进行比较,可以对植被变化度的剧烈程度进一步分析:

$$\theta slope = \frac{n \times \sum_{i=1}^{n} i \times Ci - \sum_{i=1}^{n} i \sum_{i=1}^{n} Ci}{n \times \sum_{i=1}^{n} i^2 - \left(\sum_{i=1}^{n} i\right)^2}$$

注:颜色越深代表植被覆盖度越高

图 3-8　北京地区植被覆盖度示意
图片来源:李小娟. ENVI 遥感影像处理教程[M]. 北京:中国环境科学出版社,2007.

2)斑块密度指数(PD)

斑块密度指数为斑块个数与面积的比值。可以分为行政区内绿色斑块与其土地面积之比 $PD1$(个/平方公里),行政区内绿色斑块与绿地总面积之比 $PD2$(个/平方公里),比值越大,破碎化程度越高。

$$PD = n\,/S$$

3)斑块破碎化指数(FN)

斑块破碎化指数是另一种测度研究地区绿地斑块破碎度的指标,它通常用于检验某类绿地斑块的破碎程度,同时也更方便用于不同类别用地斑块之间的横向比较。

$$FN = MPS(PD - 1)\,/NC$$

式中:NC——全部绿地总面积;
MPS——各类绿地斑块的平均面积;
PD——行政区内的斑块密度。

3.4.2　建设用地蔓延分析

蛙跳扩展和破碎发展促使城市蔓延,蔓延程度与蛙跳指数和破碎度正相关。

1)蛙跳指数(LFI)

为了规避某种阻力,部分城市用地向外扩张时会跳过阻力向外"跳跃式"增长,而由于蛙跳用地具有布局的随机性,大量的蛙跳用地将引致城市用地的集约程度下降,并且由于污染源的散布,对生态空间带来破坏。蛙跳指数主要是指自发式增长类型斑块的面积占新增建设用地的百分比。

$$LFI = Aout\,/A$$

其中，Aout 为蛙跳斑块面积，A 为新扩展用地总面积。

2）建设用地破碎度（FCI）

建设用地破碎度反映了建筑用地斑块的差异，当用地斑块数量越多，平均面积越小，用地的集约程度越低，表明这种类别的用地在空间上处于较为分散的状态。特别是对于产业来说，分散的用地状态容易造成基础设施配置的困难，以及抹除产业因集聚而产生的规模效应，容易造成产业发展的不经济性，继而对地区生态承载能力产生压力。

$$FCI = (NF - 1)/MPS$$

式中：NF——某一景观类型（建设用地）的斑块总数；

MPS——这一景观类型平均的斑块面积。

3）用地规模弹性系数

用地规模弹性系数（L）反映了用地增长速率跟人口增长速率之间的比值，通常用来衡量城市用地扩张与人口增长之间的协调关系。用地规模弹性系数过高则反映了城市空间扩张不协调[1]，用地存在不集约问题；当弹性系数≤1 时，空间则呈现合理、集约有序的城市空间扩展态势，即城市空间是协调的。而将人口增长率换成城市的生产总值增长率，也是一种对用地扩展进行测度的方式。

人口弹性指数（L1）＝ 城市用地增长率 / 城市人口增长率

经济弹性指数（L2）＝ 城市用地增长率 / 城市生产总值增长率

3.4.3 生态敏感性分析

采取生态因子综合评价，选取生态敏感性分析因子，通过特尔斐法对影响因子进行权重赋值，使用 ArcGIS 软件对各个因子层进行加权叠加，得出生态敏感性评价结果，确定不敏感区、低敏感区、敏感区、高敏感区。

综合评价计算公式为：

$$D = 100(a1A1 + a2A2 + a3A3 + a4A4 + a5A5)$$

式中：D——生态敏感性综合评价值；

a——各因子权重；

A——因子变量分值。

3.4.4 产业适宜性分析

采取产业因子综合评价，选取环境敏感度、观光旅游资源分布、交通运输、基础设施、土地获取成本 5 大类 13 个产业适宜性分析因子，采用层次分析法确定不同层次指标权重与量化标准，叠加得出产业适宜性评价结果，划分出产业适宜性分区。

综合评价计算公式为：

$$D = 100(beCMe + bfCMf + bgCMg + bhCMh + biCMi$$

---

① 通常以 1.12 为参考值，同时也参考城市发展阶段做一定调整。

$$+bjCMj+bkCMk+blCMl+bmCMm+bnCMn$$
$$+boCMo+bpCMp+bqCMq)$$

式中：D—— 产业适宜性综合评价值；

　　b—— 各因子权重；

　　CM—— 因子变量分值。

3.4.5　村庄布点因子分析

选取影响村庄布点的主要变量，进行因子分析，建立初始因子模型，指标为 $x_i = (X_i - \overline{X}_i)/S_i (i = 1, 2, \cdots, m)$，变量 Xi 可用公因子 p 和特殊因子 U 线性表出，即：

$$\begin{array}{l} x_1 = a_{11}F_1 + \cdots + a_{1p}F_p + C_1U_1 \\ x_m = a_{m1}F_1 + \cdots + a_{mp}F_p + C_mU_m \end{array}$$

式中的 a_{ij} 称为因子载荷。

公因子 F 旋转到公因子 G，则变为

$$x_i = \sum b_{ij}C_j + C_iU_i (i = 1, 2, \cdots, m; j = 1, 2, \cdots, p; p < m)$$

式中的 b_{ij} 称为因子载荷。

对变量进行赋值，根据因子得分情况，将村庄进行分类。

3.4.6　游憩空间分布分析

1）Z 标准得分

不同活动类型游憩空间占地规模差距是巨大的，在按照类型对游憩空间进行分组之后，不同组间的游憩空间无法直接进行组间的规模容量对比，因此对游憩空间占地规模进行组内的消除量纲运算，采用 Z 标准得分对游憩空间面积规模进行处理，其计算公式为：

$$Z_{ij} = \frac{x_{ij} - \overline{x_i}}{S_i} (i = 1, 2, \cdots, 6; j = 1, 2, \cdots, n)$$

Z_{ij} 表示每个游憩空间样本点占地面积的标准化值，在对数据进行标准化对比的同时也可以结合核密度估算法对游憩空间规模容量分布进行分析。

2）Kernel 核密度估算

这是空间分析中常见的一种非参数估计，根据输入的样本数据计算表征区内样本的集聚程度。除了动植物园、区域公园、农业观光基地等大型项目，绿带中还包含农家乐、民俗、驿站等小型的游憩空间，构成了绿带中丰富的游憩系统。而这些用地由于规模的关系，在图例用地图中较难做出适当的空间表达。通过 Kernel 核密度估算可以将旅游项目通过密度分布的方式表达，并进行不同年份之间的对比。

$$f(s) = \sum_{i=1}^{n} \frac{k}{\pi r^2} \left(\frac{d_{is}}{r}\right)$$

3.4.7　通风廊道规划分析

本书采用简化假设及数字近似法,利用 GIS 技术,对绿色隔离区与石家庄市区进行风廊量化分析。

1) 地表粗糙度

地表粗糙度是反映地表起伏变化的指标,一般定义为地表单元曲面面积与投影面积之比。从地形学角度出发,将地面凹凸不平的程度定义为粗糙度,也称地表微地形。地表粗糙度反映地表对风速减弱作用以及对风沙活动的影响;其大小取决于地表粗糙元的性质及流经地表的流体的性质。由于城市较邻近的乡村呈现粗糙的表面,较大的地表粗糙度使得拖曳阻力效应增加,使其具有较低的风速,凭借中尺度的粗糙度因子的评估结果,确定出相对粗度较低的地区,则有机会找出潜在的城市通风廊道,并依此提出提升城市内风速的方法,导入较为凉爽的郊区风或海风至城市内以改善热岛效应。

我国将粗糙度标准分为 A、B、C、D 四类,其中 A 类系指近海海面、海岛、海岸、湖岸及沙漠等,其粗糙度指数取 0.12;B 类系指空旷田野、乡村、丛林、丘陵及房屋比较稀疏的中小城镇和大城市郊区,其粗糙度指数取 0.16;C 类系指有密集建筑群的城市市区,其粗糙度指数为 0.22;D 类系指有密集建筑物且有大量高层建筑的大城市市区,其粗糙度指数取0.3。由于此粗糙度标准的分类对象较为宏观,本书参照这一分类标准与赋值,根据用地的性质与开发强度等指标,对初步规划方案中的用地进行分类,并进行各类别用地地表粗糙度的近似赋值(a)。然后采用 300 米×300 米的均匀网格对研究区域进行划分,求网格内粗糙度值的加权平均值,即得到通过该网格的气流的成本值(FAI)。

$$FAI = \sum (\text{地类面积} \times \text{地表粗糙度}) / \text{网格面积}$$

2) 最小成本路径法

假设风会沿着地表粗糙度较低的路径前进,即选择成本值较低的网格作为前进方向,在盛行风向的上风向绘制与风向垂直的起点线,在线上以 900 米的均匀间距设置风的起点,在下风向绘制起点线的平行线作为终点,以 ArcGIS 最小成本路径工具计算出各个起点叠加成本值最小的路径。在所有结果中,大部分的最短路径均有相互重叠的部分,即许多格网均包含不同的路径从中穿过。拥有着较高的重叠率的格网往往其地表粗糙度较低,表示此处拥有较好的风流通能力(图 3-9)。整理出其中最短路径出现频率较高的地区,以分析石家庄市区与绿色隔离区的城市通风廊道。

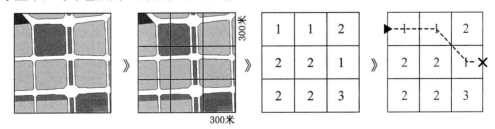

图 3-9　城市通风廊道分析
图片来源:自绘

3.4.8 生态容量分析

1）生态足迹计算

先计算为了生产各种消费项目人均占用的生态生产性土地面积（Ai）：

$$Ai = Ci\ /Pi$$

其中 Pi 为相应的生态生产性土地生产第 i 项消费项目的年平均生产力（千克/公顷）。

汇总生产各种消费项目人均占用的各类生态生产性土地，即生态足迹组分，并计算等价因子（V）。然后计算人均占用的各类生态生产性土地等价量，最后求得各类人均生态足迹的总和（ef）：

$$ef = \sum VAi$$

2）生态容量计算

生态生产性土地人均生态容量＝（各类生态生产性土地的面积×等价因子×产量因子）/人口总量

对各类生态生产性土地的人均生态容量进行求和（ec）。

将人均生态容量（ec）与人均生态足迹（ef）相减，可以得出地区的人均生态盈余/赤字（es），而生态容量（地区总和）与人均生态足迹（ef）则反映了在原始状态下（不考虑地区的进出口）地区合理的人口容量。

4　国内外大城市绿带规划案例借鉴与启示

　　石家庄这样发展不完全但亟待发展的大城市正处于经济增长的机遇期,同时自然生态资源的矛盾正日益凸显。因此,从理想的管理角度出发,新区开发和旧城改造相结合,严格保护区域生态框架,避免城市建设用地过度增长是较为普遍的做法。而针对遏止城市蔓延、保护生态环境的历史责任,我国许多城市正在尝试包括划定生态控制线、生态红线等做法,即通过控制城市非建设用地进而达到管理城市增长的"逆向思维"方式,但这同样也面临着合理确立城市建设用地和非建设用地的规模比例,保证区域生态格局的连续性和完整性的难题。另外,国外城市规划也在规划管理与实施体系等领域进行了持续不断的努力。本章主要通过对相关城市自然生态区域保护和建设经验进行归纳,以期能够对石家庄绿色隔离空间的规划实施提供借鉴。

4.1　绿环

4.1.1　伦敦绿带

　　1)规划背景

　　为防止瘟疫与传染病的蔓延,1580 年在城市周围设置 4.8 公里宽的绿化隔离带。1927年,恩温在大伦敦区域规划方案中提出围绕建成区进行绿带建设的思路。1935 年,大伦敦区域规划委员会提出在伦敦郊外"建立一个为公众开敞空间和游憩用地提供保护支持的带状开敞地带",从而首次提出在城市周边建立绿带的构想。1938 年通过的《绿带法案》允许伦敦议会购买土地建造绿带。1940 年发布《皇家委员会关于工业人口分布的报告》,即《巴罗报告》,得出伦敦地区工业与人口不断聚集,是由于工业所引起的吸引作用,因而提出了疏散伦敦中心区工业和人口,并限制城市无限蔓延。

　　2)规模功能

　　伦敦行政区周围划分为 4 个环形地带,由内向外依次为内城环、近郊环、绿带环、农业环,目的在于分散伦敦城区过密人口和产业。其中,紧贴伦敦行政区的内城环是主要承担工厂迁移、降低人口数量的功能区;位于郊区地带的近郊环,重点在于保持现状,抑制人口和产业增加的趋势;第三圈则是宽度为 11～16 公里的绿带环,作为伦敦的农业和休憩地区,实行严格的开发控制,保持绿带的完整性,阻止城市的过度蔓延;最外围的农业环则基本属于未开发区域,是建设新城和卫星城镇的备用地。绿带的重点功能在于空间格局的重构,中心建成区的规模将被控制,过于拥挤的人口被疏散到绿带外围的 8 个新城及其他增长中心。由于增长压力被疏解,绿带内将维持以农田和森林为主的乡村景观,并适当增加一些高尔夫球场等休闲娱乐用地。

3）规划控制

1938年，英国议会通过了伦敦及其附近各郡的"绿带法"（Green Belt Act），1947年英国《城乡规划法》的颁布为绿带的实施奠定了法律基础。1944年"大伦敦规划"正式推出绿环方案（图4-1），绿环在阻止城市蔓延的方面收到很好的成效。1955年，绿环首次作为英国国家政策在《1955年政府指引》中被正式提出，受到严格的控制和保护。之后经过半个多世纪的发展，英国对绿环的定位从提供开敞空间逐渐转变为改善土地质量、保护农村土地利用和阻止城市蔓延与扩张的混合用地。1988年，英国政府颁布的绿带规划政策指引（PPG2）成为各级政府进行日常规划管理的重要参考依据，并得到了很好的执行。英国的规划政策指引是一种运用十分广泛的规划控制和实施工具，多为文字表述，是指针对某些专项规划公布的一系列引导性政策和技术要求，旨在阐明政府在某一阶段对地方城市规划事务的观点和原则，它几乎涉及规划事务的各个层次和方面，在规划控制和实施方面仍体现着物质性的规划内容，同时具有一定的稳定性，并注意"替代"和"修订"的程序。1992年，政府又对此PPG2进行了修订。PPG2详细规定了绿带的作用、土地用途、边界划分和开发控制要求等内容。首先，PPG2明确指出，绿带最重要的属性就是开敞性，通过保持绿化隔离带的永久开敞性，阻止城市蔓延，并调整城市开发空间的尺度和模式，保护农村、林业及其他相关用地，促进城市更新及可持续发展。在绿线划定方面，PPG2指出，"绿带的本质特征就是具有永久性。对于它们的保护必须从尽可能长远（超过规划期限）的眼光来考虑"，而且可实施性的绿带必须有数英里宽，以确保相关建成区周围有一个可感知的开敞区。此外，PPG2对隔离带内的开发做了严格规定，总体上拒绝"不合适的开发"；对于有可能对景观质量造成伤害的开发活动，即使符合土地的使用目标，也应禁止。目前城市边缘的绿化隔离带也存在被蚕食、转变为城市土地开发的现象。新一轮的大伦敦空间发展战略也再次强调环城绿带的永久性，绿带的边界只有在特殊情况下才能被改变，不应以绿带内土地本身的质量为由将该区域划出绿带范围或进行开发。不仅在大伦敦地区，绿环政策在苏格兰、威尔士和北爱尔兰也相继被采用，在各郡县政府发展规划中占有极重要的部分。目前全英格兰地区有十余个独立的绿环（图4-2），全都是围绕中心城市和历史名城而建，总面积达1.5万公顷。

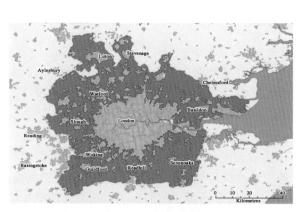

图4-1 伦敦绿环示意图
图片来源：伦敦城市规划局网站

图4-2 英格兰地区绿环
图片来源：伦敦城市规划局网站

4）实施效果

英国的绿带政策在限制城市无序扩张、缓解环境恶化和提升生活质量等方面的绩效已得到充分肯定,并被许多国家效仿。绿带内的开发管制一直延续至今,范围有所扩大。伦敦关于绿带建设的强制性措施在一定程度上限制了伦敦东南部的住房建设,导致其发展缓慢,而这一地区被普遍认为是欧洲极具经济活力的地区之一。一些研究认为伦敦绿带的发展和功能定位须要更新,因为研究表明绿带所保护的农田及高尔夫球场等带给城市的生态及环境效应不及城市内部空闲地改造后的效果。

5）借鉴之处

① 通过立法实现绿带的保护:1947 年英国《城乡规划法》颁布以前,绿带内的开发还是没有得到禁止的,地方政府无权要求开发者执行规划。随着法律的颁布,英国的绿带规划才逐渐走向正轨。

② 与其他规划手段相结合,合理引导与控制城市空间形态:在伦敦外围建设了 8 座规模约 5 万人的新城,和绿带政策一起缓解了伦敦的压力。

6）不足之处

① 城市边缘地区土地使用混乱,城市和乡村的过渡区域——"边缘用地"——出现大量垃圾堆和仓库、超市和废弃的工业厂房。限制性的绿带发展战略使得绿带周边的用地规划僵化。

② 城市用地紧张,英国现有的绿带边界大多恰好紧邻建成区边缘,城市自身发展可利用的开发空间十分有限。绿带政策固有的限制土地供应的不可持续的特征,导致了城市地区的高密度和高地价。

7）后续发展

到 1980 年代初,官方批准的绿带范围已经达到 4 300 平方公里,宽度约 20～25 公里,由 60 多个地方规划机构管理,而由地方政府按照绿带政策进行管制的土地则更多。中央政府在绿带内局部放松管制的意图非常明显,如支持绿带内的环伦敦公路(M 25 高速公路)及其他道路和公用设施的建设,要求释放部分土地进行住宅开发等。但绿带内的地方政府仍尽力将这些开发对其自身的影响降到最低,对于少量本地开发需求也尽量安排在现有城镇边缘。

4.1.2　巴黎环城绿带

1）规划背景

长期以来,巴黎的城市发展呈"摊大饼"式从老市区向外蔓延,农业地区遭到严重破坏,城市建设占用了大量乡村土地,使城市周边的自然环境变得十分脆弱。为了遏制此趋势的蔓延,巴黎议会于 1987 年决定在城市聚集区域周边开辟环城绿带,在市中心周围 10～30 公里范围内展开,涉及森林公园、农业保留地、娱乐设施及须整治的矿场遗址等内容(图 4-3)。

法国巴黎绿环研究始于 1960 年绿地研究(PADOG 规划),首先旨在保护城市边界地区,其次为市民提供休闲、游憩的场所。

巴黎绿环项目受到 1976 年 SDAURIF 规划的启发,该规划包含了"绿色隔离空间"、农村、林地、休闲区(景观或生态)、农村地区、城镇集聚区、规划边界等要素,旨在协调巴黎地区的生态要素。该研究以及之前的 PADOG 研究均在地区层面开展,未涉及区域层面的整体部署。

1994 年大巴黎总体规划（SDRIF 规划），对大巴黎地区的自然区域组织开展研究，划定了生态区、生态/城镇镶嵌地区和绿道，在大巴黎地区范围内研究了不同功能区块的联系。

在 1995 年巴黎区域环城绿带的规划中，自然与文化传统保护同经济与社会发展及"绿色旅游"联系在一起，以建立完整的都市生态空间系统。巴黎的环城绿带主要由绿地和农业用地构成，与都市边缘地区的用地特点相一致。纳入巴黎环城绿带范围内的控制要素主要包括森林、公园、农业用地、绿地、水面、公共娱乐场所，以及采石场遗址等。除了重要的生态要素外，一些有大片绿地的公共活动场所和闲置用地、旷地、须治理的废弃地等也被纳入环城绿带（图 4-3、图 4-4）。

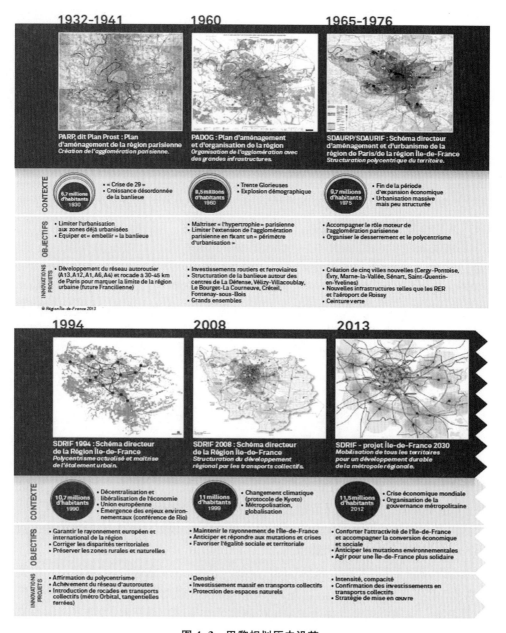

图 4-3　巴黎规划历史沿革
图片来源：巴黎规划局网站

2）规模功能

巴黎环城绿带各部分的宽度不一,最宽处达数十公里,最窄处只有一条步行小道,但整体的环形是不间断的。巴黎的环城绿带主要由多块绿树茂密的高地组成,其中49%的土地是国有。规划的主要目的是强化这些高地并使之互相连接,以形成城镇集聚区与农业区之间的分隔。环城绿带的主要功能是控制城市界线和保护农业,促进娱乐游憩活动的开展,提供自行车和步行者使用的羊肠小道、公共绿带和娱乐空间。巴黎绿环的三个主要功能是:控制城市边界线,抑制城市蔓延;保护农业;开辟绿地,保证城市与乡村的合理过渡。1999年SSCENR规划将各限定要素进行细化表达,包含农地、森林、水资源、基础设施等(图4-5、表4-1)。

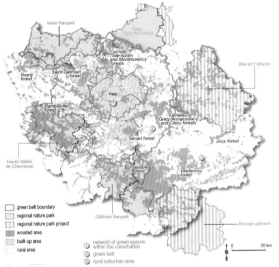

图 4-4　巴黎环城绿带范围
图片来源:巴黎规划局网站

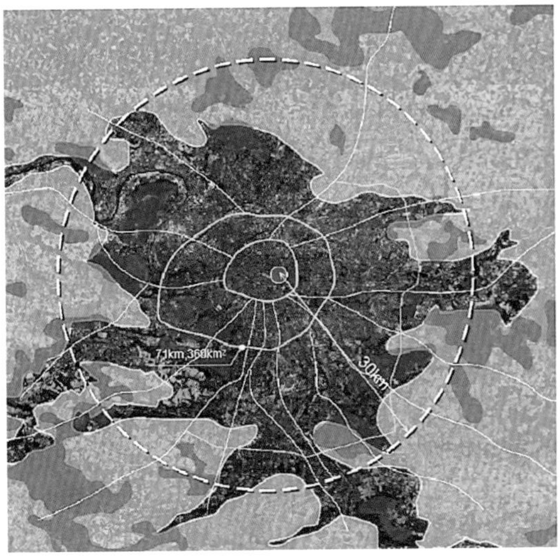

图 4-5　巴黎环城绿带限定要素示意
图片来源:巴黎规划局网站

表 4-1　巴黎区域环城绿带土地使用类型分析（2000 年）

用地种类		面积/平方公里	百分比/%
对公众开放的公共或私人绿地	现有公共绿地	305.1	26
	正在开辟或规划中的绿地	50.8	4
	新建设的绿地	130.1	11
	对公众开放的私人绿地	8.8	1
	现有公共娱乐场所和水面	49.8	4
	规划公共娱乐场所和水面	34.2	3
	小计	578.8	49

（续表）

用地种类		面积/平方公里	百分比 /%
私有的,须加强保护的旷地	须进行土地特殊保护的农业用地	101	8
	其他农业区	359.1	30
	私人树林和花园	68.1	6
	小计	528.2	44
环城绿带附属用地(带大片绿地的各类公共活动场所和须治理的采石场)		80	7
环城绿带涉及地区总面积		1 187	100

巴黎的环城绿带按不同情况以不同形式展开,有森林的地区绿带放宽,建成区内绿带收缩,被城市建成区切断的地方设置绿色连接线,最小宽度不低于 30 米,以不间断的环形布置方式保证绿带的连续性,绿带具有边界稳定性和面积动态平衡的特点(图 4-6、图 4-7、图 4-8)。

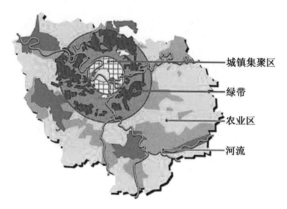

图 4-6 巴黎绿带区域绿色计划图
图片来源:巴黎规划局网站

城镇集聚区
绿带
农业区
河流

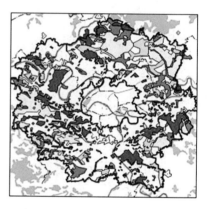

图 4-7 巴黎绿带开放空间类型
图片来源:巴黎规划局网站

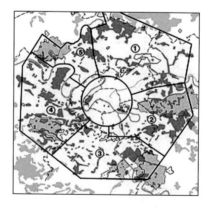

图 4-8 巴黎绿带绿色研究区域
图片来源:巴黎规划局网站

3）规划控制

巴黎绿带的运营由直接负责部门（AEV）、管控法案（PRIF）、多部门协作等措施保障实施（图4-9、图4-10、图4-11）。

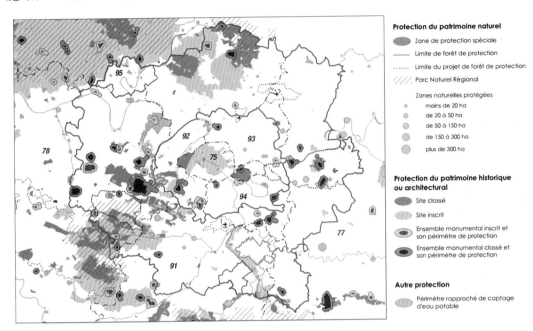

图 4-9 巴黎绿带监督管制区域

图片来源:巴黎规划局网站

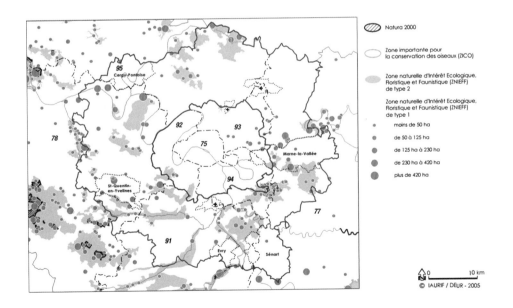

图 4-10 巴黎绿带自然遗产清单

图片来源:巴黎规划局网站

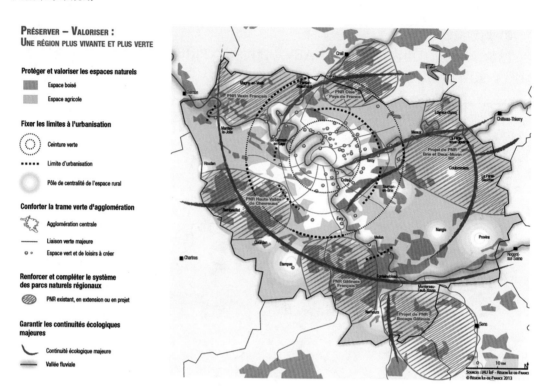

图 4-11　巴黎绿带保护与增值
图片来源:巴黎规划局网站

其中:

① AEV 作为主要管理者,负责区域绿地的管控和协调。该机构属于区域公共机构,成立于 1976 年,全名为法兰西绿化局,负责区域绿地的管控和协调。它的职责包括:a)保护运营土地;b)将森林对公众开放;c)保护和改善自然环境;d)发展绿道,衔接自然空间和城市化地区;e)协助地方政府和协会进行本地生态发展策略制定和开放空间的发展;f)支持环境教育和市民生态教育等。

② 颁布了管控法案作为主要管理文件。主要内容包括:a)注册行动区域,该区域是动态的,但只可以增加不能减少;b)提供可调节的区域行动计划,包括从区域识别到收购管理;c)允许合作伙伴框架内对增加绿色空间的区域行动;d)提供对区域行动的保障。

③ 将 AEV 预算的三分之一作为其主要补贴来源。

④ 多层次的规划协作,基于大量的合作伙伴、工具和行动引导(表 4-2)。

表 4-2　巴黎区域绿带的管理、实施分配

	关注点	保护监督	土地收购之前	金融补贴	规划文件
国家	ZNIEFF、自然2000（IBA、PSIC）……	自然保护区注册和备案;保护森林;集水区;饮用水	国家森林 ZAD保护		SDRIF
区域	生物多样性、自然遗产	区域自然保护地	决定 PRIF,户外休闲基地	区域农村或领土规划;绿色网络;PNR;合同	审查 SDRIF和 SCoT,PLU

	关注点	保护监督	土地收购之前	金融补贴	规划文件
AEV	制定 PRIF，生态清单		PRIF 起草与实施	资助、采集或规划绿地	关注 SCoT，PLU
部门	部门计划、其他计划		ENS；县森林	农村规划或领土补助；绿地规划	审查 SCoT，PLU
地方政府和协会	景观规划			ZAD 社区安全公约	
团体	清单			收购	
其他机构				占据 SAFER	

4.1.3 韩国首尔环城绿带

1）规划背景

1960 年代，韩国的工业化和城镇化进程开始加速，全国城镇人口比重由 1960 年的 37.2% 上升到 1970 年的 50% 以上。首都首尔承担了巨大的人口和经济增长压力，交通拥堵、环境恶化、住房紧张等问题凸显，政府开始考虑在城市周边划定绿色区域进行保护。

为防止大城市市区的无序扩散，参考英国大伦敦规划，即在大城市周围设置绿带、开发卫星城市的做法，1963 年，韩国制定了绿带规划。但是直到 20 世纪 60 年代末，当爆炸性的城市扩张成为公众关注的一个主要问题时，绿带规划才受到认真对待。1970 年，韩国的城市规划法颁布，该部法律是设置开发限制区（主要就是绿带）的法律基础。1971 年开始设置开发限制区域，首先设置在以首尔为首的大城市周边区域，然后逐步扩大设置于中小城市周边地区。

2）规模功能

1976 年绿带范围确定为 1 567 平方公里，涉及首尔市、仁川市以及京畿道的若干市（郡）。由于首尔与其西侧的仁川在 1960 年代已基本连片发展，绿带在西侧出现断裂，并不呈完整的环状。

首尔的绿带由农田和林地构成，设在围绕城市密集区 15 公里半径处，总计 1 567 平方公里，占首都地区总面积的 29%（图 4-12）。

3）规划控制

1971 年，韩国确立大都市区绿带规划，绿带内的建设项目被严格限制。仅有一些既有建筑改造、公共项目建设等得到允许。

1980 年代以来，韩国经历了新一轮的经济增长高潮，首尔的城市扩张压力进一步增大，城市住房危机也越来越严重。为了疏散增长压力，1989 年，政府开始推进绿带外的新城建设。然而，这种城市空间增长的疏导措施仍不能满足需求。1994 年，韩国规划体系在严格区分的城市地区和非城市地区两种基本用地类型外，又引入了半城市和半农业（林业）地区，绿带外一些非新城地区的土地被划为此类。

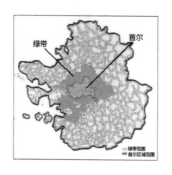

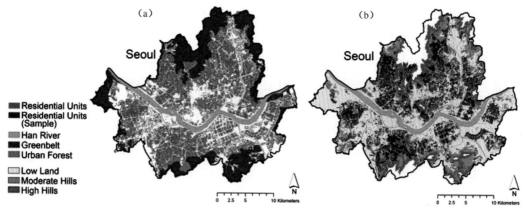

图 4-12　首尔绿带系统
图片来源:首尔规划局网站

　　1998 年,韩国建设交通部组织成立了由规划专家、环境组织代表、媒体记者及其他政府官员组成的绿带体系改进委员会,研究解决绿带问题的对策。问题主要集中在两方面:一方面是关于绿带内土地所有者的补偿,各方基本达成一致,并于 2000 年通过《绿带地区法》,赋予绿带内居民因开发权受限而获取补偿的权利。另一方面是关于绿带本身的存废,争议仍然存在,妥协的结果是政府开始对绿带地区的规划管理方式进行改革。不同于原来以区划手段限制整个地区开发的严格控制方式,绿带地区被置于首尔大都市区区域规划的框架下进行规划。部分土地被释放为可开发用地,释放土地的选择主要基于环境评价的结果,保护价值较低的土地可考虑释放。同时,现状建成规模和密度较大的居民点也成为释放地区。中央政府选定的公租房建设区、国家级商务区,以及地方政府划定的发展储备地块等也成为主要的释放地区。

　　4) 实施效果

　　首尔绿带政策成功地控制了城市向周围农村地区的蔓延,并且保护了城区周围的自然和半自然环境。这项政策的成功是由于政府对指定地区土地使用进行了强有力的法律控制。Tashiro 和 Ye(1993)指出,对该地区的限制严格到可以称作是禁令。对于绿带政策,也存在一些反对的声音。1985 年,国家对绿带政策进行问卷调查,超过 85% 的韩国市民支持该政策,然而,对绿带内私有土地的严格控制严重影响了土地所有者和农民的利益。调查显示,住在绿带内的市民有 67% 对开发限制政策持反对意见。而且,对首尔规模的严格控制反过来鼓励了绿带外围卫星城市的蔓延。绿带对限制首尔的规模膨胀起了很大的作用,但是对于控制首都圈的膨胀却贡献不大。

5) 借鉴之处

① 长期的规划控制:首尔绿带几十年来一直顶着压力对规划建设活动进行控制,尽管在 20 世纪 80 年代出现了一些妥协,但是一直没有放弃这一政策;

② 立法保护绿带的合法性:自 20 世纪 70 年代首尔绿带政策出台以来,通过《绿带地区法》等法律保障绿带的发展。

6) 不足之处

① 对开发建设的妥协:由于首尔的开发压力,以及开发限制政策在市民中的低支持率,首尔绿带长期以来一直对建设活动存在妥协行为。截至 2006 年,首尔绿带中被释放的土地达到 136 平方公里,约占绿带总面积的 9%;

② 对于都市圈控制不佳:绿带对限制首尔的规模膨胀起了很大的作用,但是对于控制首都圈的膨胀却贡献不大。

4.1.4 上海绿带

1) 规划背景

上海的城市发展经历了城市的形成、发展、成熟和壮大的每一个历程。近年来,上海城市的扩张蔓延却不可避免地破坏和侵占了城市周边的林地、农田和水系等,城市边缘区已是满目疮痍、不堪重负。上海正在不断失去市民"呼吸"需要的宝贵自然空间和城市生存"生长"需要的稀缺环境资源。这些都与上海城市长远发展所追求的科学发展观精神和建设生态文明要求有很大的差距。严峻的形势迫切地要求人们重新审视一直以来长期被忽略的城市重要组成部分——城市与农村交接的边缘区域。这个区域的系统性空间结构和生态综合功能的规划研究一直作为一个巨大的薄弱环节考问着我们:怎样的城市边缘区域才能顺应新时代背景下上海大都市圈和长三角城市(镇)群下的城市边缘区域空间结构的定位要求,才是符合土地与环境的承载力的,才是能与相邻城市和乡村的土地规划共容互补的,才有利于实现城市整体的生态系统的功能修复和生态综合效益的提升?

基于这些背景,上海于 1992 年在第三次城市规划工作会议中提出建设环城绿带的构想,随后在 1994 年上海市政府发布了《二十一世纪上海环城绿带建设研究报告》。上海市规划院编制的《上海城市环城绿带规划》以专项规划的形式较详细地确定了绿带的用地形式、范围、建设区域及其他规划控制要求。

《上海市城市总体规划(2017—2035 年)》提出,在生态环境方面,锚固城市生态基底,全面划定并严守生态保护红线,确保生态空间只增不减。加强生态空间的保育、修复和拓展,从城乡一体和区域协同的角度加强生态环境联防联治联控,构建"双环、九廊、十区"多层次、成网络、功能复合的市域生态空间体系。

2) 规模功能

上海环城绿带规模初步定为 72.41 平方公里,沿外环线外侧、环中心城区建起一条全长98 公里、宽逾 500 米的环城绿带。绿带由两大部分组成:第一部分为 500 米宽的环状绿带,其中包括 100 米宽的林带(沿路外侧宽 100 米的区域建成以乔木为主的开放性林带)和 400

米宽的绿带(100 米林带以外的 400 米宽的区域),该区域采取调整农业产业结构及综合开发等形式,建成集苗圃、休闲农业、纪念林地、陵园和修(疗)养院等多种绿地形式于一体的绿带;第二部分为主题公园,主要包括植物园、森林公园、科普乐园和绿色娱乐园等大型主题公园,以及赛马场、高尔夫球场等体育设施(图 4-13、图 4-14)。

图 4-13　上海环城绿带总体规划图(2003)
图片来源:鲍承业.城市开敞空间环的规划分析与研究——以上海环城绿带为例[C]//第三届中国环境艺术设计国际学术研讨会论文集:中国环境艺术设计·景论.北京:中国建筑工业出版社,2010:10.

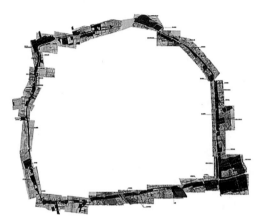

图 4-14　上海环城绿带总体规划图(2006)
图片来源:鲍承业.城市开敞空间环的规划分析与研究——以上海环城绿带为例[C]//第三届中国环境艺术设计国际学术研讨会论文集:中国环境艺术设计·景论.北京:中国建筑工业出版社,2010:10.

3) 生态格局

《上海市城市总体规划(2017—2035 年)》构筑"双环、九廊、十区"多层次、成网络、功能复合的生态空间格局。双环指外环绿带和近郊绿环。在市域双环之间通过生态间隔带实现中心城与外围以及主城片区之间生态空间互联互通。九廊指宽度 1 000 米以上的嘉宝、嘉青、青松、黄浦江、大治河、金奉、浦奉、金汇港、崇明等 9 条生态走廊,构建市域生态骨架。十区指宝山、嘉定、青浦、黄浦江上游、金山、奉贤西、奉贤东、奉贤-临港、浦东、崇明等 10 片生态保育区,形成市域生态基底。

同时,构建市域生态环廊。主城区形成市域近郊绿环以及顾村杨行、嘉宝、沪宁铁路、吴淞江、沪渝高速、淀浦河、沪杭铁路、申嘉湖、吴泾、黄浦江、浦闵、外环运河、川杨河、张家浜、赵家沟、滨江等 16 条生态间隔带,宽度按照 100 米以上控制。

至 2035 年,近郊绿环及生态间隔带内森林覆盖率达到 50% 以上,建设用地占比减少到 20% 以下。郊区形成嘉宝、嘉青、青松、黄浦江、大治河、金奉、浦奉、金汇港、崇明等 9 条市级生态走廊,宽度按照 1 000 米以上控制。至 2035 年,市级生态走廊内森林覆盖率达到 50% 以上,建设用地占比减少到 11% 以下。建设市域绿道系统,推进郊野公园(区域公园)建设,保护并修复野生动物栖息地和迁徙走廊。在市域生态走廊内推进土地综合整治,开展高标准农田建设,滨河沿路建设纵横交错的区级生态走廊(图 4-15 至图 4-18)。

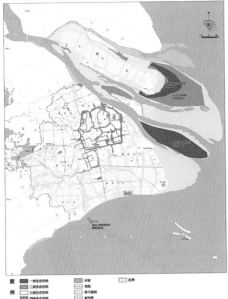

图 4-15　上海市域生态空间规划图

图片来源:《上海市城市总体规划(2017—2035 年)》

图 4-16　上海主城区绿地网络规划图

图片来源:《上海市城市总体规划(2017—2035 年)》

图 4-17　上海市城市篮网绿道建设规划图

图片来源:《上海市城市总体规划(2017—2035 年)》

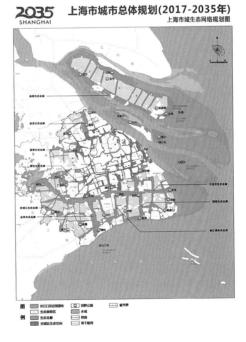

图 4-18　上海市域生态网络规划图

图片来源:《上海市城市总体规划(2017—2035 年)》

4) 实施效果

随着时代发展与实践深入,原有环城绿带表现出了方法体系层面的一系列问题,这主要表现在原有的绿环规划制定时的社会经济发展条件、学科理论基础和研究方法体系与现有时代新形势的不相匹配,导致出现了对未来发展导向的偏差和预见滞后。这属于历史性局限和系统性缺陷,往往存在不可回避和忽略的原则性问题,诸如规划理念滞后、系统结构孤立、边界设定僵化、规模总量不足、功能设置单一和控制机制缺失等。

4.1.5 科隆绿带

1) 规划背景

德国的绿带发展始于 20 世纪初,同时受到霍华德 1898 年提出的田园城市模型以及维也纳 1905 年立法设置的《森林绿地保护带》的影响。在 1918 年《凡尔赛条约》的影响下,德国部分有军事防御围墙的城市(例如不来梅、明斯特和因戈尔施塔特等)拆除了围墙,并把这些区域建设成为公共绿色开放空间——科隆的城市绿带发展最初也是基于这样的契机。1919 年时任科隆市长的康拉德·阿登纳(Konrad Adenauer)签发了《土地整合法》,以此为依据,被拆除的防御城墙原址上的空地被法律规定为城市的内环绿带,避免被城市建设性的开发占用(图 4-19)。随后,阿登纳邀请著名城市规划师弗里茨·舒马赫(Fritz Schumacher)担纲,于 1920—1923 年期间规划了科隆的内外双环绿带结构(图 4-20)。2010 年科隆绿带基金会邀请 5 个规划景观事务所组成一个联合设计营,共同讨论了科隆绿带的延伸扩展方案,并规划了一个面向未来的加强版绿带蓝图(图 4-21)。

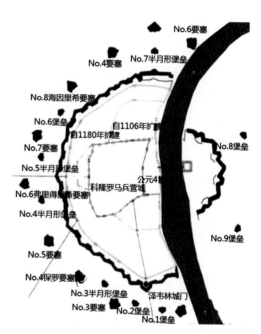

图 4-19　科隆军事防御布局
图片来源:柴舟跃,谢晓萍,尤利安·韦克尔. 德国大都市绿带规划建设与管理研究——以科隆与法兰克福为例[J]. 城市规划,2016,40(5):99-104.

2) 规模功能

科隆绿带近百年的发展历程赋予了它标志性的清晰双环结构,同时伴随着与绿带直接相邻的城市建成区的建设发展,形成了各具特色且特征鲜明的 3 个绿带片区。

① 西南侧历史分片——呈 1/4 环,标志性的弧形连续绿地空间,将居住片区与自然景观进行了有效的分隔,同时也成为对外展示绿带空间的城市窗口。

② 西北侧景观与农业分片——同样呈现为 1/4 圆的形态,高速公路与传统的军事设施所在地共同限定了绿带的范围和走向。与历史片区较为单一的内部空间不同,西北片承载了多样化的休闲空间和活动主题,农业与休闲并重,农田、草坡、湖景穿插组织。

③ 莱茵河右岸分片——整体呈半圆形态,与左岸较为清晰的边界相比,右岸的绿带部分短促而破碎,如同一幅由斑斓的不规则色块拼贴而成的镶嵌画。由于诸多的交通路线、

基础设施路线的切割,右岸的绿带空间多为规模有限的小花园、运动场。

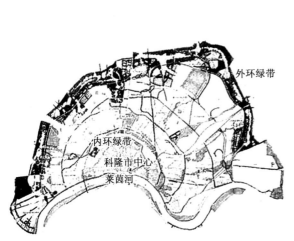

图4-20　1928年科隆绿带舒马赫方案

图片来源:柴舟跃,谢晓萍,尤利安·韦克尔.德国大都市绿带规划建设与管理研究——以科隆与法兰克福为例[J].城市规划,2016,40(5):99-104.

图4-21　2012年提出的科隆绿带方案

图片来源:柴舟跃,谢晓萍,尤利安·韦克尔.德国大都市绿带规划建设与管理研究——以科隆与法兰克福为例[J].城市规划,2016,40(5):99-104.

3) 规划控制

① 基金会对政府缺位的补充:科隆绿带在行政上由科隆市园林绿化局主管,行政管理长期失位导致绿带的养护状况堪忧。在此背景下,康拉德·阿登纳的两个孙子于2004年成立了非营利组织科隆绿色基金会,主要负责向企业、市民等募捐款项用于绿带的维护,同时负责组织某些专项项目研讨规划绿带的拓展以及远期发展。科隆绿色基金会是对科隆市园林绿化局职能缺失的补充。两者之间的合作主要针对相关专项内容,例如围绕绿带某段断面养护任务或针对绿带发展的某一规划项目签订专项合约。同时,基金会的领导层积极整合科隆政商界能量,并不断邀请名人参与到绿带基金会的管理宣传工作中来,通过举办各类研讨会、户外活动等吸引公众支持和地方企业的补助,扩大绿带影响力。

② 资金使用的灵活性、长期性:由于基金会与政府部门围绕专项项目的方式合作,基金会对绿带的建设资金管理具有较为灵活的部署安排能力。一方面基金会的财务管理不需要提交议会讨论表决等行政程序,避免了各方利益矛盾冲突对于资金使用的影响;另一方面,基金会根据绿带规划中的时序要求和实施步骤配置资金比例。基金会对于资源使用的合理化统筹,既发挥了灵活调用资金使用方式的优势,又可以避免部分中长期项目的资金来源不稳定的风险。

③ 绿带管理对接区域发展诉求:在区域层面,科隆—波恩区域联盟通过加强区域内的经济、政治、环保等方面的合作,提升区域的全球竞争力。因此,科隆绿带的发展也积极与区域层面的相关规划进行衔接。绿带的双环规划如何与科隆内城总体规划、莱茵河宪章、区域绿楔、勒沃库森绿扇计划等对接,成为长远规划和管理的重要内容(图4-22),

以期绿带在长远发展中能够改善区域整体形象,保护区域生态绿地。

④ 公众参与和市场化因素的运用:科隆绿带的规划、建设、管理过程都强调了公众参与的重要性。专家、设计师、政府部门、当地居民活跃在绿带发展的各个阶段。同时,绿带管理过程中通过市场化购买储存建设所涉及的私人产权地块,开发时提供与绿带相配套的设施与服务,积极改造原有设施,使之重获活力。

4) 借鉴之处

① 重视绿带的多元维度内涵,转变绿带建设管理思维。科隆绿带不仅仅是绿带单方面的规划,绿带的空间形态的确定实际上包含了对功能、交通、景观、经济、文化因素和相互关系的深刻理解。通过空间叠加赋予绿带形态以多元维度的内涵,使之从简单的物理空间向社会空间转变,其表现出来的综合特征也有利于进一步的对应策略选择。同时,在认知深化的基础上,转变建设管理思路,从使用者、利益相关方的角度逆向思考,为绿带的设计和管理提供更有吸引力和说服力的素材,也使得绿带能够尽可能地调动一切有利因素参与到都市区绿地空间的运行过程中。

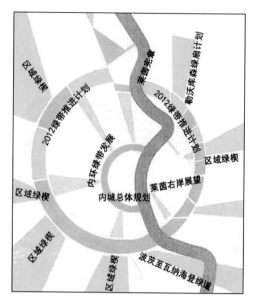

图 4-22 科隆绿带与相关规划衔接
图片来源:柴舟跃,谢晓萍,尤利安·韦克尔. 德国大都市绿带规划建设与管理研究——以科隆与法兰克福为例[J]. 城市规划,2016,40(5):99-104.

② 多方参与:在科隆绿带的建设中,不仅仅是政府单方面的规划控制,基金会的介入弥补了政府管理上的不足,同时也缓解了资金的问题;市民的参与加强了公众对绿带的认可,减少了社会阻力。

4.1.6 法兰克福绿带

1) 规划背景

法兰克福绿带的建设始于 1925 年城市大规模扩张的背景,时任建设议员的规划师恩斯特·麦(Ernst May)和城市园林景观总设计师马克斯·布鲁姆(Max Bromme)旨在保护尼达河(Nidda)以及其周边地区,将其作为内城和大量新建住宅区之间的城市绿色开放空间(图 4-23)。1978 年,建筑师和城市规划师蒂尔·贝伦斯(Till Behrens)提呈了一份新的城市绿带总图。经过十余年的政治规程讨论,市政府于 1989 年正式启动城市绿带项目。随后,1991 年绿带法正式生效,法兰克福绿带在法规的指导下不断发展(图 4-24)。

2) 规模功能

尽管法兰克福绿带的主管部门和管理权责在近 25 年的发展中经过了多次变动,但是法兰克福绿带的基本形态保持了恩斯特·麦时期的规划空间范围和整体性。绿带主要可以分成三个部分:

① 尼达河谷片区:以城市北部的尼达河两侧的绿地和开放空间为主,绿地与水体、北部

图4-23 法兰克福绿带与周边区域公园联系

图片来源:柴舟跃,谢晓萍,尤利安·韦克尔.德国大都市绿带规划建设与管理研究——以科隆与法兰克福为例[J].城市规划,2016,40(5):99-104.

的居住组团结合紧密,是北部居民就近休闲的主要出行目的地。

②吕肯山丘(Berger Ruecken)片区:位于法兰克福的东部和东北部区域,以丘陵农田地区为主,蔬果种植业历史悠久,分布广泛。

③城市森林(Stadtwald)片区:位于法兰克福的南部区域,覆盖面积最广,空间连续性最好。森林资源丰富,原生态环境保护良好。

3)规划控制

①法规体系建设先行:法兰克福市议会于1991年通过的绿带法是绿带建设管理的基本依据。实际上,在法兰克福绿带法于1991年11月正式通过之前,市政府相关职能部门已经针对绿带的建设和维护管理相关问题开展了近10年的咨询讨论。绿带法理基础的夯实,一方面有利于明确绿带在整个规划法规体系中的地位,另

图4-24 1925年恩斯特·麦提出的绿带规划

图片来源:柴舟跃,谢晓萍,尤利安·韦克尔.德国大都市绿带规划建设与管理研究——以科隆与法兰克福为例[J].城市规划,2016,40(5):99-104.

一方面构建了绿带的制度框架和实施原则,使得后续的建设和协商过程能够在稳定、固化的框架范围内展开,有利于保持绿带发展的长期性和持续性。

② 适宜、灵活的管理模式选择：在法兰克福绿带建设管理的不同阶段，采取了多种与管理需求相适应的组织形式，以促进绿带建设的顺利实施。在法兰克福绿带法颁布之后，法兰克福环保局主导成立了一个过渡期的绿带项目工作小组负责绿带的管理工作。随后于1992 年以"法兰克福德国联邦园艺博览会有限责任公司"为基础转型为"法兰克福绿带有限责任公司"，负责绿带事宜。该公司从政府一次性获得大额的启动经费用于绿带重要基础设施的建设。例如法兰克福自行车环线项目、绿带休闲项目等。1996 年，在绿带基础规划建设基本完成的前提下，为了节省公司的运营费用，同时减少公众对于以带有强烈市场经济色彩的有限责任公司形式来管理具有社会公共资源性质的绿带区域的质疑，政府注销了绿带有限责任公司，并将绿带的管理工作移交回政府公共职能部门。当前法兰克福绿带的管理机构是一个由环保局、绿化局和规划局协作组建的绿带项目组。机构协同工作的方式有利于整合多方资源，方便达成一致共识，减少制度成本，统一落实建设资金。

③ 多渠道、多元资金筹措机制：法兰克福绿带建设资金来源多样，不同的项目能够筹措的资金来源和比例不一。既包括纵向的欧盟、法兰克福—莱茵—美因都市区政府、法兰克福政府的财政支持，还有横向的环保、规划、交通、旅游等部门提供的资金(图4-25)。另外，区域范围内重要企业(如对区域环境造成一定影响的法兰克福机场)的补助津贴也是绿带建设中相当重要的财政来源。但是多样化财政结构的变化也会影响资金供给的稳定性。由于财政来源主体对于提供的资金在绿带中的使用目的、动向、区位往往提出针对性要

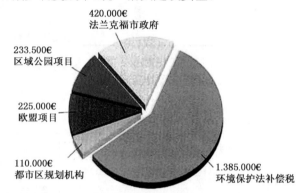

图4-25 法兰克福绿带旧机场项目资金来源
图片来源：柴舟跃，谢晓萍，尤利安·韦克尔. 德国大都市绿带规划建设与管理研究——以科隆与法兰克福为例[J]. 城市规划，2016，40(5)：99-104.

求，绿带建设管理中如何恰当地分配资金池，成为考验管理水平的一个难点问题。

4) 后续发展

随着法兰克福—莱茵—美因都市区区域公园的发展，法兰克福绿带的核心区位和良好的建设基础使之成为区域公园的核心组成部分。绿带与区域公园环线之间也通过对外辐射式的道路相连，成为都市区绿地体系两个物理空间之间物质能量交换的通道，区域的绿地体系网络化路径逐渐清晰。

在现有的建设基础上，法兰克福绿带规划管理部门制定了"绿带2030 发展路线"的纲要内容，提出"突出、联系、激活"的指导方针，以连通内外的绿楔为依托，进一步优化绿带的空间功能，强化绿带与中心城区及与更广域地区的联系；在绿带空间形态设计中，融入了景观、交通、气候、基础设施建设、农业发展、文化保护等因素，绿带空间实际上为社会、经济、环境三方面的功能的叠加；打造了一个空间平台，并在此基础上推动区域整体空间结构的优化。

4.2 绿楔

4.2.1 莫斯科森林公园保护带

1) 规划背景

莫斯科早在1918年颁布的《自然保护法》和《俄罗斯联邦森林法》中就明确指出"莫斯科城市外围30公里以内的森林执行严格的保护"。1935年莫斯科的城市改建总体规划将环城绿带作为城市建设的重要环节,提出将森林引入城市的思路。

2) 规模功能

总体规划规定绿带平均宽度为10公里,在此范围内严格限制其他用地。通过绿带营造广阔的森林、水面和乡村风光,使整个莫斯科被森林环抱,在城市周围形成一个绿色链环。1960年对城市边界进行调整时,将绿带宽度扩大到10~15公里,北部最宽达28公里,面积从280平方公里扩大至1 750平方公里。1971年通过的《莫斯科发展总体规划》提出了新版绿地系统规划,其中环绕市区的森林环带成为莫斯科绿地系统中的重要组成部分,规划采用环状、楔状相结合的绿地系统布局模式将城市其他绿地连接起来。

莫斯科一度被称为"沙漠城市"。1930年,莫斯科开始实施名为"绿色城市"的城市改建方案,经过数十年的建设,到20世纪70年代,建成了具有相当规模的城市绿地系统,包括11个森林公园、84个文化休憩公园和700多个街心公园,全市绿地系统约占市域面积的40%,人均绿地面积(含森林公园)达45平方米。到2000年,莫斯科人均绿地面积已经比1991年增加了约30%。

莫斯科的城市绿地和水域系统由森林公园、大面积森林绿地、河谷绿地、文化休憩公园、街心公园、城市花园、广场、林荫路等构成。在空间布局上,丘陵地形特征和大片绿地的配置,还有贯穿其中的铁路线,使城市在总体上呈现出扇形与环形相间的空间结构形式,与莫斯科的多中心结构相呼应。城市环城绿带位于距城市中心30~70公里处,宽度达到20~40公里,平均宽度为28公里左右。市区通过8条放射形绿带,把城市内公园和市区周围森林连成一体。莫斯科森林公园保护带的面积随着城市规模的变化也在发生着变化,城市与森林公园的面积比在1971年为1:1.96,在目前则为1:1.64。目前,莫斯科森林公园保护带的规划管理由市政府负责,具体建设和维护由市园林局负责。保护带的建设和维护受到法律保障。此外,相关规划中明确规定保护带内不允许开展工业项目和对环境不利的建设项目(图4-26)。

3) 规划控制

城市绿化规划与建设工作在莫斯科始终受到重视。尤其是在十月革命后的城市发展进程中,绿地分布的合理性更加得到重视。1918年,前苏联政府从圣彼得堡迁都莫斯科,开始对莫斯科周围的森林进行保护规划,并颁布《俄罗斯联邦森林法》和《自然保护法》等法律法规,其中确定对"莫斯科城市外围30公里以内的森林执行严格的保护"。在1935年制定的《莫斯科城市改建总体规划》中提出完整的绿地系统规划。该规划结合被莫斯科河及其支流网所分割的丘陵地形,在莫斯科用地范围以外建立森林公园保护地带。这些保护地带

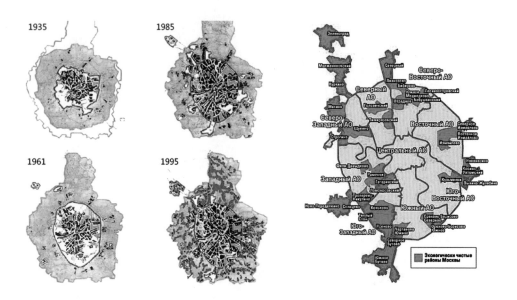

图 4-26　莫斯科森林保护带的发展示意
图片来源:莫斯科规划局网站

始于城郊森林,由大片均匀分布的森林组成,并且将成片保护区由几个方向与莫斯科市中心绿地连通起来。同时,在城市用地上还规划建设了新的公园和林荫道,如城市的花园环、林荫道、列宁山公园、伊兹玛依洛沃公园等。这些不同类型的绿地共同组成了莫斯科的天然氧吧和居民游憩地。1971 年通过的《莫斯科发展总规划》文件中提出了新的绿地系统规划内容,包括建立完善的绿地布局和发展更广阔的绿化系统,规划采用环状、楔状相结合的绿地系统布局模式,将城市分隔为多中心结构,把莫斯科郊区绿地同城市绿地连接起来等规划措施。

1975 年莫斯科市执行委员会批准了《首都绿化总方案》,其规划设计的主要内容是:①改造与新增绿化用地,即全部保留现有公共绿地,进行改造与恢复,规划公共绿地面积约为 19 600 公顷,人均约 26.1 平方米,其中新规划的绿化用地面积约为 6 000 公顷;②组成 2 条绿化轴,即西南—东北绿化轴和西北—东南沿莫斯科河河湾的水面绿化轴;③发展 7 块楔形绿地,即莫斯科外围规划地区的森林公园,每块面积 600～1 300 公顷,在城市用地范围以外以森林公园来延续;④建立放射环形的区公园、街心花园和林荫道,并与绿化轴和楔形绿地相联系。至此,莫斯科的绿地系统已初具规模(图 4-27)。

1999 年通过了莫斯科城市规划建设发展史上第一部受到法律保护的规划文件——《2020 年莫斯科城市发展总体规划》。规划提出了许多富有探索性的方法,如在绿地系统规划中恢复城市自然综合体空间的连续性,同时规划还考虑新建部分专类公园、文化公园、体育公共场地和文化中心,进一步扩大绿化用地,使绿化用地总面积从 3 万公顷增加到 3.5 万公顷。

4)实施效果

到 1940 年,随着许多大型公园在市区里出现,莫斯科绿地发展到 5 000 多公顷。在1960 年调整莫斯科城市边界时,"森林公园带"被进一步扩大到 10～15 公里宽,北部最宽处达

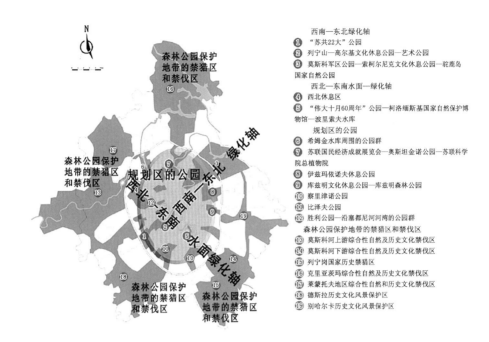

西南—东北绿化轴
① "苏共22大"公园
② 列宁山—高尔基文化休息公园—艺术公园
③ 莫斯科军区公园—索柯尔尼克文化休息公园—驼鹿岛国家自然公园
　　西北—东南水面—绿化轴
④ 西北休息区
⑤ "伟大十月60周年"公园—柯洛缅斯基国家自然保护博物馆—波里索夫水库
　　规划区的公园
⑥ 希姆金水库周围的公园群
⑦ 苏联国民经济成就展览会—奥斯坦金诺公园—苏联科学院总植物院
⑧ 伊兹玛依诺夫休息公园
⑨ 库兹明文化休息公园—库兹明森林公园
⑩ 察里津诺公园
⑪ 比泽夫公园
⑫ 胜利公园—沿塞都尼河河湾的公园群
　　森林公园保护地带的禁猎区和禁伐区
⑬ 莫斯科河上游综合性自然及历史文化禁伐区
⑭ 莫斯科河下游综合性自然及历史文化禁伐区
⑮ 列宁岗国家历史禁猎区
⑯ 克里亚茨玛综合性自然及历史文化禁伐区
⑰ 莱蒙托大地区综合性自然和历史文化禁伐区
⑱ 德斯拉历史文化风景保护区
⑲ 别哈尔卡历史文化风景保护区

图4-27　莫斯科绿地系统

图片来源:吴研,赵志强,周蕴薇.莫斯科绿地系统规划建设经验研究[J].中国园林,2012,28(5):54-57.

28公里,面积从280平方公里扩大到1 750平方公里,森林公园带如同一条绿带环绕市区,被称为"绿色项链"(图4-28)。

5)借鉴之处

纵观莫斯科绿地系统规划的历程,可清楚地发现莫斯科的绿地系统是逐步建立起来的。随着城市的发展,绿地系统布局的合理性不断完善,绿地面积也逐年增长,生态效益也逐年显现。现今的莫斯科城市与森林交融为一体,广阔的自然综合体是莫斯科市巨大的生态屏障和市民的宝贵财富。

① 突破城区界限,构建城乡一体化绿化体系。城市绿地系统布局规划不能局限于城区,应学习莫斯科所实施的城乡一体化绿化格局,大力保护和营造城市外围的郊野公园与森林公园,并将其与城内的绿地相连通。城市的"绿肺"不仅仅是城市公园,还有城乡之间广阔的生态绿地。现今城市尤其需要进行区域联合,形成都市圈、都市带,把城市和区域生态系统充分结合,保护好区域生态绿地空间,解决城市环境问题,使较大范围的城市区域能够共同协调发展。目前我国的城市绿地系统规划多注重城市规划区内建设用地的绿化,对外围区域

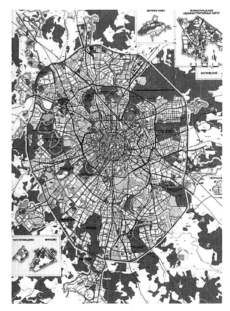

图4-28　莫斯科绿带效果图

图片来源:吴妍,赵志强,周蕴薇.莫斯科绿地系统规划建设经验研究[J].中国园林,2012,28(5):54-57.

的考虑较欠缺。在这方面,可借鉴莫斯科的相关经验,将城市绿地系统规划在整体结构方面扩大到市域规划乃至更大范围,使其形成大区域背景下的城乡绿地一体化,从而发挥更强大的生态效益。

② 建构自然综合体,形成城区生态绿色廊道系统。随着城市生态学研究的不断深入,人们逐渐认识到建立具备自然特征的各类绿色生态廊道系统,如滨水绿地,具有较高的生态价值。莫斯科通过规划连接自然综合体形成绿色廊道系统,即通过绿化带将城区内的公园、水体、林地、防护绿地等连接起来,并与城外的绿化区域相贯通从而形成一个有机的整体,并能为野生动物提供廊道和栖息地。目前我国的城市规划存在着对用地现状过分保留的问题,多数用地现状的性质不被改变。此举有悖于生态学的原理。可参考莫斯科的绿地系统规划模式,建构自然综合体体系,形成城区生态绿色廊道系统,并使之有机相连,对改善城市生态环境起到事半功倍的效果。

③ 合理进行城市规划,避免影响绿地系统的布局。我国城市在扩张过程中对城市绿地建设造成了诸多问题,如对绿地的预留不足、变绿地为建设用地等。因此,应合理进行城市规划,不能盲目地扩大城市规模而忽略城市绿地系统规划。可以借鉴莫斯科自然综合体的规划,最大限度地避免破坏原有的自然综合体绿地布局,在合理规划的基础上,保护现有绿地。在实际工作中,如何在保护的基础上进行合理的绿地系统规划,将是今后研究的重点。

6) 后续发展

2011 年 7 月莫斯科提出新的城市发展规划以解决由于城市化带来的严重问题,具体包括三个方面:①将城市面积扩大到现状的 2 倍;②交通格局由"环形放射状"改为"方格状";③把一些联邦机关迁至新区域。

有学者认为该方案会危及环绕莫斯科城的森林绿化带,建议政府如果扩城,必须在保护好现有的自然综合体的基础上进行。莫斯科在城市的发展规划中如何对绿地系统进行相应的调整,虽然目前尚未见报道,但它应是莫斯科城市发展规划的重中之重,因为城市整体格局的改变会直接影响现有绿地的布局。莫斯科如何在保护现有自然综合体的基础上合理地进行绿地系统规划值得进一步研究。

《2020 年莫斯科城市发展总体规划》着重对"自然综合体"的保护与发展的主要方向进行了详细的规划。规划中提出的"自然综合体"指的是在一定的地理范围内占主要地位的植物和水体及已形成的城市自然地理、地貌架构的区域。具体地讲,自然综合体用地包括所有具备生态保护、休闲及建立城市自然景观骨架功能的具有植被和水体的用地。规划指出,要利用自然综合体在城市中建立能广泛连接单块绿地的绿化分支系统,恢复和重建河流、谷地及其他被破坏的自然用地;建立休闲和环境保护绿地,形成连续的绿化走廊,发展成绿化水平高的城市化地区。

4.2.2 杭州生态带

1) 规划背景

为避免"摊大饼"式的城市发展,改善城市环境,解决市民对城市绿化需求,《杭州市城市总体规划(2001—2020 年)》(简称"总规")明确提出了"一主三副六组团"的城市空间形态格局。根据总规,杭州城市四周布局有 6 条楔形生态带,总面积 2 065.9 平方公里,占杭州市域面积的 67.3%,日前,杭州市"西北部、北部、东南部、东部、西南部、南部"6 条生态带保护与控制规划编制完成,生态带规划明确了所涉及区域和规划区范围。

杭州生态带规划中,将生态带用地范围界定为除杭州市区建成区和组团之外的以非建设用地为主的地区,包括农田、林地、园地及苗圃、水体、裸地、城市对外交通干道等沿线绿化带、低密度城镇、高新技术园及工业区防护绿地、历史文物保护区及自然保护区等 9 类。生态带是以城市整体生态格局为骨架,以绿地为主要特征,具有环境、经济、社会复合功能的生态系统,将用于保持现有的生物繁衍、为城市提供碳氧平衡、水土涵养、水源供应等生态服务(图 4-29)。

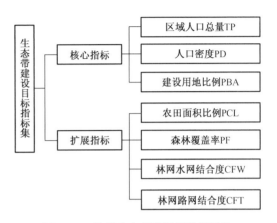

图 4-29 杭州生态带建设目标指标集
图片来源:复旦大学.杭州市生态带概念规划,2008.

杭州市生态带规划主要特色在于通过细化到控规层面的生态建设指引,对生态区内的人工建设活动进行控制。在保护区范围内划定了禁建区、限建区、适建区,并明确了"三区"所占面积和用地比例。在控制指标体系上,主要分为基本指标、整体规定性指标、建设用地控制指标、非建设用地控制指标、指导性指标以及生态建设引导等大类指标。各区通过指标的分级设定,满足禁建区、限建区和适建区的控制要求。

2)规模功能

根据《杭州市城市总体规划(2001—2020 年)》,杭州城市四周布局有 6 条楔形生态带,总面积 2 065.9 平方公里,占杭州市域面积的 67.3%,是构成杭州"一主三副六组团"的城市空间格局的骨架(图 4-30)。

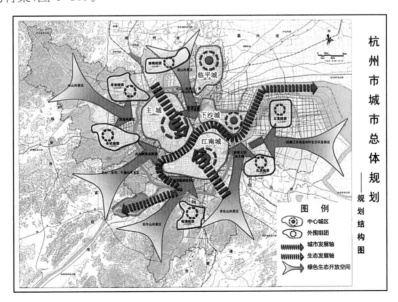

图 4-30 杭州城市空间格局
图片来源:杭州市城市总体规划

"西北部生态带":由南湖泄洪区、径山风景区、东明山森林公园、良渚遗址保护区、闲林湿地保护区、西溪湿地公园等区域组成。面积 703.0 平方公里。人口密度 432 人/平方公里。

"西南部生态带":由西湖风景名胜区、之江旅游度假区、龙坞风景区、灵山风景区、午潮山森林公园、长安沙风景区等区域组成。面积 302.9 平方公里。人口密度 625 人/平方公里。

"南部生态带":由石牛山风景区、钱塘江水源保护区、湘湖旅游度假区等区域组成。面积 307.7 平方公里。人口密度 843 人/平方公里。

"东南部生态带":由青化山风景区、杨静坞森林公园、新街大型苗木基地、航坞山森林公园等区域组成。面积 219.9 平方公里。人口密度 986 人/平方公里。

"东部生态带":由钱塘江滨海湿地保护区、生态农业保护区等区域组成。面积 279.0 平方公里。人口密度 741 人/平方公里。

"北部生态带":由东塘三白潭湿地保护区、丁山湖湿地保护区、超山风景区、半山风景区、皋亭山风景区、黄鹤山风景区等区域组成。面积 253.4 平方公里。人口密度 1 085 人/平方公里。

3) 实施效果

① 生态带建设仅处于设想阶段,缺少可操作的理论和具体措施。可用于具体建设实施的专项规划编制尚处于起步阶段,生态用地绿线尚不明确,各分区、组团规划与总规所明确的 6 条生态带衔接较差。

② 生态带范围中的建设用地区域内,部分村镇用地开发强度大,规划控制混乱、无序;部分生态带中重要节点被破坏。

③ 生态带的流域环境质量呈下降趋势,部分乡镇生态环境长期处于超负荷状态,农业、养殖业、纺织、造纸污染问题比较突出。

④ 生态建设与区域发展矛盾突出,建城区扩张趋势明显,生态带的北部、南部、东南部和东部沿绕城高速环附近区域各类开发建设活动强度大,使得生态带保护与当地经济发展的冲突日趋尖锐。

⑤ 杭州市地方法规体系尚未对"6 条生态带"等生态用地保护和管理制定相关规定和制度。市区各级政府及规划、建设、园文、环保、林业、国土、农业、水利等各部门缺乏对生态带监管的有效措施。

4.2.3 德国柏林—勃兰登堡区域公园系统

1) 规划背景

柏林—勃兰登堡都市区位于德国东北部,跨越两个州,总人口为 600 万,面积为 30 300 平方公里。1990 年东西德统一以来,柏林和勃兰登堡州政府协同发展的意愿愈发强烈。1996年,双方签署协议,创建了"联合州际发展计划",明确提出要打造区域公园,以抑制柏林向外围(勃兰登堡州)的无序扩张,刺激旅游业,带动区域经济复苏,并增强地区识别性(图 4-31)。

2) 绿带规模

该区域公园主要由分布在柏林边缘的 8 个原本独立的大型开放空间组成,形成"绿色链条"环绕柏林(图 4-32)。"绿色链条"的平均宽度为 15 公里,总面积为 2 000 平方公里。公园建设的核心理念是"公园自下而上地生长",围绕其有 5 个核心原则:

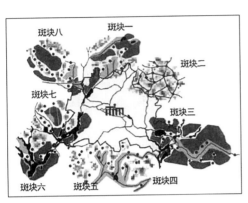

图 4-31　德国柏林—勃兰登堡空间格局
图片来源:李潇. 德国"区域公园"战略实践及其
启示——一种弹性区域管治工具[J]. 规划师,
2014,30(5):120-126.

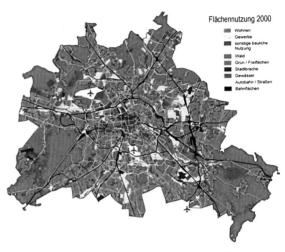

图 4-32　德国柏林—勃兰登堡绿带
图片来源:德国规划局网站

① 合作。由柏林下属区和勃兰登堡的郡县各部门负责,纳入社会机构、协会、农民和投资者等社会力量参与达成共同的目标。

② 整合。将对生态、经济和社会因素的考虑整合进公园理念,营造一个复合的功能体。

③ 景观认证。重新识别景观资源的开发潜力,考虑鼓励当地农民进行市场化直销,与公园的运营互惠。

④ 产业行动。不仅仅是经营对外旅游业,同样开展将本地失业者纳入旅游服务和景观维护的再就业活动。

⑤ 网络化。一方面完善步行、自行车路径和用标识系统连接各景观节点、公交站点和休憩设施,形成网络化整体;另一方面通过地方协会、工作组把所有的个体行动联系起来。整体区域公园体系中的 8 个大型斑块也各具特色,包括农业景观型、自然生态保护区型、原始林业型和水库型等,其中农业和林业占据了其中 80%的土地。

3) 规划控制

和其他区域公园有所不同的是,该区域公园并没有形成一个总体的中央管理机构,而是在州联合规划委员会的鼓励号召下,主要依赖来自各郡县、区的地方自治和社会参与来运营维护,符合"公园自下而上地生长"的理念。因此,该区域公园并没有行政管辖上的意义,但无形中形成了一个整合原本各自为政的地方来共同实施区域发展目标的协作平台,加之其区位处于两个州的交界处,因此也被称作"通勤带"。

4) 借鉴之处

区域公园从策划、启动到实施是一个长期的发展过程,其成功与否除了与规划设计层面有关外,更取决于背后的操作体制。从德国的案例中可以总结出一些保障区域公园成功实施的共性关键支撑因素——跨界协作平台、多元融资渠道和混合规划管理。

① 跨界协作平台

区域公园的开发需要纵向和横向的网络合作。纵向上，公园所涉及的州政府、地方市镇政府、郡县和区域机构的合作，形成城市—区域层面多层次的制度化管治。德国主要采用的是"伞状"组织模式，即由一个以公共部门为主的区域规划协会或有政府背景的开发公司担任自上而下的组织主体和协调平台，负责规划编制，制定个体项目开发任务，统筹下一层次的协作（柏林—勃兰登堡区域公园除外，其主要是自下而上的组织）。此外，由于自然景观资源条件的分布往往与城镇行政边界不吻合，且区域公园开发中多涉及协调农业、林业等自然保护功能和娱乐休闲等城市开发功能之间的关系，因此在横向上，跨地方行政界线、跨专业部门（城市规划、景观设计、生态治理等）、跨主体（政府、土地拥有者、利益相关者、非政府组织、公众）之间的通力协作同样是必要的，它们须遵从区域公园组织主体的协调以保障个体项目的开发。

② 多元融资渠道

区域公园开发过程中的规划编制、征地补偿、项目实施及维护等一系列环节都需要大量的资金支撑，这就需要发展稳定及多元的融资渠道，避免仅仅依赖单一的资金来源。以埃姆舍区域公园为例，在其第一个十年建设期间由德国联邦政府和欧盟提供了 60% 的资金，而私人投资与北威州政府项目资助占 40%。再如莱茵—美因区域公园在它的第一个十年建设期，黑森州政府和区域规划协会提供了 47% 的资金来源，其余资金由各地方市镇政府担负 16%，私人投资 29%，欧盟资助 8%。当然，稳定的政府投资、公共资金在开发以后的维护过程中已经愈发难以获得，且往往有限。因此，德国区域公园中的个体项目运营越来越多地采用灵活的 PPP 模式（Public-Private-Partnership）作为融资渠道，采用项目开发市场化运作（如出租土地给观光者用于农业体验、农产品市场直销、公共建筑特许经营等），政府提供政策支持和监管，让项目所在地的居民、土地使用者和投资者协作，使他们在受益的同时也吸纳了大量私人投资。

③ 混合规划管理

区域公园的成功实施同样得益于一种法定与非法定规划之间混合的规划管理安排，将区域公园的目标、理念和项目开发策略融入现行法定规划，形成项目立法化管理。德国的经验是将区域公园的发展融入专项规划（如景观绿道规划、农业规划、旅游规划等）以及落实到各市镇的总体规划中。前文已提及，"区域公园"战略是德国现行规划体系之外的一种非正式、弹性的规划工具，它不能替代正式的法定规划编制。但反过来，单纯编制的法定规划也往往容易遇到缺乏上位战略发展目标、受到行政边界束缚、城市之间资源利用有冲突等问题。因此，区域公园打破传统束缚、大尺度整合资源及创新管理体制等优势恰恰能弥补法定规划的不足。另外，其规划的结果作为大区域层面协调的产物，也能指导各法定规划的修编，使得它们的外部条件和目标更为清晰，相互之间更为协调。

5）实施效果

柏林是德国绿化最好的城市之一：城市面积的三分之一以上是公园、草地、森林和原野。城市边缘的广阔森林地带、市中心的大蒂尔加滕公园和其他所有城区的各个公园组成多层级公园体系（图 4-33）。

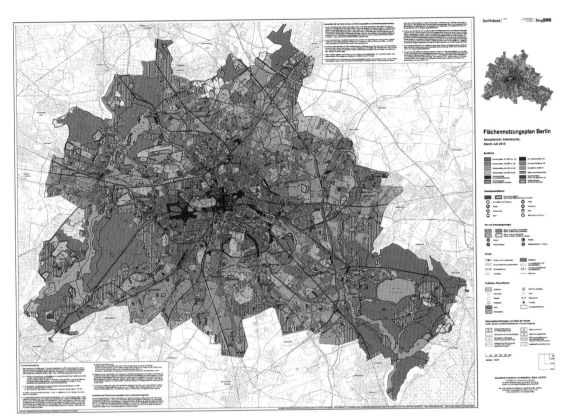

图 4-33　柏林土地利用规划图
图片来源:德国规划局网站

4.3　绿心

4.3.1　荷兰兰斯塔德都市绿心

1) 规划背景

兰斯塔德都市绿地的形成与规划基于两点:①历史原因造成土地难以利用。由于荷兰在工业革命时期无节制地开矿,兰斯塔德地区形成低地,难以作为城市建设用地使用,而是作为水资源保育和农业用途的区域发展,最终成为特色农业景观基地。并且由于绿地地处较低洼的地区,其海拔高度低于海平面,因此它除了农业功能,还兼有蓄洪、排洪的功能。②控制城市蔓延。兰斯塔德地区经济社会发展和城市化进程带来了道路拥堵、人口剧增等问题,绿心被用为控制兰斯塔德地区无序扩张的工具。自20世纪50年代以来,兰斯塔德和绿心成为荷兰规划政策的核心。

兰斯塔德并不是一个行政区域,而是一个由众多大城市和小城镇构成的松散城市群。该城市群跨越四省,包含了荷兰最大的4座城市。各城镇围绕内部约400平方公里的农业区环状布局,形成独特的城市群形态,该农业区被称为"绿心"。

20世纪50年代以来,随着城市发展对空间需求的增加和农业本身规模经济的扩展,

"绿心"成了城市化过程中城乡用地矛盾最突出、空间争夺最激烈的区域,在管理与利用上产生了一系列的问题与冲突,"绿心"逐渐受到蚕食(图4-34)。20世纪60年代以来,荷兰开始采取措施应对兰斯塔德地区城镇的盲目扩张和无序发展,在五次国家空间规划中,均对"绿心"提出了保护措施。

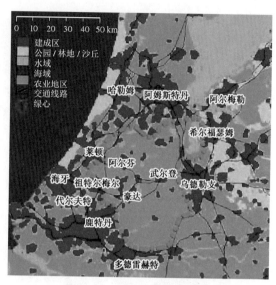

图4-34　荷兰兰斯塔德绿心

图片来源:张衔春,龙迪,边防.兰斯塔德"绿心"保护:区域协调建构与空间规划创新[J].国际城市规划,2015,30(5):57-65.

2)绿带规模

荷兰绿带规划始于20世纪60年代,共有五次空间规划。其中前三次规划效果不佳,荷兰政府在反思后在第四次直接将生活中心转出绿心,从而从根本上控制了绿心的人口增长。绿心也能分隔城乡,其绿化生态效果也得到良好的保护与恢复。此外,荷兰政府在后续规划中制定相关政策法规保障全国重要区域的绿地。

3)绿带功能

荷兰政府通过兰斯塔德区域绿心保证国家绿化环境,分隔各大主要城市,控制城市增长边界,避免城市无序蔓延。20世纪90年代以来,荷兰政府开始反思城乡二元对立问题,"保护"不再是"绿心"政策的唯一目标,"绿心"地区的政策更加具有弹性,除了严格控制商业及居住发展外,政府鼓励在"绿心"内积极发展旅游、休闲等服务业,甚至允许有条件地建设具有区域重要性或很高经济效益的政府项目。同时,国家生态重要结构、国家生态网络、国家景观等一系列法规及规划建设指引,也为"绿心"的保护提供了法律依据。在这一背景下,"绿心"得到了良好的保护与恢复。

4)规划控制

兰斯塔德先后进行了五次空间规划,对绿心进行保护(表4-3)。

表4-3　兰斯塔德绿心空间规划历程

	时间	政策内容	实施效果
第一次空间规划	1960年	1960年制定了疏散政策,通过引导周边地区的发展来减少兰斯塔德的压力,对于主要作为农业的绿心,规划要求保持其绿色	实施效果不佳,绿心受到侵蚀,绿心内人口持续增加
第二次空间规划	1966年	1966年,以"相对集中的分散"方式将人口就近分散到北荷兰省、弗莱弗兰省、三角洲等周边区域,以保护绿心	
第三次空间规划	1973—1983年	以具体的开发规划代替分散布局,提出将十四个城镇作为生长中心	

	时间	政策内容	实施效果
第四次空间规划	1988年	将居住生活中心（又称VINEX区域）全部布置在绿心界限之外，仍然通过绿心来分隔城乡	绿心得到了良好的保护和恢复
第五次空间规划	2000年	引入"红线"和"绿线"作为防止城乡蔓延和保存空间的基本战略。"红线"被用来划定城市及其发展区；"绿线"被用来划定城市发展过程中要保护的特殊生态或景观地段，以及具有全国重要性或地区重要性的绿地	

5）借鉴之处

① 对理想的追求是"绿心"概念形成的根源。兰斯塔德的形成虽与当地的自然地理条件有关，但主要还是由于荷兰政府与规划师结合城市发展的自身条件，因地制宜地选择了环形城市与"绿心"的城市空间结构，并认为保持"绿心"的开放性、集约化使用城市土地和营造紧凑的城市空间是保证兰斯塔德地区生活空间质量的理想方式。尽管受到了众多的挫折、压力与争议，半个多世纪以来荷兰政府在保持"绿心"与兰斯塔德良好的空间形态上的努力一直没有减少。正是这种对理想的追求，使得荷兰既避免了美国大城市那样的郊区化弊病，也没有出现巴黎和伦敦那样巨大而臃肿的城市结构。欧美城市普遍存在的交通问题与环境问题在荷兰并不特别突出，这在很大程度上与"绿心"政策的贯彻及相对分散的区域空间布局有关。

② 区域规模上的规划管理是维持"绿心"形态的基本保证。稠密地区的可持续发展需要可持续的开放空间。以单一城市为单元的城市市域规划很难真正解决好城市间整体的开放空间问题，如果不从区域规模上加以协调管理与引导，任何"绿心"开放空间都终将被城市各自的蔓延蚕食殆尽。与各自为政的市域规划相比，荷兰的五次国家空间规划，形成区域规模及控制兰斯塔德，与"绿心"空间形态功不可没。从区域环境看，作为开放空间的"绿心"一方面起到了隔离城市与乡村的作用，另一方面又要成为兰斯塔德区域城市整合的工具，因此建立区域性联合机构和管理平台来进行整体的协作与管理，以及负责国家政策文件的实施与监督，是十分重要的和必要的。同时，还应增强政策的弹性，积极引导其有组织、合理地发展，形成良好的开放空间。

③ 自然环境的保护是"绿心"生存的基石。"绿心"开放空间的性质决定了其既会受到重视又易遭受挤压的双重性。自20世纪90年代以来，在国家"生态重要结构"、国家生态网络、国家景观等一系列法规及规划建设的指引下，"绿心"得到了良好的保护与恢复。可见，只有颁布各个层面的自然环境保护法规、法令，对生态环境进行建设与修复，为重要的开放空间划定保护范围，才能真正为像"绿心"这样的开放空间提供生存空间。

4.3.2　长株潭区域绿心

1）规划背景

为了落实《长株潭城市群资源节约型和环境友好型社会建设综合配套改革试验总体方案》和《长株潭城市群区域规划（2008—2020年）》的规划内容，科学引导长株潭城市群生态绿心地区生态保护、利用与建设,有效发挥生态绿核保护和创新发展窗口的双重作用,大力促进持续、快速、健康发展,全面建设"两型社会",特编制《长株潭城市群生态绿心地区总体规划(2010—2030 年)》(图 4-35)。

2) 规模功能

本规划范围基本为长沙、株洲和湘潭三市的交汇地区,北至长沙绕城线及浏阳河,西至长潭高速西线,东至浏阳柏加镇,南至湘潭县梅林桥镇,共有洞井镇、坪塘镇、暮云镇、跳马乡、柏加镇、仙庚镇、龙头铺镇、云田乡、马家河镇、群丰镇、昭山乡、易家湾镇、荷塘乡、双马镇、易俗河镇、梅林桥镇等 16 个乡镇,1个示范区(九华示范区),清水塘街道办事处、铜塘湾街道办事处、井龙街道办事处、栗雨街道办事处等 4 个街道办事处。其中昭山乡、易家湾镇为全覆盖,其余均为部分覆盖;具体按照1:10 000 地形图参照现状图明显地物和规划主要交通道路划定。本规划区面积约为 522.87 平方公里。其中,长沙 305.69 平方公里,占 58.46%;株洲 82.36 平方公里,占15.75%;湘潭 134.82 平方公里,占 25.78%。

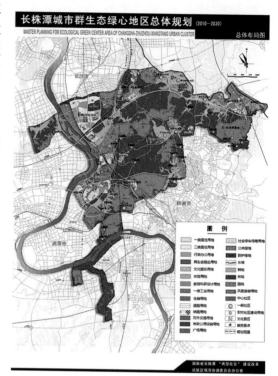

图 4-35　长株潭绿心用地图
图片来源:《长株潭城市群生态绿心地区总体规划(2010—2030 年)》

3) 规划控制

规划将绿心地区划分为禁止开发区、严格限制开发区、一般限制开发区、建设协调区。

① 禁止开发区:生态绿心地区内的生态极敏感区、坡度大于 25%的山体、自然保护区及水源地保护区。禁止开发区内只能从事生态建设、景观保护、土地整理和必要的公益设施建设,严禁其他项目建设。本区面积 262.21 平方公里,其中长沙 129.88 平方公里,株洲 57.52平方公里,湘潭 74.81 平方公里。

② 严格限制开发区:处于禁止开发区周边的缓冲区范围内,包括生态高度敏感或生态环境较好、地形多为山地,具备较高保护价值的区域。严格限制开发区内以保护为主,除生态农业、观光林业、自然保护区、风景名胜区所必需的少量服务设施外,严禁其他项目建设。本区面积 155.24 平方公里,其中长沙 107.24 平方公里,株洲 15.82 平方公里,湘潭 32.18平方公里。

③ 一般限制开发区:处于禁止开发区周边的第二层缓冲区范围内,包含中低度敏感区域或生态环境较好、地形多为丘陵的区域以及林地和大部分农田。一般限制开发区应坚持保护为主、综合控制、适度建设的原则,适度发展生态农业、旅游服务、博览会展等产业。本区面积 47.36 平方公里,其中长沙36.63 平方公里,株洲 6.31 平方公里,湘潭 4.42 平方公里。

④ 建设协调区:现状已集中连片建设的区域或者地势较为平坦、处于非生态敏感区范

围内、现状具备较大利用潜力的区域。必须调整和完善建设协调区内的不合理用地结构。加强对禁止开发用地的建设活动管制，应促使已占用禁止开发用地的现状建设用地逐步迁出;对于新的建设活动、利用区域,在保障生态绿心地区整体空间架构及生态环境不受破坏或者不受较大影响的基础上,通过严格的评估审查认可后,可进行高品质、有限制的建设利用。本区面积 58.06 平方公里,其中长沙 31.94 平方公里,株洲 2.71 平方公里,湘潭 23.41 平方公里(图 4-36)。

4) 借鉴之处

《长株潭城市群生态绿心地区总体规划(2010—2030 年)》对"绿心"进行了详细的规划控制,避免了几个市规划控制不统一的问题。同时,该总体规划不仅仅解决了该区域绿心的问题,同时对周边城镇的发展也起到了很大的作用。而且,不同于其他绿带政策或者绿带条例,该总体规划使整个地区的交通、人口、用地等方方面面都得到了控制,对未来的把控能力更强。

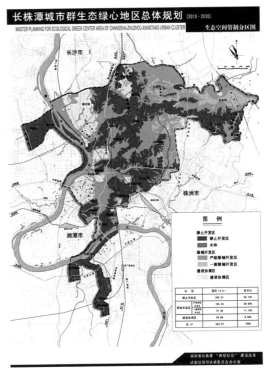

图 4-36　长株潭绿心四区划定图
图片来源:《长株潭城市群生态绿心地区总体规划(2010—2030 年)》

4.4　环楔

4.4.1　北京的绿化隔离带

1) 规划背景

1958 年,在苏联大城市和"大跃进"思潮影响下,北京市规划提出"分散集团式"的布局原则,中心集团与边缘集团之间由绿带分隔,以控制中心城区向外蔓延,防止继续"摊大饼"式发展。1994 年京政发 7 号文件标志着北京第一道绿化隔离带进入实质性阶段(图 4-37、图 4-38)。

2) 规模功能

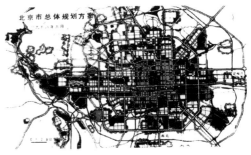

图 4-37　1958 年北京市总体规划方案
图片来源:北京规划委网站

为防止首都北京无序扩张,为重塑城市形象加强绿化,为控制城市扩张边界兴建绿带。严格控制各类城市建设,通过规划整合来减少现有农村居民点建设用地。第二道绿带建设完成后,形成"两环、九楔、五团"布局。"两环"指沿温榆河及永定河两岸设置的绿色生态走廊和六环路绿化带;"九楔"指规划的 9 个楔形绿色限建区;"五团"指在该地区规划的卫星城之间及其与城市边缘集团之间规划的 5 个绿色限建区(图 4-39)。

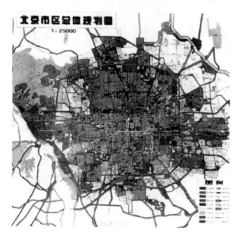

图 4-38　1993 年北京市总体规划方案
图片来源:北京规划委网站

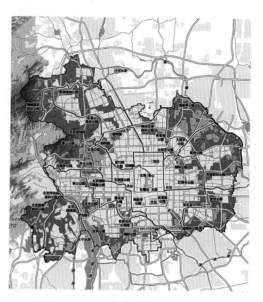

图 4-39　2018 年北京市总体规划方案
图片来源:北京规划委网站

第一道绿带实际面积约为 110 平方公里。北京第一道绿带位于三环与四环内,规划用地面积约为 350 平方公里;2000 年意识到需要通过加强规划编制及管理、退耕还林、发展绿色产业和引资建绿等多种形式加快绿化建设目标的实现,2003 年第二道绿化隔离带启动,绿带宽为 1 000 米,实际面积约为 443.7 平方公里。第二道绿化隔离带规划范围为四环、五环之间的第一道绿化带以外至六环路外侧 1 000 米范围内。该范围是市区与远郊的结合部,涉及 10 个边缘组团、6 个卫星城和空港城及海淀北部科技园区,总用地面积为 1 900 平方公里。

北京市绿化隔离区的绿地总体框架包括公园绿地、防护绿地、产业园地三种,分别体现了绿化隔离地区的游憩休闲功能、生态防护功能、经济发展功能。(表 4-4)

表 4-4　北京绿化隔离地区功能体系

大类	功能	中类	内涵	形式
公园绿地	城市绿地的主要形式和组成部分,其功能在于发挥绿地的生态保护功能,为城市居民提供环境良好的户外活动空间	森林公园	生态屏障的构成主体,也是休闲娱乐功能的物质载体	城市级,服务半径大
		综合公园	为公园附近的居民提供日常健身、散步、游戏等户外活动的场所,以提高城市居民日常生活品质	区级、社区级,服务半径较小
		开敞式游园		

大类	功能	中类	内涵	形式
防护绿地	旨在保证绿化隔离区改善城市生态环境的前提下,对河流水系、道路、铁路、高压线、市政设施等进行有针对性的防护	道路铁路防护绿地	沿道路、铁路、轻轨的防护绿地	沿高速公路等主要放射型道路两侧,宽度大于 100 米;沿次要放射型道路两侧 70 米;沿铁路两侧、铁路站场周边 30 米;沿城市轻轨两侧 50 米
		河流水系防护绿地	为涵养水源、保护河流生态系统的平衡而设置的滨河防护绿带,为市民提供休闲娱乐场所的滨河绿地	主要河流的两岸约 50～100 米宽
		安全卫生防护绿地	基于污染防护、安全保障的绿带,通常不向公众开放	大型市政设施用地或者有污染的工业用地外围设置 50～100 米宽防护绿带;高压线走廊、广播电网地带防护绿地不宜向公众开放,但可作为苗圃和花卉基地,苗木的高度要进行限制;高压线走廊防护绿地的宽度应在高压线走廊宽度基础上各向两侧延展 30 米,树种应以小乔木、灌木为主
产业园地	有利于实现绿化隔离地区的绿化建设,同时也可保证绿地得到长期养护,促进城乡居民就业和产业结构的调整	文化体育公园	以文化活动和体育运动为主,兼具休闲娱乐、科学研究、科普教育等多种功能	
		森林科普园	拥有特色观光果品园的旅游观光采摘园等	
		水上观赏园	利用地区优势建设的水上观赏花园、经济植物园、养殖园等	
		森林动物园	以科学研究、观光为主	
		优质果园	具有一定经营规模和优良果树品种	

公园绿地:公园绿地是城市绿地的主要形式和组成部分,其功能在于发挥绿地的生态保护功能,并为城市居民提供环境良好的户外活动空间。北京地区有注册公园 169 处,市级公园、区级公园、城镇公园等以及街头绿地遍布全市。公园绿地体系又以城市森林公园的规划建设为主,将森林公园作为绿化隔离区公园绿地的构成主体,同时兼顾城市总体规划中已确定的城市综合性公园,以及贴近居住用地的零星地块的使用特点,建设部分开敞式的游园。

防护绿地:旨在保证绿化隔离区改善城市生态环境的前提下,对河流水系、道路、铁路、高压线、市政设施等进行有针对性的防护。因此,按照土地利用性质和防护需求的不同,防护绿地分为道路铁路防护绿地、河流水系防护绿地、安全卫生防护绿地三类。值得指出的是,城市的河流水系、道路往往是城市的景观轴线,其防护绿地还基于大尺度、连续性的特点,结合景观塑造功能,构成北京市的多条生态防护景观走廊,以增加绿化隔离地区的综合功能。

产业园地:是以绿化隔离区的绿地为载体,按照市场经济规律,根据产业化发展思路进行的绿化建设,以形成可持续发展的绿色产业体系。

3) 实施效果

绿带的面积在1993年前不断减少;尽管2000年后限制绿化隔离区内建设面积,北京市政府所报告的绿化隔离地区内已完成绿地比例在不断增大,实际的绿地空间却在不断减少,建设用地面积有了较大幅度的增加。

4) 不足之处

① 缺少政策、法律条文的支撑

政策是妥协而非深思熟虑的结果,绿带只是当时城市总体规划调整过程中,解释规模调整后的北京城市空间结构的一种手段,没有形成独立完整的政策。保障实施的文件级别较低,没有得到独立法律条例的保护。

② 绿带范围、内涵有较大的改变

自1958年绿带设立以来,绿带面积随着绿带实际的土地利用状况发生了较大的调整,第一道绿带面积从314平方公里减少至240平方公里。绿带内涵由全部的"绿色空间地带"转变为"允许在绿化隔离带内建设一定比例的经营性项目"。

③ 强调短期建设而非长期控制

强调视觉上的绿化效果,绿化隔离政策重点在于"建绿和养绿",而非对于土地用途的控制或是对开敞空间的保护。绿化隔离地区的建设仍然主要依靠短期的规范性文件,而非长期的立法控制。

4.4.2 成都"198"地区规划

1) 规划背景

"198"地区规划和建设有其特定的背景:城市经济迅速发展,城乡差距加大,城市规模扩大吞噬农村区域,城市生态条件恶化,环境安全问题频出等等。在此情况下,城乡和谐发展的规划理念占据了主导地位。正是基于如此的发展背景,"198"地区通过规划引领和实践探索,逐步摸索出一条生态保护和地区发展的和谐共建之路。

2) 绿带规模

成都在《成都市城市总体规划纲要(2003—2020)》中提出"五圈式"的绿地空间结构:第1圈为府南河环城公园,面积约为1.4平方公里;第2圈为二环路绿地,为防护绿地;第3圈为三环与铁路环线绿地,面积约为15平方公里;第4圈为绕城高速公路绿地,内外侧各500米,面积约为85平方公里;第5圈为两侧各50米宽的城郊道路防护绿地。此外,在三环路和四环路之间规划8个绿化开敞区,总面积约为11 085平方公里。"198"地区范围面积190多平方公里,在农用地不减少的前提下通过土地整理获得建设用地,规划生态用地约为150平方公里,建设用地不超过45平方公里,将建设用地和生态用地穿插布置。

3) 绿带功能

绿带区域将城市建成区之间的楔形绿地引入城市内部,形成改善生态环境并为市民提供休闲游憩场所的复合型绿地。包括:

生态功能:通过对水系、湿地、公园、农业等项目的打造,塑造城区大地景观;

服务功能:通过建设文体休闲、商务办公、基础设施等项目,提升区域的现代服务业功能。

4) 规划控制

成都市"198"地区实施规划,从生态保护的根本目标出发,坚持产业重构带动区域发展,一共经历三个发展阶段:①2003—2006 年,"198"地区格局建立的时期,为防止城市蔓延而设置非建设区域;②2006—2012 年,生态及服务产业功能研究的时期,在生态用地里合理布局,以此来补充城市功能;③2012 年之后则是对区域的生态整体提升的时期,通过湿地建设和文化塑造,来提供更适宜的旅游休闲目的地。"198"地区在农用地不减少的前提下通过土地整理获得建设用地,生态用地约为 150 平方公里,建设用地不超过 45 平方公里,将建设用地和生态用地穿插布置,按照城市标准进行规划、实施和管理,由各地区政府及平台公司作为实施主体。

2007 年各区(县)"198"地区控制规划开始编制。按照"生态优先,集中建设,提高标准,岛式布局"的原则进行产业统筹和用地布局。编制内容分为大纲(覆盖各行政区内"198"范围)和详图(建设用地范围)两部分,对规划区全面覆盖。开发强度按总量控制、分区管理的原则制定,平均容积率不宜大于 1.5;河道两侧控制不少于 50 米的景观用地。实施规划还提出了与一般规划不同的要求:明确规划区内农民安置的政策、措施和办法,明确规划区项目实施体制、机制、规划实施的经济评估、须解决的问题和建设措施。2010 年出台的《成都市产业功能区规划》中,"198"地区成为"198"生态及现代服务业综合功能区。其主要功能为生态和旅游休闲功能,产业类别则是以发展文化创意、博览旅游、商务办公为主的高端现代服务业(图 4-40)。

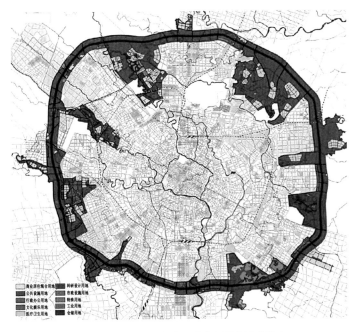

图 4-40　2007 年"198"地区分区规划图
图片来源:成都市规划局网站

5）实施效果

坚持农地农用，保持区域的原生态性；大力发展现代服务业和现代农业；解决农民安置就业；补充城市配套设施，公服配套灵活操作。

6）不足之处

市政设施用地比例高。主要是中心城内用地紧张，而且一些对环境有较大影响的设施需要环境的缓冲隔离，如金牛区和锦江区内布置有污水处理厂，成华区和锦江区"198"内布置有殡葬设施和公墓，以此补充和完善中心城内的基础设施建设。

以人为本意识待提高。目前的安置小区缺乏对居住者个体的思考，只以建筑功能的需求来设计和建设，没有提供一个过渡的场所使农民能逐渐适应由散居到聚居的居住方式的转变。

环保评估机制待加强。就"198"地区实施规划反馈的信息来看，规划环评未能实现对区域的提前评估，而是之后到项目立项以后才通过项目环评来加以弥补。

4.5 廊道网络式绿带

4.5.1 新英格兰地区绿带

1）规划背景

新英格兰地区位于美国东北部，由康涅狄格、马萨诸塞、伏蒙特、新罕布什尔、罗德岛和缅因 6 个州组成，总面积171 854平方公里，人口 1 450 万。在城市外围将各绿色斑块及城市周边的森林连接起来，形成形态有机的绿带。向内建立多样绿色廊道，包括休闲娱乐型绿道、生态型绿道、历史型绿道等，一般适用沿江沿海或呈带状扩张的城市。

2）绿带规模

现存绿道 30 670 平方公里；规划近期增加到 45 184 平方公里，占整个地区面积的28％。美国新英格兰地区绿带建设分为三个阶段。

第一阶段：19 世纪城市美化运动思潮下城市内部的公园道路，这一时期表现为城市内部的、供居民游憩的公园道。19 世纪 20 年代开始，奥姆斯特德开始用公园或其他线性方式来连接城市公园，或将公园延伸到附近的社区中，从而增加居民进入公园的机会。如波士顿的"翡翠项链"，这一长 16 公里的公园系统被公认为美国最早的绿道规划（图 4-41）。

第二阶段：20 世纪保护植被和森林景色理念下的开放空间系统，这一时期绿道表现为大都会尺度上以休闲和保护自然景观为主要功能的开放空间体系。艾里奥特 1896 年完成了"保护植被和森林景色"的研究，提出著名的"先调查后规划"理论，将绿道设计从经验导向科学和系统。

第三阶段：20 世纪末网络化绿道的出现和兴盛，这一时期的绿道逐渐成熟，兼具生态、休闲、景观和教育多种功能。20 世纪 80 年代起，美国将绿道作为重大的经济产业进行建设，制定了许多政策及法规。总而言之，这是从公园道到开放空间系统到绿道系统的演变，从城市到区域，从休闲到生态。

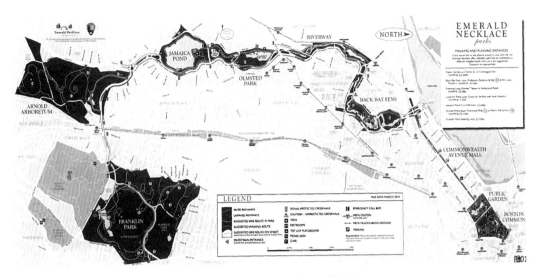

图 4-41　波士顿的"翡翠项链"图

图片来源:波士顿规划局网站

3)绿带功能

休闲娱乐型绿道,包括沿陆地与水体分布的游径网络,包括运河、被遗弃的铁轨和其他公共路径,线路周围往往有精品景区;生态型绿道,包含重要的自然廊道和开放空间,通常沿河流、山脊线分布,主要承担保护生物多样性的功能;历史型绿道,指吸引游客并能提供教育、景观、休闲、经济效益的历史古迹和具有文化价值的场所。规划内容包括(图 4-42):

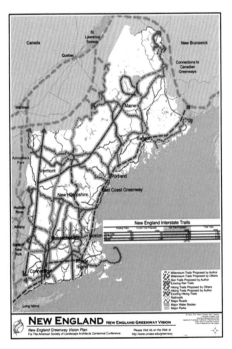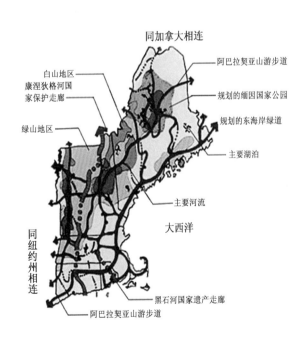

图 4-42　新英格兰地区廊道网络绿带图

图片来源:新英格兰区域规划网站

研究并绘制所有现存绿道和绿色空间,包括登山步道和铁路道,并进行广泛深入的评价;研究现有所有规划建议;创建新英格兰地区广泛意义上的连接,包括远足小径和铁路步道;分别创建单一用途的绿道计划;创建符合要求的绿道远景计划,将新英格兰地区内的6个州的绿带网络合并为综合绿带网络。

4) 借鉴之处

完善的保障机制,有效促进绿道的规划建设进程,比如有关部门提供完备的绿道建设配套法案,建立多元化的筹融资体系,从政府财政、绿道专项基金、社会捐赠等方面多管齐下。同时注重公众参与,将公民意愿最大限度地落实在绿带规划中,建立完善的公众参与机制。

建立多层级、多部门的管理架构,在区域层面成立机构,负责规划、实施、资助绿道网络建设,促进区域合作,鼓励和支持地方绿道机构。政府其他各专业部门也明确分工,交通部门负责分配交通强化基金,对绿道特色交通技工技术提供援助;环保部门负责分配绿色增长基金,为绿道建设提供技术支持等。

推行市场化、产业化的运营模式,维持绿道可持续发展,形成一套较为完善的市场化运营模式。

建立健全巡查机制,切实保障绿道使用安全,采用多种方式对绿道及其相关的安全设施进行定期巡查,有效排除绿道存在的潜在危险。

4.5.2 珠三角绿道网络

1) 规划背景

《珠江三角洲城镇群协调发展规划(2004—2020)》构建"一脊三带五轴"的城镇空间格局,形成"区域性中心、地区性中心和地方性中心"的三级城镇中心体系和"一环、一带、三核、网状廊道"的区域绿地框架和区域生态结构。选线应结合城镇发展轴带,串联主要城镇,尽量覆盖更多城乡人口,方便居民使用。同时,在珠三角区域生态结构的基础上,尽可能地组合、串联多元自然生态资源和绿色开敞空间,促进区域生态系统的稳定和平衡(图4-43)。

《广东省土地利用总体规划(2006—2020年)》构建区域生态格局,建设4个陆域生态控制区,包括珠江三角洲环形屏障区,保存良好的自然生态系统,并提出建立环城绿带,控制城镇的无序蔓延。绿道网建设有助于区域生态格局的构建和完善(图4-44)。

《珠江三角洲环境保护规划纲要(2004—2020年)》将珠三角绿道网作为兼顾生态保护与居民休闲使用的开敞空间,侧重在生态功能保育区、引导性资源开发利用区、城镇建设开发区、城间绿岛生态缓冲区内进行选线,避免对重点水源涵养区、水土流失极敏感区等严格保护区及重要生态功能控制区产生干扰。

《珠江三角洲地区城际轨道交通网规划(2009年修订)》提出珠三角绿道网应尽量与城际轨道交通网衔接,结合轨道交通站点进行绿道网选线,或设立交通换乘点,为居民进入绿道提供便利。

2) 绿带规模

6条主线连接广佛肇、深莞惠、珠中江三大都市区,串联200多处森林公园、自然保护

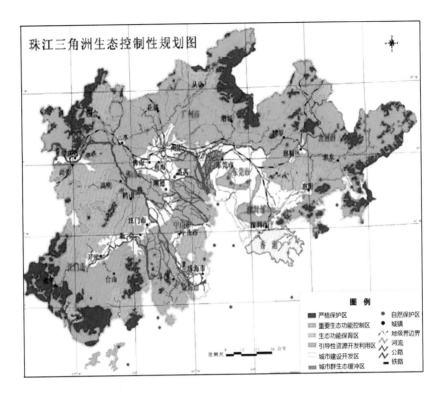

图 4-43　珠三角生态控制性规划图
图片来源:广东省建设厅网站

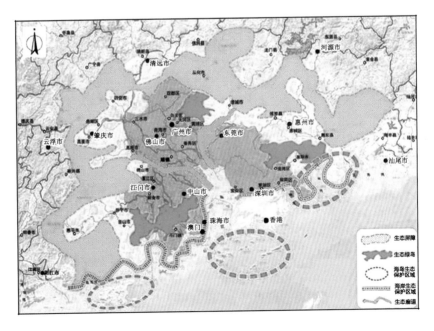

图 4-44　珠三角区域生态安全格局图
图片来源:广东省建设厅网站

区、风景名胜区、郊野公园、滨水公园和历史文化遗迹等发展节点,全长约1 690公里,直接服务人口约2 565万人,能增加约30万个就业机会,带动社会消费约450亿元。

　　3)绿带功能

　　实现珠三角城市与城市、城市与市郊、市郊与农村以及山林、滨水等生态资源与历史文化资源的连接,对改善沿线的人居环境质量具有重要作用。

　　4)规划布局

　　规划形成由6条主线、4条连接线、22条支线、18处城际交界面和4 410平方公里绿化缓冲区组成的绿道网总体布局。

　　为促进区域绿道主线的有效衔接,规划4条连接线,全长约166公里。

　　为加强主线与主要发展节点的联系,规划22条支线,全长约470公里(图4-45)。

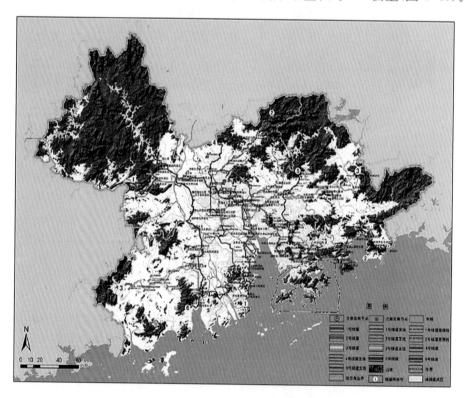

图4-45　珠三角绿道网"主线、连接线和支线"布局图
图片来源:广东省建设厅网站

　　城际交界面是指区域绿道跨市的衔接面。城际交界面建设的主要任务是通过统筹规划,协调各市绿道的走向和建设标准,将各市孤立的绿道通过灵活的接驳方式有机贯通,形成一体化的区域绿道网络(图4-46)。

　　绿化缓冲区是指围绕绿道周围进行生态控制的范围,主要由地带性植物群落、水体、土壤等自然要素构成,是绿道的生态基底(图4-47)。

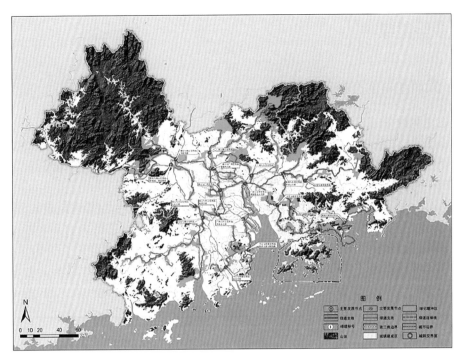

图 4-46　珠三角绿道城际交界面

图片来源:广东省建设厅网站

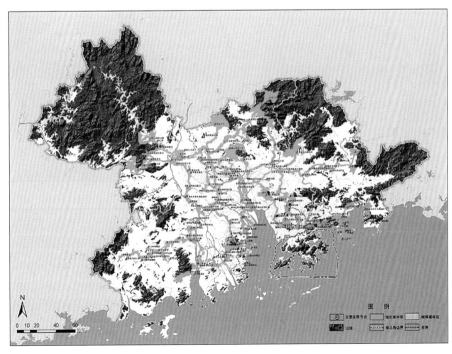

图 4-47　珠三角绿道网绿化缓冲区示意图

图片来源:广东省建设厅网站

4.6 多组团绿带

4.6.1 深圳基本生态控制线

1）规划背景

在深圳市人口迅速增长、城市建成区规模急剧扩张的背景下,城市的生态系统,尤其是城市边缘的森林和水土资源,受到了前所未有的巨大冲击。因此,深圳市域范围内的自然公共资源和生态环境的保护得到了社会各界的关注。

基于以上原因,深圳市在 2005 年制定了《深圳市基本生态控制线管理规定》。规定对生态控制线划定的范围做出了界定,通过划定基本生态控制线,对生态区内的土地进行严格保护,禁止一切与市政公用设施、交通基础设施、旅游配套设施及园林绿化无关的建设项目。2006 年,深圳市颁布基本生态控制线管理规定,对已形成的合法用地分类管理,对驻地居民逐步搬迁。但由于对地区发展动力释放不足,当地仍然面临很大的土地开发压力(图 4-48)。

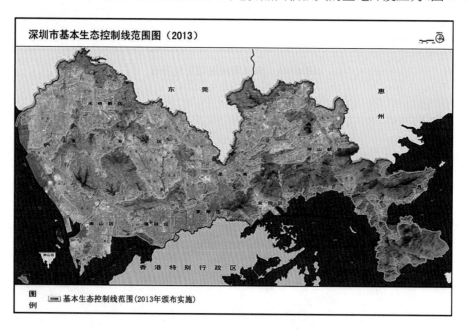

图 4-48 深圳基本生态控制线
图片来源:深圳市规划局网站

2）规模功能

该文件以法令形式确定了深圳市 974.5 平方公里的生态保护刚性范围,约占市域总面积的 50%。郊野公园是基本生态控制线内规模最大的规划土地类型,约占生态线控制范围的 70%。现阶段,由于粗放型的城市用地扩张积累下来的历史原因,基本生态控制线内物业权属混乱,涉及利益体复杂,生态补偿、线内社区转型等规划调整与配套政策的出台还需要长时间的探索,因此郊野公园在一定时期内将成为落实基本生态控制线最重要的实施与管理手段。迄今为止,深圳市已经正式划定 12 个郊野公园的刚性管理线,其中 4 个已经开始施工建设,3 个处于审批阶段,4 个正在进行规划成果的专家评审,1 个还处于规划设计阶段(图 4-49)。

图 4-49　深圳郊野公园建设图

图片来源:孙瑶,马航,宋聚生. 深圳、香港郊野公园开发策略比较研究[J]. 风景园林,2015(7):118-124.

3) 规划布局

根据各段绿道的功能与空间特征,城市绿道分为滨海风情绿道、都市活力绿道、滨河休闲绿道、山海风光绿道 4 种类型。全市城市绿道共包括 25 条线路,总长度约 500 公里,其中以 2 条滨海风情绿道为线索,可以凸显城市滨海特质;以 1 条都市活力绿道为桥梁,可以展现都市活力,倡导绿色生活理念;以 6 条滨河休闲绿道为脉络,可以提升城市生态与环境品质;以 16 条山海风光绿道为纽带,可以沟通山海,强化山—海—城市特色体验(图 4-50)。

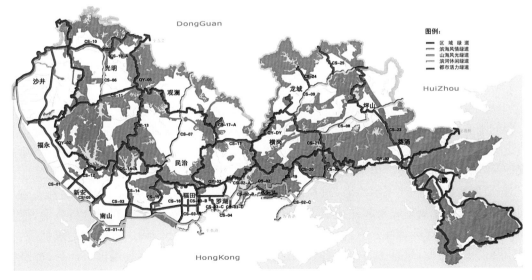

图 4-50　深圳市绿道类型规划图

图片来源:《深圳市绿道网专项规划》

4）规划控制

早在 1996 年，《深圳市城市总体规划（1996—2010）》就将全市土地全部纳入规划控制，划定了农田、水源保护用地等 7 大类非城市建设用地，总共 1 541.27 平方公里，约占全市总用地的 76.3%。然而由于总体规划的有限性，除了原则性的管理规定外，没有可操作的限制和约束。在实际管理中除了饮用水源和农业保护有相关的管理规定可以进行一定的控制外，其余类别的非建设用地没有与之配套的管理措施、责任部门。至 2000 年，深圳市的城乡结合区域被城市建设侵占，迅速减少，总体规划对城乡生态用地保护与控制的部分宣告失效。深圳市对城乡结合区域规划失效主要是因为没有对应的管理机制，缺乏实施的具体办法，同时在配套法律法规上也难以找到有效支撑。

2004 年，以《深圳市绿地系统规划（2004—2020）》为契机，首次提出了包含市域生态绿地系统和城市绿地系统在内的"大绿地"概念，将绿地系统规划从建成区内部延伸到城市整体的绿色开敞空间。其中，郊野公园作为市域生态绿地系统的重要保护开发模式，被正式提上城市发展日程。该阶段的郊野公园规划建设揭开了城市生态空间保护与利用的序幕，明确了郊野公园在城市"大绿地系统"中的定位和职能，并从规划理念层面初步划定其实施范围，为进一步展开郊野公园规划实施工作奠定了思想基础。但是，这一阶段的规划仅仅停留在规划理念层面，配套法令制度并不完善，不具备法律强制性。在以经济收益为导向的土地利用模式面前，郊野公园的开发建设往往采取妥协退让的态度。

2011 年，《深圳市绿道网专项规划》对城际交接面提出控制。城际交接面建设的主要任务是：通过统筹规划，协调东莞市绿道网与周边城市绿道的走向和建设标准，通过灵活的接驳方式有机贯通，形成一体化的珠三角绿道网络。深圳市区域绿道网与东莞、惠州两市设计的交接面共 3 处（其中区域绿道 2 号线 2 处、5 号线 1 处）。同时，为与区域生态休闲网络衔接，区域绿道 2 号线还在梧桐山公园处预留了与香港八仙岭公园的交接面，形成粤港绿道一体化。远期，在罗湖口岸、皇岗口岸、文锦渡口岸、莲塘口岸、沙头角口岸等处设置城际交接面，实现与香港郊野公园系统的全面对接（图 4-51）。

规划城际交接面宜结合现状通道条件，对接绿道具体线位，保障绿道顺利连接；结合现状路面条件及两段绿道活动类型，整合路面宽度及铺装材质、色彩等要素；结合现状自然植被条件及两段绿道的景观条件，协调绿道沿线绿化配置及植物配置；结合两段绿道沿线景观资源分布及合理步行尺度，协调两段绿道的兴趣点分布。

4）不足之处

《深圳市基本生态控制线管理规定》的出台和 12 个公园管理线的划定真正落实了郊野公园的刚性管控范围，不仅确保了城市的生态安全格局，而且对基本生态控制线的社会价值进行了有效挖掘，使之深入公众生活，为市民提供了绿色户外开敞空间，从而提升了生态管控策略的社会认可度。但是，通过对比分析 12 个郊野公园规划方案，发现各规划编制部门对郊野公园的概念还不够清晰，对其规划开发的原则、目的及内容深度等方面都有着不同的理解，出现了规划成果和建成状态五花八门的状况。例如在公园现状分析方面，仅光明公园进行了生态敏感性分析，仅三洲田和光明公园考虑了公园周边片区的发展情况；在登山路径规划方面，只有布心山郊野公园达到了路径分级分类的规划深度。此外，郊野公园规划建设的混乱性还主要表现在选用的技术指标体系上，例如游览区面积占公园总面积的比重从 0.1% 到 77.6% 不等；平均每公顷的停车位数量从 60 个到 460 个不等；建筑占地面积占公园总面积的比例从0.004%到0.6%不等。

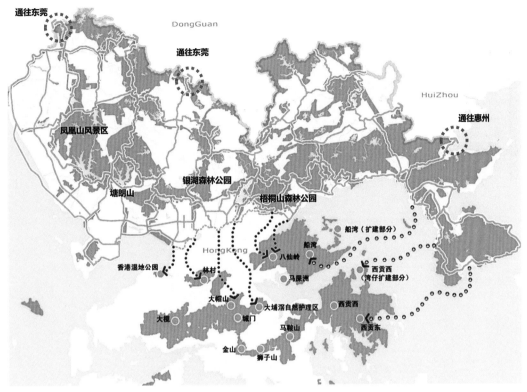

图 4-51 深圳市城际交接面规划控制图
图片来源:《深圳市绿道网专项规划》

4.6.2 香港的郊野公园

1) 规划背景

香港设立郊野公园的目的是保护当地自然环境并向市民提供郊野的康乐和教育设施。1967 年和1971 年,香港分别成立了"临时郊区使用及护理局"和"香港及新界康乐发展及自然护理委员会"。第一个郊野公园发展五年计划(1972—1977 年)在 1972 年获得立法通过,这标志着香港郊野公园规划和发展进入实施阶段。1976 年,香港"行政局"颁布《郊野公园条例》,成为管理、建设郊野公园和特别地区的最基本的法律依据。

2) 规模功能

目前全港已划定 23 个郊野公园(图 4-52)和 15 个特别地区(其中 11 个位于郊野公园内),共占地 41 582 公顷,覆盖全香港土地面积的 40%以上。

郊野公园结合健身、休闲、科教三大主题,设有各种不同类型的郊游路径,以满足市民不同的需求。主要有:

① 健身类路径:由健身径、长途远足径、健行远足路线 3 类组成,它们的总体难度是递增的。

② 休闲类路径:由郊游径、家乐径、定向径组成。郊游径是选择风景最优美的地段连接

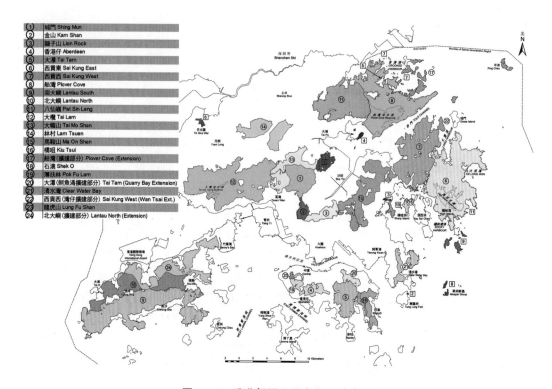

(1)	城门 Shing Mun
(2)	金山 Kam Shan
(3)	狮子山 Lion Rock
(4)	香港仔 Aberdeen
(5)	大潭 Tai Tam
(6)	西贡东 Sai Kung East
(7)	西贡西 Sai Kung West
(8)	船湾 Plover Cove
(9)	南大屿 Lantau South
(10)	北大屿 Lantau North
(11)	八仙岭 Pat Sin Leng
(12)	大榄 Tai Lam
(13)	大帽山 Tai Mo Shan
(14)	林村 Lam Tsuen
(15)	马鞍山 Ma On Shan
(16)	橋咀 Kiu Tsui
(17)	船湾(扩建部分) Plover Cove (Extension)
(18)	石澳 Shek O
(19)	薄扶林 Pok Fu Lam
(20)	大潭(鰂鱼涌扩建部分) Tai Tam (Quarry Bay Extension)
(21)	清水湾 Clear Water Bay
(22)	西贡西(湾仔扩建部分) Sai Kung West (Wan Tsai Ext.)
(23)	龙虎山 Lung Fu Shan
(24)	北大屿(扩建部分) Lantau North (Extension)

图 4-52 香港郊野公园主要活动类型

图片来源:孙瑶,马航,宋聚生. 深圳、香港郊野公园开发策略比较研究[J]. 风景园林,2015(7):118-124.

而成的路线,适合各年龄段和健康状况的游人选用;家乐径是为了家庭亲近自然、放松休闲而设计的路线,沿途分散设置一些观景平台或布置一些非剧烈运动型康乐设施和儿童游乐设施;定向径是专门为青少年设计的野外均衡定向活动的路线。

③ 科教类路径:由自然教育径、树木研习径、远足研习径等组成。自然教育径和树木研习径以青少年学生为主要服务对象,沿途通过标注信息详尽的标牌系统来传递科普知识,直观而全面地使市民了解本地地理气候、自然生态、生物种类及其栖息特征等。远足研习径即用于训练和练习的郊游路线,沿途设有站点及解说牌,使游人了解远足须注意的事项。

④ 单车越野径:利用郊野公园内适合单车越野的道路,为市民提供活动空间。

郊野公园根据需要可设立游客中心。香港郊野公园的游客中心基本上位于郊游径、家乐径的起始点上,服务对象非常明确。游客中心是围绕信息服务功能而设计的,主要展示郊野公园的自然生态概貌和人文景观,一般不提供餐饮和住宿服务。这反映了香港郊野公园的基本意图:保证自然生态得以充分恢复,维系郊野公园的可持续发展。不推荐游人在郊野公园内食宿(允许的露营地点除外)。

香港郊野公园内还分布有39处露营地,基本都位于新界和大屿山范围内。郊野公园与海岸公园管理局专门颁布了露营指引,以保障进行露营活动的游人安全,规范他们在露营地的行为。除露营地外,郊野公园中还设置烧烤点,满足市民需求,而在这些指定地点之外进行的任何烧烤行为均属违法。

3) 规划控制

香港于 1976 年 8 月 16 日以立法形式颁布《郊野公园条例》(1976 年第 204 号法律公告)。该条例经过不断的充实、完善,已经成为管理香港郊野公园的基本法律。该条例规定渔农自然护理署署长为郊野公园及海岸公园管理局总监,直接对郊野公园和特别地区的一切相关管理事务负责。渔农自然护理署与郊野公园及海岸公园管理局的最高权力集于一人,同时又有郊野公园及海岸公园委员会提供决策建议,保证了郊野公园的管理在宏观与微观各层次上的统一,从结构上确保了内部组织的高效运转。在郊野公园及特别地区进行某些有组织的活动需要申请许可证,如:将某些宠物带进郊野公园或特别地区;携带使用任何猎捕器具或任何枪械;采摘植物和挖掘土壤;撒播或种植种子或植物;出售、出租、展出等商业活动;展示标志、海报、条幅或广告宣传品;建造任何建筑物、构筑物,建造或挖掘坟墓,安放遗体或瓮盅;举行公众集会、体育竞赛、公开演说以及筹款等活动。郊野公园及海岸公园管理局对郊野公园的日常管理通过管理科和护理科这两个下属机构来完成。管理科的主要职责是:策划郊野公园各项建设计划;管理、建设及维修郊野公园内的各项设施;进行树苗培育及植树造林工作;统筹及指挥灭火队扑灭山火;审批郊野公园内所有建设申请。护理科的主要职责是:为游客提供郊野公园信息及服务;执行郊野公园的有关法例;在面积超过40 000 公顷的郊野公园及特别地区巡逻;管理郊野公园游客中心及自然教育中心;推广自然护理保育的知识。香港郊野公园具有突出的公益性质,它不以赢利为目的,完全从郊野公园设置的根本出发点来制定管理原则和措施;在满足日常维护要求的基础上,尽量减少机构设置和人员安排,从而大大节约了管理成本。

山林防火是郊野公园管理最为棘手的问题。香港冬旱期每年长达 6 个月,因天气清凉干爽,郊野游人众多,有时甚至每日就有 5~7 宗火警发生。所以巡查和防火是郊野公园管理人员的主要任务之一。郊野公园管理人员的另一重要任务就是清除游人留下的垃圾。为防止山林火灾及保持清洁,郊野公园管理局实施严格的管理措施,任何人如被发现乱扔垃圾、破坏公园的设施或在不允许烧烤的地点生火,即有可能受到法律的惩罚。此外,郊野公园管理局还在郊野公园内的适当地点设立一些管理站,负责提供建造、保养和维护方面的服务。

4) 实施效果

这些公园远离市区,除了为市民提供休闲游憩的场所之外,更重要的是为城市的生态保护提供了基础条件,所以,郊野公园的设立是香港最具前瞻性的市政措施之一。郊野公园遍布全港各处,其范围包括风景怡人的山岭、丛林、水塘、海滨和多个离岛,以及位于香港岛上的一些自然地带。郊野公园的设立深受各阶层人士欢迎。2001 年,前往郊野公园的游人约 1 110 万人次,人们在郊野公园内进行漫步、健身、远足、烧烤、家庭旅行、露营等活动。前往郊外畅游一天已成为市民的康乐节目之一。

4.6.3 哈罗新城

1) 绿带规模

哈罗新城的建设颇得"田园城市"之精髓:面积约 2 500 公顷;从内向外分为市中心区、居住区、工业区和郊区绿带,全城四处都有绿地点缀。最初规划人口 6 万,后修改为 8 万。

截至 2010 年,哈罗新城人口已达 79 000 人左右。吉伯德在做新城规划时,保留和利用了原有的地形和植被条件,采用与地形相结合的自然曲线,造就了一种绿地与城市交织的宜人环境。新城设有公共服务设施,以邻里单位的形式组织居住区,每个居住区都有树林和大片草坪围护。完善的基础设施和良好的生态环境很好地解决了伦敦由于工业化带来的人口激增问题。绿带面积 15.9 平方公里,占城市总面积的 60%(图 4-53)。

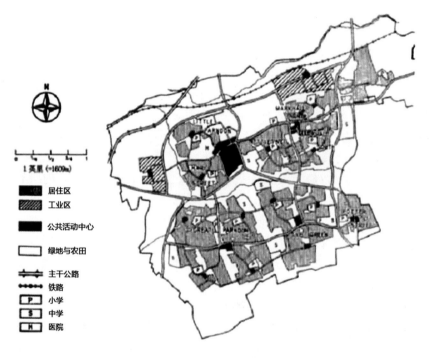

图 4-53　哈罗新城用地图
图片来源:英国哈罗新城规划网站

2) 绿带功能

哈罗新城地区的绿色基础设施规划基于一项保证将环境资源的自然、文化价值整合在早期的土地开发、增长管理和建成的基础设施规划中的战略性方法。这项方法使得土地管理更加积极主动,并在各个规划层面上更好地整合了管理增长和发展的努力。绿色基础设施规划是使城市增长区域实现可持续发展社区和高质量生活的一个重要的手段。哈罗绿色空间项目合伙人委托 Chris Blandford Associates 拿出一个针对哈罗新城地区的绿色基础设施规划,为哈罗新城内外乡村间野生生物栖息地、公共开放空间和绿色廊道间相互联系的、多功能的绿色基础设施网络的执行提供一个战略性框架和指导方针。这项规划指明了哈罗新城的绿色区域如何被保护、加强或者在适当的地方得到延伸。绿色区域包括公园、花园、林地、公众可进入或不可进入的自然保护区等;它们之间的联系带包括土路、高速路、河流、小溪或绿篱等,这些线性特征的联系带能够为野生动物提供生态廊道并将人类带入公共空间。

3) 借鉴之处

① 对建设可持续发展城市的意义

从哈罗新城区域的绿色基础设施规划中我们可以看到,英国在城镇建设中对自然资源保护做出的努力。大自然具有能对人类人居环境建设做出贡献的生态服务功能。如果我们在城市土地开发时肆无忌惮地占用自然资源,十几年后或几十年后人类就得通过人为造成的自然灾害进行偿还,而破坏后的生态环境几乎是无法再恢复的。哈罗新城区域的绿色基础设施规划为英国城镇提供了一个探索可持续城市建设的方法,对城市决策者们在土地开发过程中起到了正确的指引作用。

② 对我国城市郊区发展的启示

改革开放以来,由于经济的持续向好,我国处于快速城市化发展阶段。城市的无序蔓延造成了城市郊区自然资源的严重破坏。城市发展一味地以 GDP(国内生产总值)的增长为导向,忽视了自然环境无可估量的生态价值。我国郊区存在大量的绿色空间,通过借鉴和学习绿色基础设施规划的理论与实践,构架起的绿色网络将对自然生态价值的最大限度发挥和防止城市蔓延有重要作用。

4.7 模式比较

4.7.1 形态比较

表 4-5 绿带城市自然条件总结

城市	绿带形状	自然条件
伦敦	绿环	2011 年,伦敦的森林覆盖面积 30 万公顷,约占全市面积的 13%
巴黎	绿环	巴黎的绿地资源非常丰富,农业和城市开发用地大约只占巴黎面积的 2%,其余 98% 仍被绿色植被覆盖。巴黎年均木材采伐量约为 2 000 平方公里,每年被砍伐的森林面积约占林地面积的 0.33%
首尔	绿环	首尔市内的南山位于市中心,高度为 270 米,山顶建有高达 240 米的首尔塔。在城市的四周围绕着海拔 500 米左右的低山和丘陵,如列城郭,起到天然的护卫作用
上海	绿环	西部有天马山、薛山、凤凰山等残丘,天马山为上海陆上最高点,海拔高度99.8 米,立有石碑"佘山之巅"。海域上有大金山、小金山、浮山(乌龟山)、佘山岛、小洋山岛等岩岛
科隆	绿环	科隆位于莱茵河流出中部山脉进入北德和荷兰低地前,一个被称为"科隆弯"的谷地中,这个地理条件造就了当地天然的绿带
法兰克福	绿环	西侧和南侧是绵延的山体,被森林带包围,中间莱茵河穿城而过,东侧和北侧有大片的农田和绿化植被
莫斯科	绿楔	莫斯科位于 3 种地形交错处。西北接斯摩棱斯克—莫斯科高地(地势较为平坦,海拔 175~185 米);南接莫斯克沃列茨科-奥卡河平原(海拔 200~250 米的乔普雷斯坦高地,沟壑众多);西南部有捷普洛斯坦斯卡亚高地(最高点 253 米);东面是梅晓拉低地,有坚硬的沙丘,海拔约 160 米

城市	绿带形状	自然条件
杭州	绿楔	杭州有着江、河、湖、山交融的自然环境。全市丘陵山地占总面积的65.6%，平原占26.4%，江、河、湖、水库占8%
柏林—勃兰登堡	绿楔	柏林的城市中心遍地是精心修整的花园，周围还有大片的森林。柏林全市约有26.5%的面积被花草、树林等绿色植被覆盖
荷兰兰斯塔德地区	绿心	兰斯塔德"绿心"是被城市群环绕的绿色开放空间，位于兰斯塔德都市群中央，约400平方公里的农业用地构成"绿心"的主体空间
长株潭区域	绿心	生态绿心区是指长沙、株洲和湘潭三市523平方公里的交汇地区，北至长沙绕城线及浏阳河，西至长潭高速西线，东至浏阳柏加镇，南至湘潭市梅林桥镇。内部有大片的农田，还有自然保护区、水源地等
北京	环楔	北京西部为西山属太行山脉；北部和东北部为军都山属燕山山脉
成都"198"地区	环楔	成都西部属于四川盆地边缘地区，以深丘和山地为主，东部属于四川盆地盆底平原，是成都平原的腹心地带，主要由第四系冲积平原、台地和部分低山丘陵组成，南面与眉山相连
新英格兰地区	廊道网络式	新英格兰分布着很多小型的山丘，有曲折的海岸线，多沼泽地和湖泊，属于带形城市
深圳	多组团（郊野公园）	深圳依山临海，有大小河流160余条
香港	多组团（郊野公园）	香港地形主要为丘陵
哈罗新城	多组团（郊野公园）	哈罗新城是一座位于英国伦敦的卫星城

从国内外大城市绿带的实践经验来看，大城市绿带并不限定于表面字义的带状或常见的环状，而是根据城市自身的生态基底及自然条件（山川、水系、气候等）、城市的历史文化资源，或城市群发展的规模及结构，灵活规划绿带形态，将森林、湖泊、基本农田等要素囊括其内，甚至可以与城市内部绿色网络衔接。根据各城市已建成绿带分类，大概可以分为绿环形、绿楔形、绿心形、环楔形、廊道网络式、分散型（表4-6）。

表4-6　绿带形态总结

形态	案例
绿环	伦敦、巴黎、首尔、法兰克福、科隆、上海
绿楔	莫斯科、杭州、柏林
绿心	荷兰兰斯塔德地区、长株潭区域
环楔	北京、成都
廊道网络式	新英格兰地区
多组团	深圳、香港、哈罗新城

1）绿环

环形绿带在形态上更加强调连续性而非渗透性,在中心城区外围呈环绕状,以控制外围城镇组团与中心城区的距离,并控制中心城区的蔓延,因此也被称为环城绿带。环形绿带有着严格的自然要求,一般适用于城市周围有着大片的山体或者森林带的地区。如伦敦,有着大片的森林,森林覆盖面积 30 万公顷,约占全市面积的 13%;首尔在城市的四周,围绕着海拔 500 米左右的低山和丘陵。

由于环形绿带在形态上的束缚,对于控制城市蔓延更有优势,因此国内外较多城市采用环型绿带。但环型绿带也有其空间上的局限性,其对城市绿色基底要求较高,且在城市化快速发展时期,绿带的范围及界限往往会受到人们的质疑。

2）绿楔

楔形绿带也称绿楔,通常呈楔状由外围渗入城市中心区,其形态上强调绿带的渗透性而非连续性,各绿楔之间往往呈现相互独立的状态。

楔形绿带的典型案例是莫斯科森林保护带,莫斯科最早在 1918 年就提出"对莫斯科城市外围 30 公里以内的森林执行严格的保护",并于 1960 年对其范围进行调整,绿带宽度扩大到 10～15 公里,面积扩大至 1 750 平方公里。规划采用环状、楔状相结合的绿地系统布局模式将城市其他绿地连接起来。绿带从 6 个方向伸入主城,与市区的公园、花园和林荫道等连接,成为城市新鲜空气的来源和居民的休息地。杭州生态带也是楔形绿带的一次重要实践,绿带呈楔形伸入城市中心区,分隔开外围各城镇组团,有效地控制了组团的蔓延。

3）绿心

绿心形绿带目前仅应用于城市群的绿带规划中。由于城市之间相互联系紧密,城市拓展速度快,各城市无法形成独立的绿带系统,因此采用绿心形绿带提升城市群的空间质量,为居民提供舒适的生活环境。绿心形绿带在国外的经典案例为荷兰兰斯塔德地区绿心规划,国内长株潭地区也在 2008 年做了区域绿心的规划。

4）环楔

环楔形绿带是环形绿带的一种新的发展形势,传统的环形绿带一般分布在城市外围,虽然限制了城市用地的拓展,但是也存在明显的劣势,那就是市区的人是无法享受到绿带带来的环境好处的,所以也就有了环楔。所谓环楔,也就是在环形基础上发展出几条往市区延伸的楔形带,将环形绿带引入市区。这种结构一般适用于发展较好的城市,居住区内部的人对于绿地的诉求提高,同时外围的绿带已经初具规模。

5）廊道网络式

廊道网络式,顾名思义,也就是绿带呈现出一种廊道延伸,同时有着许多的绿化网络。这种结构一般适用于带状城市或者城市群,比如新英格兰地区就是典型的带状城市群。绿化网络一般是地区的河道绿化、道路防护带等,这些线性空间和绿带一起构成了廊道网络的结构。

6）多组团

多组团绿带适用于绿地基底不连续的城市,是保障空间质量、控制城市蔓延的最后一道防线,通常称为基本生态控制线或生态底线。分散型绿带实施难度比较小,由于内部已建设用地少,因此管控比较容易。分散型绿带在国外的实践较少,国内案例以深圳作为代表,其最早于 2005 年 11 月 1 日划定基本生态控制线,划入线内的面积共 974 平方公里,约占城市总面积的一半,其通过基本生态控制线控制绿色空间的经验也在珠三角地区传播。

4.7.2 功能比较

绿带在城市不同发展阶段的功能如表 4-7 所示。

表 4-7　绿带城市不同发展阶段功能

城市	城市化发展阶段	绿带功能
伦敦	城市化初期阶段	绿化隔离带
	城市化加速阶段	一个为公众开敞空间和游憩用地提供保护支持的带状开敞地带
	城市化成熟阶段	林地、牧场、乡村、公园、果园、农田、室外娱乐、教育、科研和自然公园等
巴黎	城市化初期阶段	保护城市边界地区,其次为市民提供休闲、游憩的场所
	城市化加速阶段	"绿色隔离空间"、农村、林地、休闲区(景观或生态)、农村地区、城镇集聚区、规划边界
	城市化成熟阶段	国有公共森林、树林、公园、花园、私有林地、大型露天娱乐场、农业用地、赛马场、高尔夫球场、野营基地和公墓等
首尔	城市化初期阶段	绿化隔离带
	城市化加速阶段	保留绿带功能,释放土地建设新城
	城市化成熟阶段	林地、农田和森林公园等
上海	城市化加速阶段	100 米宽的纯林带、400 米宽的绿带(涉及苗圃、花圃、观光农业、纪念林地、陵园)和 10 个主题公园
科隆	城市化初期阶段	公共绿色开放空间
	城市化加速阶段	内环绿带、开放空间
	城市化成熟阶段	绿地、农业、休闲空间、草坡、湖景、小花园、运动场
法兰克福	城市化初期阶段	城市绿色开放空间
	城市化加速阶段	城市绿带、城市绿色开放空间
	城市化成熟阶段	绿地、开放空间、丘陵农田、森林
莫斯科	城市化初期阶段	通过绿带营造广阔的森林、水面和乡村风光
	城市化加速阶段	11 个森林公园、84 个文化休憩公园和 700 多个街心公园
	城市化成熟阶段	森林公园、野营基地、墓园、果园和林地等
杭州	城市化加速阶段	农田、林地、园地及苗圃、水体、裸地、城市对外交通干道等沿线绿化带、低密度城镇、高新技术园及工业区防护绿地、历史文物保护区及自然保护区
柏林	城市化加速阶段	森林公园、林地、农田
	城市化成熟阶段	森林公园、林地、农田、专项公园、活动场地

（续表）

城市	城市化发展阶段	绿带功能
荷兰兰斯塔德地区	城市化初期阶段	农业区
	城市化加速阶段	绿化隔离带
	城市化成熟阶段	除了严格控制商业及居住发展外,政府鼓励在"绿心"内积极发展旅游、休闲等服务业,甚至允许有条件地建设具有区域重要性或很高经济效益的政府项目
长株潭区域	城市化加速阶段	农田、水系、森林、村庄、自然保护区、风景名胜区、水源保护地
北京	城市化初期阶段	绿化隔离带(一隔)
	城市化加速阶段	风景游览点、公园、防护林带、果园、森林公园和高尔夫球场等(二隔)
成都	城市化初期阶段	府南河环城公园、防护绿地、附属绿地、绕城高速绿地和城郊公路绿地
	城市化加速阶段	公园、湿地、文体休闲、商务办公、基础设施
新英格兰地区	城市化初期阶段	城市内部的、供居民游憩的公园道
	城市化加速阶段	大都会尺度上以休闲和保护自然景观为主要功能的开放空间体系
	城市化成熟阶段	娱乐型绿道,生态型绿道,历史型绿道
深圳	城市化加速阶段	从建成区内部延伸到城市整体的绿色开敞空间。其中,郊野公园作为市域生态绿地系统的重要保护开发模式,被正式提上城市发展日程
香港	城市化成熟阶段	目前全港已划定23个郊野公园和15个特别地区(其中11个位于郊野公园内),共占地41 582公顷,覆盖全香港土地面积的40%以上
哈罗新城	城市化成熟阶段	公园、花园、林地,公众可进入或不可进入的自然保护区等;它们之间的联系带包括土路、高速路、河流、小溪或绿篱等,这些线性特征的联系带能够为野生动物提供生态廊道并将人类带入公共空间

　　在城市化初期,绿带按其功能,表现形式主要分为两种,一种是出于对外围森林的保护目的,这是绿带的主要功能,比如莫斯科,早期的绿带就是单纯的森林保护带;另一种是由城市功能本身出发,主要是结合现有的斑块建设的公园,比如科隆和法兰克福等。

　　而到了城市化加速阶段,原有的空间结构受到城市扩张的冲击,绿带体系发生了质的变化。大多数城市会选择环形绿带来限制城市扩张,同时绿带的功能也就从单纯的绿带功能演变成各种文化公园、旅游休闲、农业观光等功能,比如典型案例像城市化加速时期的伦敦、上海、北京等城市。但是也有一些城市发展速度和规模没有造成较大的环境问题,这些城市的绿带在功能上就会区别于一些环形绿带城市,主要的功能是旨在提升城市形象和居民生活品质的公园、基础设施等,像德国的柏林-勃兰登堡、莫斯科等。

而到了城市化成熟阶段,大多数城市的绿带功能开始进行精细化设计,从原本的农田、观光旅游等较为"虚"的功能演变成实在的博物馆、体育馆、图书馆、高尔夫球场等,典型的案例是伦敦、香港、上海等城市化程度较高的城市。

4.7.3 实施模式

由于绿带涉及的土地范围较大,权属争端较多,各个城市在绿带的建设上都有自己的考虑,很多城市也形成了自己独特的开发体系(表4-8)。

表 4-8　绿带实施模式

城市	土地政策	管理部门	实施效果
伦敦	1938年通过的《绿带法案》允许伦敦议会购买土地建造绿带	各级政府部门	英国的绿带政策在限制城市无序扩张、缓解环境恶化和提升生活质量等方面的绩效已得到充分肯定,并被许多国家效仿
巴黎	金融补贴	AEV	绿带建设分层次分等级建设成果显著
首尔	土地私有化,通过法案对私人土地提出发展限制	政府规划机构	绿带控制本身较严格,但由于城市增长压力未得到缓解,被迫释放土地用于开发,居民反对意见达到七成
上海	对农民土地进行开发限制,调整农业产业结构及综合开发	各级政府机构	绿带较为薄弱,限制效果不强
科隆	绿带管理过程中通过市场化购买储存建设所涉及的私人产权地块,同时基金会加入管理	科隆市园林绿化局、科隆绿色基金	绿带建设发展较好,公众参与,社会阻力小
法兰克福	政府出资建设基础设施,后期开发,多方筹措资金,购买土地用于绿带建设	初期阶段——绿带项目工作小组负责绿带的管理工作;中期阶段——"法兰克福绿带有限责任公司"从政府一次性获得大额的启动经费用于绿带重要基础设施的建设;后期阶段——绿带项目组	绿带空间实际上为社会、经济、环境三方面的功能叠加,创造了一个空间平台,并在此基础上推动区域整体空间结构的优化
莫斯科	当时土地属于国有	规划部门	绿带面积持续增加
杭州	土地私人,政府强制居民进行绿带建设	政府部门	各方矛盾尖锐,绿带实际实现效果一般,出现很多断层,地区开发屡禁不止

城市	土地政策	管理部门	实施效果
柏林	居民自有土地,通过规划委员会的多方协调,共同开发	自治和社会参与	区域公园体系建设成果显著
荷兰兰斯塔德地区	政府提出保护法案,划定"红线""绿线",鼓励居民建设绿带	各级政府部门、居民参与	绿心得到了良好的保护和恢复
长株潭区域	通过总体规划严格限制土地利用,土地仍然在市民手中	政府部门	绿心地区各个方面都得到了有效的发展
北京	土地使用权在居民手中,但是政府强制居民建设绿带	政府各级部门	绿带内涵由全部的"绿色空间地带"转变为"允许在绿化隔离带内建设一定比例的经营性项目"
成都	在农用地不减少的前提下通过土地整理获得建设用地	政府各级部门	"198"地区通过规划引领和实践探索,逐步摸索出一条生态保护和地区发展的和谐共建之路
新英格兰地区	建立多元化的筹融资体系,从政府财政、绿道专项基金、社会捐赠等多管齐下	多方参与	在城市外围将各绿色斑块及城市周边的森林连接起来,形成形态有机的绿带
深圳	基本生态控制线内物业权属混乱,涉及利益体复杂,生态补偿、线内社区转型等规划调整与配套政策的出台还需要长时间的探索	政府主导	各规划编制部门对郊野公园的概念还不够清晰,对其规划开发的原则、目的及内容深度等方面都有着不同的理解,出现了规划成果和建成状态五花八门的状况
香港	郊野公园远离市区,土地权属多为政府所有	政府主导,多方参与	总面积达 43 656 公顷,占香港土地面积的 39.6%
哈罗新城	政府购买土地	政府主导	建设成果显著,颇有田园城市的风格

第一类是以政府购买土地为代表的城市,这些城市通过强大的财政能力,购买环城绿带的土地,开发建设有条不紊。代表性城市像伦敦、科隆等。

第二类是基于第一类模式而言,政府购买土地,但是由于财政能力有限,寻求其他的资金来源,通过基金会等方式来筹措资金,比如法兰克福、新英格兰地区等。

第三类是金融补贴模式,政府无力负担绿带购买的资金压力,通过补贴形式鼓励居民建设绿带,这一类代表的城市是巴黎。

第四类是政府出台强制性措施规定居民建设绿带,但是本身没有资金方面的考量,居民对此较为反感,绿带建设成果不佳。代表性城市主要是国内的北京、上海等,国外的像首尔等也是比较失败的。

还有一类是通过土地调整获得土地,也就是说在其他地方补偿土地给当地居民,而获得绿带内的土地使用权,这一类城市代表是成都。通过该方式土地收归政府所有,绿带建设效果明显提高。

4.7.4 绿带用地研究

绿带位于城市建成区外围的近郊地区,在原始状态下绿带地区通常包含了农田、林地、水域、村庄等郊区用地,但由于城市用地的蔓延扩展,也会包含有工业、住宅、商业、公用设施用地等城市建设用地。各个城市根据自身的需求与特点,在规划与政策中对用地类型进行强化、保留、移除、新增等调整,以期形成一个具有特定功能的空间体系。

伦敦绿带将城市绿带内用地分成相容性用地与不相容用地。相容性用地包括了公共服务、复杂长期的风俗习惯占地(墓地)、林地、水面、娱乐用地、农业用地、空地,而不相容用地则包括了居住、商业、制造业、矿业、交通等用地。在绿带建设过程中政府通过购买、限制等方式对绿带内的用地用途进行控制,以提高兼容性用地比例,逐步消除不兼容性用地。

巴黎绿带着重于考虑如何使每一个居民都能够更快速便捷地接触自然,其绿带主要由绿地和农业用地构成,与城市边缘地区的用地特点相一致,具体包括三类空间:第一类是绿色生态空间,如国有的农田林地、森林和城市公园;第二类是功能性基础空间,如由特定土地政策保护的农田;第三类为具有生态修复功能的廊道和提升市民可达性的线状游憩空间,如线性开敞空间、绿色廊道、河道沟渠等。渥太华市绿带是以乡村景观为特色的生态空间,其用地比例是:合作性农场占25%,森林和自然风景区占15%,政府和公共事业结构占30%,城市开敞空间占30%;莫斯科绿带则主要由森林和森林公园组成,保护带中有森林、森林公园、农业用地、水面,以及休息、疗养设施。

北京将绿隔地区分成禁建区、限建区、适建区进行管控,用地类型包括了风景游览点、主题公园、林带、果园、农业用地、菜地、风景区、名胜保护区、郊野公园等。上海绿带结构可分为两类,一类是以花圃、苗圃、休闲农业、青少年野营基地、疗养院、低密度花园别墅、纪念林地、陵园等生态项目为主的空间;一类是以主题公园,沿林带、绿带空间点缀式布置市级及地区级的森林公园、植物园、城市公园、大型绿色娱乐园等为主的大型主题公园,以及以赛马俱乐部、赛车场、高尔夫球场等为主的体育设施。广东《环城绿带规划指引》严格控制一般性的开发性项目的进入,只允许保留与绿带功能不相冲突的六类用地:一是耕地、园地、林地、牧草地、水域、果园、湿地;二是公共开放性绿地;三是体育运动设施用地;四是绿化比例较高的绿色景观型或旷地型用地;五是生产性绿地;六是防护性绿地等其他林地(表4-9)。

表4-9 国内外部分城市绿带空间结构与用地类型

城市	规模/ 平方公里	空间类型	用地类型	起始年(代)
莫斯科	4 630	环形绿带＋楔形绿带	森林公园、野营基地、墓园、果园、林地等	1935
伦敦	5 780	环形绿带	林地、牧场、乡村、公园、果园、农田、室外娱乐、教育、科研、自然公园	1938
渥太华	200	环形绿带	农场、森林、自然保护区、公园、高尔夫球场、跑马场等	1950

城市	规模／平方公里	空间类型	用地类型	起始年(代)
巴黎	1 187	环城卫星绿带	国有公共森林、树林、公园、花园、私有林地、大型露天娱乐场、农业用地、赛马场、高尔夫球场、野营基地、公墓等	1987
首尔	1 557	环形绿带	农业、渔业、部分公共建筑	1972
柏林	2 688	环城卫星绿带	区域公园	1989
北京	240	环形绿带＋楔形绿带	风景游览点、城市公园、防护林带、果园、森林公园、高尔夫球场	1958
天津	38	环形绿带	果园、鱼塘、防护林带,暂时保留村庄和部分企事业单位	1986
上海	73	环形绿带＋楔形绿带	农业用地、城市公园、森林公园、动物园、名胜古迹、高尔夫球场、赛车场、游乐园、名人墓园、防护林等	1994
哈尔滨	148	环形绿带	森林公园、防护绿地、主题公园、河流湿地	2000

通过对国内外绿带实践中绿带功能以及用地控制的解读,本书将绿带内空间系统分为以下 4 个空间子系统:①生态空间,构成绿带的基本元素,是绿带发挥生态保护功能的空间介质,也是绿带建设中须要重点强化的空间子系统;②游憩空间,指在绿带内部建设的对生态功能无负面影响的旅游、娱乐开发项目,是绿带中进行市民活动的空间;③生活空间,指绿带内居民生活的场所,是在绿带中保留下来的居住用地,包括城市居民的生活空间与农村居民的生活空间;④生产空间,也即产业空间,是在绿带建设中应严格控制并适当减少的空间,为绿带居民提供部分就业岗位,但对绿带生态影响较大。

参照以上 4 个空间子系统的分类,对《城市用地分类与规划建设用地标准(GB50137—2011)》中的用地进行具体分类(表 4-10)。

表 4-10　绿隔地区用地分类

空间子系统	用地类型
生态空间	E1 水域、E2 农林用地、E3 其他非建设用地
游憩空间	H6 其他建设用地(风景名胜区、森林公园等)、A3 体育用地、A7 文物古迹用地、B3 娱乐康体用地
生活空间	H14 村庄建设用地、R1 一类居住用地、R2 二类居住用地、R3 三类居住用地、A 公共管理与公共服务用地(不包括 A3)、B 商业服务业设施用地(不包括 B3)
生产空间	M 工业用地、W 物流仓储用地
其他	其他用地

① 生态空间

生态空间是绿带的主体,是指以绿色生态功能为主、空间功能复合的限建区,包括以绿化为主的各种绿地、郊野公园;以树木为主的生态林、经济林;以农作物为主的耕地、基本农田;河湖水面等。生态空间内含有大量动植物,不仅改善城市气候,还为城市应急预留缓冲地带(表4-11)。

表4-11　国内外绿带生态空间占比汇总

城市	起始年(代)	绿带规模	生态空间比例	内容与形式
伦敦	源于1580年,成型于1938年	宽度13~14公里,面积5 807.3公里(2010)	79.2%	林地、牧场、乡村、公园、果园、农田、自然公园等
巴黎	1987年	宽度为10~30公里,面积约为1 200平方公里	86.1%	国有公共森林、树林、公园、花园、私有林地、大型露天娱乐场、农业用地、赛马场、高尔夫球场、野营基地和公墓等
莫斯科	1918年	平均宽度28公里,面积约为1 275平方公里	77%	森林公园、野营基地、墓园、果园和林地等
渥太华	1950年	平均宽度40公里,面积200平方公里	70%	农场、森林和自然风景区、城市开敞空间(如城市公园、高尔夫球场、跑马场用地等)
首尔	1971年	平均宽度约为10公里,面积约为1 570平方公里	61.4%	林地、农田和森林公园等
北京二隔	1958年	第二道绿带宽为1公里,面积约为443.7平方公里	64.3%	风景游览点、公园、防护林带、果园、森林公园和高尔夫球场等
成都	2003年	面积约为110平方公里	69.4%	府南河环城公园、防护绿地、附属绿地、绕城高速绿地和城郊公路绿地
杭州(东部)	2001年	面积约为309平方公里	70.6%	农田、林地、园地、水系、生态保育廊道等

由表4-11统计数据看,生态空间比例在各绿带中不同且跨度较大,但所有绿带均在60%以上,其中生态空间占比最低的为首尔,仅为61.4%,占比最高的为巴黎,高达86.1%,平均值为72.25%。并且从绿带中生态空间的内容和形式可以看出,绿带内产业类型越多样,生态空间所占比例越高。

② 生活空间

生活空间指绿带中城镇、乡村居民生活的空间,包括农村居民点以及城镇建设用地。由于绿带规划时注重连续性与渗透性,因此不可避免地会有部分建设用地被划入绿带规划范围内。但对于各城市绿带来说,由于土地利用情况不同,各城市之间差距较大(表4-12)。

杭州东部绿带中生活空间所占比例为9.47%,其中城镇建设用地占4.85%,村庄居民点用地占2.38%,以及为城镇发展预留的用地占2.24%。

北京第二道绿色隔离地区中,生活空间所占比例为22.19%,其中卫星城、空港城建设用地占15.1%,乡镇建设用地占3.33%,农村居民点用地占3.76%。

表 4-12　各城市绿带生活空间汇总

城市	生态空间	生活空间			
杭州(东部)	70.6%	9.47%	其中	城镇建设用地	4.85%
				村庄居民点用地	2.38%
				城镇发展预留用地	2.24%
北京二隔	64.3%	22.19%	其中	卫星城、空港城建设用地	15.1%
				乡镇建设用地	3.33%
				农村居民点	3.76%

对于划入绿带范围内的生活空间,发展时应遵循紧缩发展原则,不能将其作为主要村庄继续拓展规模。绿带内的村庄通常要进行生态化的改造,通过对一些基础设施的改造、建筑节能改造等措施来降低对生态环境的破坏。

③ 生产空间

生产空间指绿带范围内产业园、科技园,以及农场、牧场、林场、高尔夫球场、公园中的建设用地(其中的绿地归入生态空间)等。生产空间主要有两种形态,一是被动划入绿带范围内的,另一种是主动划入绿带范围内的。

a. 被动型

为了考虑绿带的连续性,有时会将已建成的产业园、科技园划入绿带范围内,这类园区通常是非绿色生态,但其主要产业为对环境影响较小的园区,涉及的产业类型也比较多样,如机械加工类、装备制造、物流园等。对于此类园区,通常会采取绿色生态措施进行整改,以期达到绿带控制标准。

b. 主动型

另一类是由于其整体绿化比例较大而被划入绿带范围内的生产空间,往往是生态空间的服务用地,如农场、牧场、林场、高尔夫球场、赛马场等中的建设用地,这类生产空间通常建设强度较低,占地少,符合绿带控制标准。

生产空间与生活空间一样,在各绿带内并无具体的配置要求,但从杭州及北京二隔的案例来看,通常生产空间的总量不会超过 10%(表 4-13)。

表 4-13　各城市绿带生产空间汇总

城市	生态空间	生活空间	生产空间	
			占比	内容与形式
杭州(东部)	70.6%	9.47%	6.46%	工业、仓储、公共服务设施用地
北京二隔	64.3%	22.19%	2.79%	农场建设用地、科技园

④ 基础设施配套

基础设施配套包括区域及内部交通设施以及必要的市政设施。

从北京及杭州的数据显示,绿带规模在 300～500 平方公里,基础设施配套占绿带面积的比例大概在 10%～15% 之间(表 4-14)。

表 4-14　各城市绿带基础设施配套汇总

城市	绿带规模/平方公里	占比/%	备注
杭州(东部)	309	13.48	含机场
北京二隔	443.7	10.72	

4.8　大城市绿色隔离空间规划经验借鉴

　　大城市绿色隔离空间是相对于城市建成区而言的,构成广义上的城镇环境区,对其有生态支撑作用,并深刻影响或制约着城镇的空间格局与环境品质。国外较早开展对绿色隔离空间的研究与实践,经验较为丰富。我国以绿色隔离空间为主的生态规划是近年来随着城市蔓延问题加重而兴起的,一般规划通过划定各种生态功能区的范围,借助增长边界、绿线控制来实施生态功能区的保护。与此同时,绿色隔离空间规划存在的"重保护、轻发展,重界限、轻内涵,重结果、轻过程"的问题也暴露出来。事实证明,缺乏对发展的认识和控制,往往导致生态功能区内的各类建设用地(如村庄、乡镇)的规模、布局失控。

　　从国内外发达国家和地区的实际情况看,保持良好的生态环境能够吸引投资,促进社会和谐,提高城市居住和生活质量。首先,保持城市发展的生态框架,保护耕地、山体湖泊、森林和水源地等,有利于形成高效率的城市形态和空间格局,促成鲜明的城市特色;其次,以遏制城市蔓延为目标的绿隔建设可以引导有限的资金投向,最大限度地提高城市基础设施建设和使用成本效益。所以,对这些地区规划的经验借鉴,不仅涉及其自身生态特性、发展思路、用地规模与构成、功能定位等的研究,还包括其与城市、组团间的功能、结构耦合关系。具体来看,包括以下五个方面。

4.8.1　基于区域生态,构建区域自然环境的生态系统框架

　　绿隔地区通常包括各种不同类型的土地,如基本农田受到国家土地法的保护,水源保护区包括河岸水域、滩涂、农业、森林和湿地等,受到流域管理机构的控制,而湿地保护区或风景名胜区则有着国家、省和市区保护类别,但是它们之间存在的潜在联系是形成区域生态网络的基础,所以绿隔规划要与区域生态系统框架协同考虑。

　　以武汉和成都为例,生态保护框架中多注重对环城游憩带的建设,通过利用沿城市绕城高速公路两侧的生态公益林绿化带,与临近的区域性大型生态绿地相联系,开展高品质的生境斑块的保护,以及野生动物走廊连接、水域资源和大面积农业区的保留等工作。这种土地利用方式,先期将优质的公共自然风景资源保护起来的思路和做法,有利于避免城乡发展地区的"圈地""租地"活动,减少对公共开放空间和自然资源的侵蚀,满足城乡居民对开放游憩空间日益增长的需求。

4.8.2　耦合城镇发展,制定分级分区的整体用地管控规划

　　功能耦合:从各国实践的绿隔政策可见,城市不同发展阶段所面临的问题不同,导致其对绿隔的重视程度、绿隔的目标制定的不同。长期目标和短期目标、刚性目标和软性目标

是相辅相成的,但侧重点不同,对绿隔的规模布局也会产生较大影响。因此,需要明确首要目标(刚性目标),按城市的发展阶段从社会整体效益出发,制定可行的策略。

生态耦合:绿隔地区所具有的地域复合性特征,使得以往实行的辖区式管理手段不利于自然斑块、资源的完整性保护(完整性往往被行政边界所切断甚至由人工化的景观所代替)。将自然斑块和廊道的分级分区作为标准,开展绿隔规划,打破行政分区管辖为前提造成的生态破碎化,实行统一管理、分级管控,对于保护自然斑块和廊道的完整性十分有利。

形态耦合:除了生态耦合关系外,在对绿隔进行管控的同时,必须对相邻的城市建设用地的实用功能、使用强度、建筑形式等进行引导和控制。在水陆交错带,土地供应的稀缺性客观上要求土地使用的集约化、高效率,避免不适当的浪费。

4.8.3　结合环境保护,合理布置基于环境效应的生态产业

对于需要切实保护的生态用地可考虑赋予其现实意义的功能,以发挥其综合生态效益,如划定风景区、森林公园、生态农业区等,使这些具有一定观赏价值和生态功能的地区价值在现代生产生活节奏中得以充分体现。近年来以政府为主导的郊野公园和城市绿道概念受到许多城市的关注,在城市边缘区或远近郊区及乡村,基于山林水体等优越的风景资源,规划建设郊野公园,使其成为服务于城市和乡村的永久性公共开放空间,具有保护自然风景资源、为城乡居民提供郊野游憩、遏制城市无序蔓延的现实意义。而绿道(Green Way)的功能和形式则是多种多样的,特别是在人为干扰强烈的城市区域,有助于城市空间、社会、经济、生态等多重功能目标的实现。

4.8.4　关联边缘效应,挖掘并塑造绿色隔离空间特色

城市空间资源的环境影响效应对城市发展的影响,已经越来越受到各级政府和社会各界的重视,城市环境的优劣已成为能否吸引投资的关键条件。绿隔的资源效应、空间意义要远远超过绿隔本身。因此,研究绿隔资源的经营效率必须充分考虑城市空间资源的环境影响、关联效应。石家庄城市生态敏感区也是重要的城市空间资源,在城市规划中应该进一步加强保护。提高绿隔的经营效率,一方面要最大限度地增强城市空间资源的环境影响正效应,在保护城市风景名胜区、提高城市绿地率、加强城市水系与环境整治、保护城市生态敏感区等方面做加法;另一方面,要最大限度地降低城市空间资源的环境影响负效应,在城市风景区、生态敏感区内要做减法,要严格控制工业项目、房地产项目的开发建设。

4.8.5　落实单元图则,引导控制城镇建设与生态环境保护

目前国内绿隔规划的问题是规划与实施之间缺少衔接,实施条例的法律性保障不足。英国60余年的绿环政策虽然有起有伏,但绿环作为基本国策始终贯彻,通过"国家—区域—地方"的层级规划确保绿环的实现,保障政策的贯彻实施和法律权威性。目前,我国绿隔实践主要是在地方层面,各城市只能依照地方性法规和行政规章来指导和规范绿环的建设。因此,应该对土地进行细分,分节点、地块加以详细规划与控制,确定总体性规划与分区规划的层级,并对边界控制、配套管理条例实行法律保护,使生态格局具有有效的可操作性与技术管理性。

5 石家庄中心城区绿带演变特征

5.1 生产空间演变特征

5.1.1 乡村工业用地快速增长

工业用地易对空气和水环境造成污染,破坏地区生态环境,伦敦、巴黎等城市的绿带规划将其视为不相容用地,而北京虽然在规划中专门设有产业用地以支撑地方经济,但是对其总量与布局实施严格控制。石家庄绿带规划中工业用地将逐步减少,允许部分工业用地点缀式地存在于绿带中。然而自绿带建设启动以来地区工业用地呈上升趋势,乡村工业用地更是快速增长,从事纺织、印染、农副产品加工的小型工场和作坊在鹿泉和栾城地区大量出现。2005—2015年城乡工业用地增加438.57公顷,其中村庄工业用地规模增加343.83公顷,占新增工业用地的78.4%(表5-1)。村庄工业用地规模由407.35公顷增加至751.18公顷,增长幅度达到84.4%,大大超过城镇工业用地25.2%的增幅。在空间布局上,乡村工业用地集约程度低,加大了工业发展对环境的压力。一方面,用地呈现"跳跃式"发展,布局于村镇建成区或者工业组团之外,蛙跳特征明显,在2015年绿带地区村庄工业用地蛙跳系数上升至0.82;另一方面,企业规模较小且分布零散,用地碎化程度较高,2015年绿带地区村庄工业用地平均地块规模仅为3.9公顷,用地碎化指数达到79.7(表5-2至表5-4,图5-1,图5-2)。对村庄工业用地进行距离为100米的缓冲区分析,其影响范围达到2 898.8公顷,为其自身面积的5.1倍。

表 5-1 2005 年、2015 年石家庄城乡生产空间用地变化

用地类型		面积/公顷		变化/%
		2005 年	2015 年	
工业用地	M1	374.29	726.12	94
	M2	246.29	318.82	29
	M3	163.20	177.41	9
	M 类小计	783.78	1 222.35	56
仓储用地	W1	92.55	231.57	150
	W2	48.73	73.72	51
	W 类小计	141.28	305.29	116
总计		925.06	1527.64	65

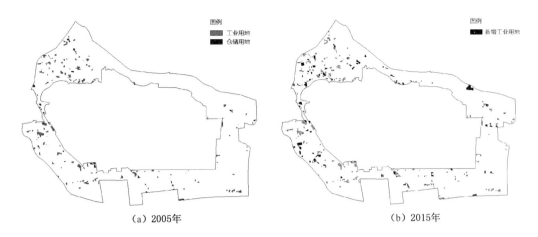

（a）2005年　　　　　　　　　　　　　　（b）2015年

图 5-1　2005 年、2015 年石家庄绿带地区工业用地变化

图片来源：自绘

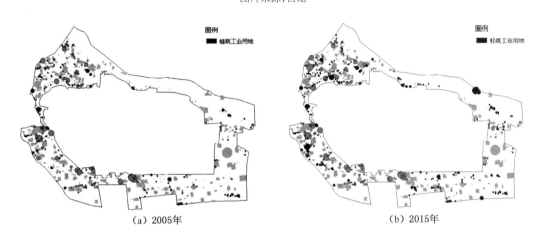

（a）2005年　　　　　　　　　　　　　　（b）2015年

图 5-2　2005 年、2015 年石家庄绿带地区蛙跳用地布局与规划

图片来源：自绘

表 5-2　2005 年、2015 年石家庄绿带地区蛙跳用地与扩展用地比例

用地类型	蛙跳用地面积/公顷	扩展用地面积/公顷	总计/公顷	蛙跳用地比例/%	扩展用地比例/%
M	301.96	102.93	404.89	74.6	25.4
W	19.34	74.74	94.08	20.6	79.4
总计	321.30	177.67	498.97	64.4	35.6

表 5-3　2005 年、2015 年石家庄绿带地区用地破碎度变化情况表

用地类型	2005 年			2015 年		
	地块数量	平均面积/公顷	Fci	地块数量	平均面积/公顷	Fci
M	220	3.9	56.2	312	3.9	79.7
W	33	4.9	6.5	61	5	12.0

表 5-4　2005 年、2015 年石家庄绿带地区用地斑块变化情况

用地面积/公顷	2005 年用地频率	2015 年用地频率	新增用地频率
0～5	179	248	69
5～10	22	36	14
10～15	9	15	6
15～20	6	8	2
20～25	1	2	1
25～30	3	3	0
30 以上	0	0	0
合计	220	312	92

5.1.2　乡村工业效益低下

乡村工业发展具有自发性与随意性,通常具有技术水平低、经营方式粗放、产品结构层次低、传统产业占据重要地位等特征。而从农村工业内部结构看,低水平均衡的部门结构、分散无序的空间组织状况严重制约着产业竞争能力的提高,且工业发展的内生驱动力难以生成和集聚,同时面临着资源和环境的严重束缚。石家庄绿带地区乡村工业发展以从事纺织、印染、农副产品加工等行业的劳动密集型企业为主,企业产品技术含量和附加值较低,而且地区企业以 3～5 公顷的中小规模企业为主,难以发挥工业生产的规模效应。虽然地区近年乡村工业用地快速发展,然而产业效益仍处于较低水平,乡村工业的地均产值、万元工业增加值能耗均远低于中心城区、城镇地区的企业。2015 年上庄镇城镇工业地均产值达到918.5 万元/公顷,而村庄工业地均产值仅为 423.1 万元/公顷。此外,乡镇工业由于技术水平低、经营方式粗放,在生产过程中对生态环境的影响更为突出。

5.2　生活空间演变特征

5.2.1　村庄规模日益扩展

农村地区对土地资源的挥霍浪费是我国比较普遍的现实情况,一是农村居民点用地占比偏大,二是人均农村建设用地面积偏高[1],因而在我国绿带规划中常涉及对农村居民点用地的整理,如北京绿隔规划中计划对原有村庄进行拆迁以获取土地进行绿化建设。然而由于经济与政策等方面的原因,对遗留村庄的整治处于停滞状态,这也成为绿隔地区实施的难点问题。而石家庄绿带的村庄规模更是呈现扩张发展的趋势。2005—2015 年,绿带地区

---

[1]　吴纳维,张悦,王月波.北京绿隔乡村土地利用演变及其保留村庄的评估与管控研究——以崔各庄乡为例[J].城市规划学刊,2015(1):67-73.

村庄居住用地增长 192.1 公顷,增长幅度为 5.3%,占居住用地增长面积的 66.1%,平均每个村庄增长 1.9 公顷居住用地(表 5-5,图 5-3)。新民居与房地产小区建设是村庄居住用地的主要增长方式,农村地区新建房地产项目 23 个,用地规模共计 152.7 公顷,占新增村庄居住用地面积的 79.4%,而新增民居规模仅为 39.42 公顷。村庄或以村委会为主体开展新民居建设,或引入房地产商进行集体土地开发,在空间上邻近原有村落居住空间,使村庄居住用地规模不断上升。与此同时,农村人口规模呈现萎缩状态。2005—2015 年,绿带地区农村人口从 20.9 万减少至 19.8 万,下降幅度为 5.3%,藁城部分村庄人口减少数量接近 300人,各村庄内均出现了零星散布一两户空闲宅基地的情况。绿带地区村庄存在"建新不拆旧"与"人走屋空"问题,显现出空心化的发展状况。

表 5-5 2005 年、2015 年石家庄绿带地区生活空间用地变化

用地类型		面积/公顷		变化/%
		2005 年	2015 年	
居住用地	城镇居住用地	852.71	951.06	11.5
	村庄居住用地	3 580.95	3 773.07	5.3
总计		4 433.66	4 724.13	6.5

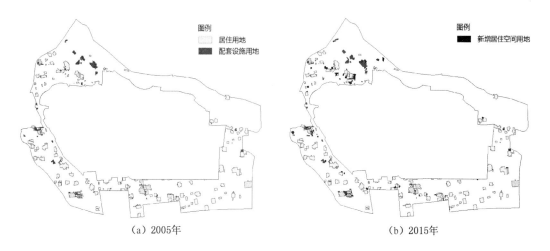

（a）2005年　　　　　　　　　　　　（b）2015年

图 5-3 2005 年、2015 年石家庄绿带地区生活空间用地变化
图片来源:自绘

5.2.2 村庄建设强度不断上升

在村庄逐渐被纳入城市发展的过程中,为了抓住租房获利的机会,村民大量建设出租屋,使村庄在空间上的演进表现为不断增大的建筑面积、建筑密度和容积率,较为典型的是城中村,而与城市联系密切的近郊村也会出现这样的发展趋势。石家庄绿带地区村庄的民居加建行为也使原有村落空间的建筑强度出现上升趋势。传统村落建筑形态主要为密集的 1～2 层低矮平房,建筑容积率为 0.7～0.8。在鹿泉、栾城地区靠近中心城区的农村中,村

民较多地在平房上进行加建,将楼层高度增加至 3～4 层。2005—2015 年,永壁东街村 873 户住宅中有 121 户进行了加建,村庄的容积率上升 0.06(图 5-4)。另外,农村房地产开发的高强度建设使村庄地区的整体强度出现明显的上升。村庄地区房地产开发项目以多层、高层建筑为主,平均容积率为 1.8,其中位于台头村的龙强印象容积率高达 2.5,最高建筑高度达到 30 层。2005—2015 年,绿带地区中进行房地产开发的 19 个村庄容积率均显著地上升,如台头村容积率由 0.72 上升至 1.12。

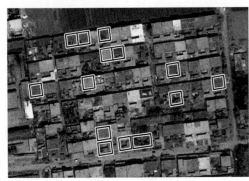 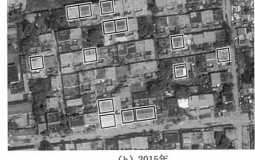

(a) 2005年　　　　　　　　　　　　　　　(b) 2015年

图 5-4　2005 年、2015 年石家庄永壁东街村(局部)村庄加建状况
图片来源:根据 Google Earth 地图绘制

5.2.3　公共服务水平相对滞后

我国农村地区公共服务方面相对薄弱,而绿带地区多为农村地区,公共服务水平较低的问题也普遍存在。而随着绿带地区经济发展提升,房地产、商业项目大量建设,地区的公共服务水平仍处于滞后状态。北京绿隔一些地区的建设项目在完成了住宅、商业等营利性项目后处于停滞状态,公共服务设施不建设、少建设或延缓建设,而地区与城市之间的公共基础设施也不能实现有效衔接。

石家庄绿带地区 2005—2015 年配套设施用地规模由 265.7 公顷上升至 297.7 公顷,增长幅度为 12.0%,然而城乡公共服务仍处于较低水平,配套设施的建设滞后于地区发展。从用地分析,城镇地区配套设施用地规模由 86.6 公顷上升至 117.6 公顷,增长幅度为 35.8%,低于城镇人口增长幅度的 58.9%,城镇地区人均配套设施用地反而由 10.1 平方米/人下降至 9.8 平方米/人;村庄地区配套设施规模没有变化,人均配套设施用地因村庄人口减少由 5.9 平方米/人略微上升至 6.0 平方米/人。从用地构成分析,配套设施在生活空间用地面积中的占比由 5.6% 上升至 5.9%,配套设施比重提升缓慢。公用设施的建设存在与公共服务类似的问题,尤其是村庄地区公用设施建设相对滞后。在供水设施方面,农村基本上仍利用自备井取用地下水,没有集中统一、安全可靠的供水系统;在排水设施方面,除上庄镇外,其余镇区村庄基本无排水设施,缺乏污水处理设施,污水未经处理直接排入河道;在供热设施方面,除上庄镇外,其余镇区、村庄尚无集中供热设施,采暖设施主要是煤炉、土暖气等(表 5-6)。

表 5-6 2005 年、2015 年石家庄绿带地区生活设施配套情况

用地类型		面积/公顷		变化/%
		2005 年	2015 年	
配套设施	公共服务用地	224.43	237.75	5.9
	商业服务用地	41.27	59.95	45.3
总计		265.7	297.7	12.0

5.3 生态空间演变特征

5.3.1 生态空间总量下降

生态空间总量与绿带面积的比例关系反映了地区生态系统的强度,其变化情况则反映了绿带控制的成效。由于城市空间发展呈现扩张的趋势,国内外城市绿带的生态空间总量通常呈现下降趋势,然而不同城市变化差异明显。全英格兰绿带生态空间在 1997—2000 年间年均下降 0.1%,莫斯科环城绿带在 1991—2002 年间年均下降约 1.3%,而北京生态空间减少较为显著,1993—1998 年间年均下降 3.2%。

石家庄绿带建设启动以来,地区城乡建设活动依然活跃,冶河镇、上庄镇被设立为新市镇,西柏坡高速、京港澳高速、铜冶铁路编组站陆续启动建设,河北经贸大学、石家庄工程职业学院校园规模扩大,而农村地区工业与房地产开发也蓬勃发展,对生态空间造成了侵占与破坏。2005—2015 年期间生态空间总量呈现下降趋势,绿带地区的生态空间总量由 371.31 平方公里下降至 349.36 平方公里,面积减少 21.95 平方公里,下降 5.7%,年均速率达到 0.6%,生态空间在绿带中的比例则由 77.0% 下降至 72.5%。其中耕地的面积出现了较大的变化,面积减少 23.45 平方公里,下降幅度达到 7.2%,是生态空间中受影响最大的用地类型(表 5-7,图 5-5,图 5-6)。

表 5-7 2005 年、2015 年石家庄绿带地区生态空间用地变化

年份	2005 年		2015 年		变化趋势/%
类别	面积/平方公里	百分比/%	面积/平方公里	百分比/%	
林地	22.72	4.7	22.06	4.6	−2.9
耕地	325.01	67.4	301.56	62.6	−7.2
水域	23.58	4.9	25.74	5.3	9.2
农林用地	371.31	77.0	349.36	72.5	−5.9

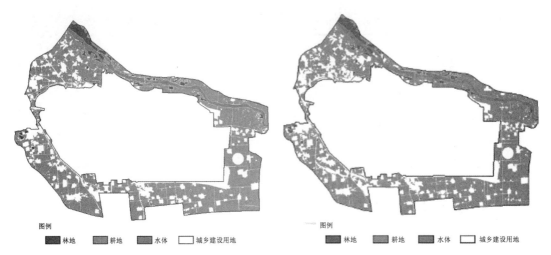

图例

■ 林地　■ 耕地　■ 水体　□ 城乡建设用地

图 5-5　2005 年石家庄绿带地区生态空间用地布局　**图 5-6　2015 年石家庄绿带地区生态空间用地布局**
图片来源:自绘　　　　　　　　　　　　　　　　　　　　图片来源:自绘

5.3.2　生态斑块碎化

　　绿带地区位于城市的近郊地区,受到过境高速公路、铁路等交通走廊以及河道的阻隔较严重,存在过境交通繁忙混杂、地块不规则等矛盾和症结。而且随着城市与区域联系增强,区域交通走廊数量增加,使绿带生态斑块的破碎程度不断地上升。广州的南部生态空间万亩果园自 20 世纪 90 年代以来建设的新滘南路、华南路、南环高速公路、广珠高速公路等多条区域道路,占用了大量的生态用地,严重地分割了生态空间,是造成近年万亩果园生态质量下降的重要原因之一(图 5-7)。而石家庄绿带自 2005 年以来启动了西柏坡高速、

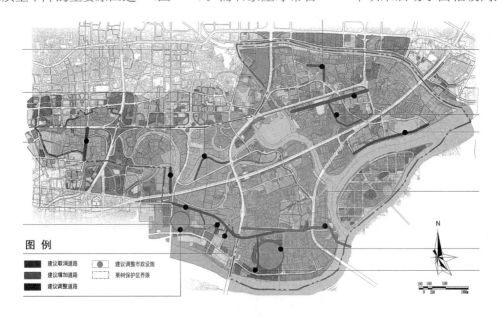

图　例

■ 建议取消道路　● 建议调整市政设施
■ 建议增加道路　┉ 果树保护区界限
■ 建议调整道路

图 5-7　广州万亩果园中建议调整的切割地区生态的道路
图片来源:果蔬保护区现状调查及规划实施建议

京港澳高速公路、绕城高速公路、青太客运专线、京广铁路货运专线、铜冶铁路编组站等区域交通项目建设,增加8条省级、县级道路,对绿带空间造成分割,使地区生态斑块的碎化程度显著上升。其中耕地斑块受到较严重的影响,斑块数量增加87个,斑块规模下降明显,平均的斑块面积由233.82公顷下降至133.43公顷,平均面积下降42.9%;斑块密度指数$PD1$由0.43个/平方公里上升至0.75个/平方公里,斑块密度破碎化指数FN则由0.135(个·平方公里)上升至0.163(个·平方公里)。生态斑块碎化程度的显著上升,意味着地区生态斑块效能的下降(表5-8)。

表5-8 2005年、2015年石家庄绿带地区斑块密度指数与斑块破碎化指数

年份	2005年	2015年
林地	$PD1 = 191/22.72 = 8.41$(个/平方公里) 平均面积 = 11.90公顷 $FN = 0.155$(个·平方公里)	$PD1 = 170/22.06 = 7.71$(个/平方公里) 平均面积 = 12.97公顷 $FN = 0.148$(个·平方公里)
耕地	$PD1 = 139/325.01 = 0.43$(个/平方公里) 平均面积 = 233.82公顷 $FN = 0.135$(个·平方公里)	$PD1 = 226/301.56 = 0.75$(个/平方公里) 平均面积 = 133.43公顷 $FN = 0.163$(个·平方公里)
总绿地	$PD1 = 330/347.73 = 0.95$(个/平方公里) $PD2 = 330/48.2 = 6.85$(个/10平方公里)	$PD1 = 396/323.62 = 1.22$(个/平方公里) $PD2 = 396/48.2 = 8.22$(个/10平方公里)

不同面积的生态斑块,发挥的生态效能也不一样[1],一般来说,面积大的斑块服务半径也相对较大,大型植被斑块在涵养水源、维持物种数量与健康、规避干扰等方面作用更大。

随着生态斑块碎化程度的上升,地区植被质量也会出现下降的趋势。用 ENVI 对石家庄绿带 2005 年与 2015 年遥感卫星图像进行辐射定标与大气校正后,进行图像的 NDVI 指数计算,取[5%,95%]为置信区间计算图像植被覆盖度[2]。植被覆盖度数值区间为[0,1],数值越大表示样本地区植被质量越好。绿带地区植被覆盖总量呈下降趋势,植被状况良好的地区面积大幅减少(图5-8)。2005年、2015年植被覆盖度平均值分别为0.56和0.42,植

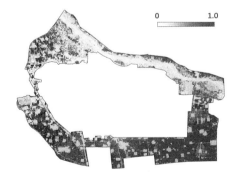
(a)2005年植被覆盖

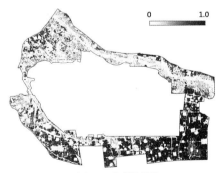
(b)2015年植被覆盖

图5-8 2005年、2015年石家庄绿带地区植被覆盖度对比图

图片来源:自绘

① Herzele A V,Wiedemann T. A monitoring tool for the provision of accessible and attractive urban green spaces [J]. Landscape and Urban Planning,2003,63(2):109-126.

② 考虑到 landsat 5(2005 年)与 landsat 8(2015 年)卫星传感器不同,数据精度或影响两年份数据的可对比性,取未发生明显变化的 ROI(Region of Interest)样本 50 处(包括建筑、水体、田地、林地等四类地物),对样本的植被覆盖数值进行比较,差值区间为[-0.06,0.08],振幅的平均值为 0.049,可以认为图像具有可对比性。

被覆盖度高值区（≥0.5）面积占绿带总面积分别是 51.1％和 35.7％，相差达到15.4％。将2005 年与 2015 年的植被覆盖度图像进行波段运算（B 2005—B 2015），提取其中差值大于 0.5且不属于新增建设用地的图像斑块，即植被受破坏地区。植被受破坏地区总面积为 25.5 平方公里，占总面积的 5.3％，且较为集中地分布于用地碎化程度较高的鹿泉、栾城地区，显示出用地碎化程度的上升使植被更容易受到影响、破坏的特征（图5-9）。

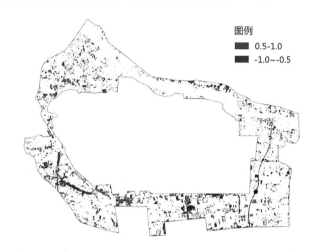

图例
■ 0.5-1.0
■ -1.0~-0.5

图 5-9　石家庄绿带地区植被覆盖度波段运算结果（B 2005－B 2015）
图片来源：自绘

5.3.3　生态环境脆弱

　　绿带地区是中心城区污染物扩散的主要地区、直接地区，承载着净化城市生态环境的责任，而城市污染问题的突出，使绿带地区面临着沉重的外部压力；而绿带地区本身具有的乡村工业发展低效、环境设施不完善等问题，也使得地区的环境处于相对于脆弱的状态，难以有效应对污染问题。石家庄绿带建设启动以来，环境状况未得到有效提升。空气质量方面，城镇环境空气质量总体仍然以"煤烟型"污染特征为主，外来风沙、二次扬尘、建筑施工扬尘、机动车污染排放等"复合型"污染特征越来越突出；空气质量Ⅱ级及以上的天数由2005 年的 181 天降至 2015 年的 104 天；仅主要污染物（二氧化硫、二氧化氮、可吸入颗粒物）浓度与酸雨出现概率两项指标出现了下降。水环境质量方面，滹沱河、洨河水质维持在劣Ⅴ类，石津渠由劣Ⅴ类提升至劣Ⅳ类，生物需氧量、化学需氧量等污染指标依然突出，氨氮、氟化物污染程度上升；地下水硬度较高，南部地区超标的问题未得到解决。近年来，鹿泉与栾城地区在冬春季节均受到雾霾问题的影响。

5.4　游憩空间演变特征

5.4.1　游憩空间日益增长

　　绿带的游憩利用一直是西方国家绿带开发的主要方向，特别 20 世纪 70 年代后，西方很多城市在绿带政策中积极地开发郊野休闲公园、郊野游憩公园、运动场所及自然公园等,不论是大都市区域还是中等规模的城市都具有将绿带开敞空间用于休闲游憩开发的思想。以渥太华为代表的北美城市在绿带内引入大量休闲设施以提供游憩服务,通过城市周边的农田、森林及自然保护区等资源,提供农业观光及采摘、垂钓等休闲活动。而北京在 2007 年也启动了第二道绿带的"郊野公园环"建设(图 5-10)。2008 年以来,石家庄政府开展了绿道绿廊系统、环城水系公园带、毗卢寺公园、滹沱河风光带等游憩项目建设,带动市场投资建设了佐美庄园、森林河·趣那主题公园、黄金海岸等项目,绿带地区的游憩产业有了显著的发展。游憩项目快速增加,2005—2015 年新增旅游项目 32 个,数量由

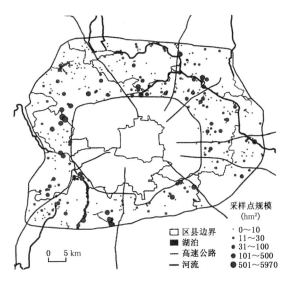

图 5-10 北京市第二道绿化隔离带游憩空间规模分布
来源:李玏,刘家明,宋涛,等.城市绿带及其游憩利用研究进展[J].地理科学进展,2014,33(9):1252-1261.

12 个增加至 44 个,增长幅度达到 266.7%。随着旅游项目的建设,游憩空间的用地面积则由 197.6 公顷上升至 608.2 公顷,增长规模为 410.6 公顷,增长幅度达 207.8%,游憩空间占总用地面积由 0.4% 上升至 1.3%(表 5-9)。与此同时,游憩产业的经济规模也呈现快速增长的趋势,游憩产业占地区生产总值比例由 1.5% 提升至 4.4%,产值贡献与就业贡献逐步提升。

表 5-9 2005 年、2015 年石家庄绿带地区游憩空间构成与变化情况

类别	2005 年		2015 年		面积变化 /%	数量变化 /%
	面积/公顷	数量	面积/公顷	数量		
郊野休闲	168.2	4	414.9	14	146.7	250.0
民俗体验	3.6	2	88.9	10	2 369.4	400.0
主题活动	10.7	2	43.8	11	309.3	450.0
历史人文	9.2	3	9.2	3	0.0	0.0
体育健身	5.9	1	51.4	6	771.2	500.0
总计	197.6	12	608.2	44	207.8	266.7

5.4.2 游憩空间类型日益多样

游憩系统由低级向高级发展,伴随着系统要素由简单向复杂演进,游憩空间的类型也变得多种多样。2005 年,石家庄绿带地区游憩发展相对单一,主要为围绕植物园形成的以郊野休闲类为代表的旅游空间。随着绿带的建设,游憩空间呈现出多样化发展的趋势,南

部农业地区与滹沱河沿岸地区的旅游资源逐步得到开发。南部农业地区围绕农业观光发展民俗体验类项目,滹沱河沿岸地区围绕滨水游乐发展主题活动、体育健身类项目,民俗体验、主题活动、体育健身类分别增长 85.3 公顷、33.1 公顷、45.5 公顷,增幅均大于 400%,在游憩空间中的占比逐步提升,游憩空间用地构成的辛普森多样性指数由 0.27 上升至 0.50,游憩空间显示出多元化发展的趋势。在项目类型上,游憩空间新增了游乐场、垂钓园、房车营地、游泳场、度假村、汽车影院、体育公园、CS 俱乐部、滑雪场等项目类型,游憩项目类型由 7 个小类增加到 16 个小类,项目的丰富度大幅提升,为市民出游提供了更为多元的选择(表 5-10,图 5-11,图 5-12)。

表 5-10　2005 年、2015 年石家庄绿带地区游憩空间项目类型

类别	2005 年项目(数量)	2015 年项目(数量)
郊野休闲类	石家庄植物园、临风田园、双凤山陵园、雅临园(4)	森林河·趣那主题公园、石家庄植物园、双凤山陵园、常山陵园、雅临园、南高基公园、临风田园、秋实公园、语林园、秀水公园、湿地公园、高迁公园、总退公园、月季园(14)
民俗体验类	绿源草莓采摘、贾村生态采摘园、上京采摘园(3)	荷花草堂、绿源草莓采摘、贾村生态采摘园、上京采摘园、佐美庄园、慧灯庄园、惠诚果蔬采摘园、岳秀采摘园、牛牛采摘园、龙之养庄园(10)
主题活动类	西苑温泉宾馆、沙雕乐园(2)	西苑温泉宾馆、植物园游乐场、滹沱河景区游乐园、欢乐岛游乐场、沙雕乐园、河心岛垂钓园、公牛垂钓园、滹沱河房车营地、黄金海岸、格林小镇度假村、汽车影院拓展基地(11)
历史人文类	毗卢寺、天台寺、开元寺(3)	毗卢寺、天台寺、开元寺(3)
运动健身类	滹沱河马术俱乐部(1)	河心岛体育主题公园、河心岛体育中心、滹沱河马术俱乐部、太平河真人 CS 基地、野鹰俱乐部真人 CS、滹沱河滑雪场(6)

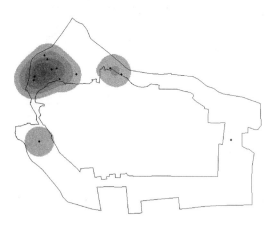

图 5-11　2005 年石家庄绿带地区游憩项目
核密度分布图
图片来源:自绘

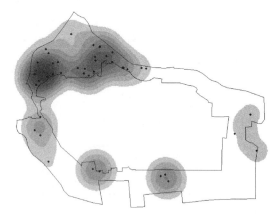

图 5-12　2015 年石家庄绿带地区游憩项目
核密度分布图
图片来源:自绘

6 石家庄中心城区绿带空间演变动因

6.1 城乡发展差距明显

6.1.1 土地成本差距吸引资本向村庄转移

地区地价水平的高低取决于区位、人口和土地资源等因素,但地价水平总体上与经济发展水平存在匹配关系:城乡经济差距越大,地价水平差距也越明显。绿带地区以农村地区为主,经济相对落后于中心城区,其所表现出的土地成本差距深刻地影响着绿带与中心城区之间的要素流动,使绿带受到来自城市地区外迁要素的冲击,首尔、香港、北京等亚洲城市在绿带建设中都承受了这方面的巨大压力。石家庄绿带村镇地区与中心城区之间长期存在着显著的经济差距,地区人均生产总值仅为中心城区的一半左右,差额由 2005 年的14 203 元增加至 2014 年的 22 646 元,地区地价水平远低于中心城区的地价水平,因此吸引了城市的工业与房地产项目向绿带地区转移。

在工业发展方面,低端工业为了降低生产成本向绿带迁移。城市土地利用的竞标地租理论认为越靠近城市中心土地越稀缺,出价能力最高的土地利用类型将占据城市中心的位置;传统产业、低端产业的竞价能力低,地租在生产成本中占比较高,随着中心城区用地地价、厂房租金不断上升,利润空间被压缩,首先被挤出中心城区。而绿带地区紧邻中心城区,享有仅次于中心城区的市场区位、交通条件,地价水平则远低于城市地区,这为这些企业提供了适宜的生存环境,吸引其在绿带地区落户发展。2008 年金融风暴以来,我国积极的产业结构调整更是加速了这个转移的过程,使绿带地区的城市辐射发展型农村工业大幅增加。2014—2015 年,石家庄中心城区工业用地出让价为 52.1 万元/亩(1 亩≈666.67 平方米),厂房出租价格为 1.71 元/(平方米·日),而绿带农村地区土地出让价格约为 24.3 万元/亩,厂房出租价格约为 0.26 元/(平方米·日),绿带地区土地出让价格约为中心城区的 1/2,厂房租金约为其 1/6,成为吸引工业项目在绿带农村地区落地的重要因素。此外,绿带地区土地资源充足而价格低廉,这一宽松的经济环境使外迁到绿带地区的企业能继续以原有的生产方式获利生存,生产工艺升级提升压力较小,必然地导致了工业用地利用粗放发展(表 6-1)。

表 6-1 2015 年石家庄工业用地价格

类型	中心城区	绿带地区			
		鹿泉部分	栾城部分	藁城部分	正定部分
出让价格/(万元/亩)	52.1	20.0	34.7	21.6	25.4
厂房出租价格/[元/(平方米·日)]	1.71	0.26	0.23	0.28	0.29

在房地产发展方面,房地产企业为了宽松的竞争环境而进入农村房地产市场。与工业生产不同,房地产的商品价格与地价水平挂钩,即地价水平越高,房价越高,因而即使城乡地区居住用地地价水平差异较大,开发商也可以通过调节楼盘价格获取相近的利润收益。然而对于规模类似的居住地块,地价水平越高则意味着土地出让费用越高,项目开发资金规模也越大。一方面项目的利润率下降,资本的利用效率下降;另一方面开发的风险成本也越大,对企业本身的开发能力与资金运营能力提出了更高的要求。农村地区远低于城市地区的地价水平为本地的中小型房地产开发商提供了生存发展的机会。2015 年,石家庄中心城区土地出让价格为 541.0 万元/亩,绿带农村地区则为 50 万～100 万元/亩,仅为中心城区的 1/10～1/5(表 6-2);城乡地区房地产开发的规模均在 40～50 亩左右,城市地区地块出让价格均价达到 3 亿元以上,而绿带乡村地区则在 5 000 万元以下;而且城市地区开发程度较高,土地供应量较少,房地产行业竞争激烈,使地价水平相对较低的绿带地区受到房地产开发商的青睐,尤其是受到中小型开发商的重点关注。

表 6-2　2015 年石家庄商住地块出让情况

类型	中心城区	绿带地区			
		鹿泉	栾城	藁城	正定
土地均价/(万元/亩)	541.0	97.2	98.4	51.2	62.3
平均房价/(元/平方米)	9 928	6 372	6 300	4 656	3 900
平均地块面积/亩	56.6	33.3	44.8	56.0	41.7
地块均价/万元	30 666	3 242	4 413	2 872	3 109

6.1.2　城乡收入差距促进集体土地开发

我国农村地区主要从事粮食作物种植,普遍存在农业现代化、规模化发展水平较低的现象,农业生产效率低下,导致了农民收入水平较低。城市扩张过程中生产要素的外迁,为近郊农村地区土地提供了农业生产以外的发展选择,以及更为丰厚的土地收益。同样的一块土地,如果从事农业生产,一年每亩净收入几百元,而一亩地用来"种楼"、搞工业,亩产值比种粮收入要高出数百倍乃至上万倍。

石家庄绿带农村地区农业生产以玉米、小麦、梨等蔬果种植为主,农业收入水平低且提升缓慢,绿带的建设未对农村地区带来经济收益的提升,虽然东部、南部农业游憩得到了初步发展,但对于整个地区而言仍然只是杯水车薪。2005—2015 年城乡地区居民收入差距由 1.1 万元上升到 1.6 万元,城乡之间收入差距不断拉大,农村地区收入亟待提升。2015 年石家庄农民种植作物收益为 2 799 元/(亩·年),而建厂房出租可获得 14.6 倍的收益,以工业用地出让可一次性获得 86.8 倍的收益,以居住用地出让可一次性获得 280 倍的收益,土地的非农化使用收益丰厚(表 6-3、表 6-4)。另外,城市地区工资收入水平较高,吸引了大量农村青壮年到城市地区就业,这使从事农业的人口减少,为农地的流转、出让提供了空间。相对落后的收入水平、巨大的利益差距、缓和的农地用地需求,推动了集体经济对农村土地的开发,这也为房地产与工业进入绿带农村地区提供了机会。

表 6-3 2005 年、2015 年石家庄都市区城乡居民年收入差距   单位:元

年份	城镇住户	农村住户
2005	17 117. 6	5 465. 2
2015	26 071. 1	10 540. 7

表 6-4 2015 年石家庄绿带地区用地方式收益对比

土地利用方式	居住	工业	农业
收益	出让:78.5 万元/亩(70 年)	出租:62.2 元/(平方米·年)* 出让:24.3 万元/亩(40 年)	出租:300 元/(亩·年) 种植收益 2 799 元/(亩·年)

＊按照容积率 1 计算,工业出租收益为 4.1 万元/年。

6.2 城乡规划管理的失控

6.2.1 市县的独立性削弱绿带管控的强度

绿带地区面积广袤,通常涉及多个行政主体,这为规划的统筹实施带来了一定的难度。例如,伦敦绿带涵盖的地区以大伦敦的边缘地区为主,还包含贝德福郡、伯克郡、白金汉郡、埃塞克斯郡、哈特福郡、肯特郡及萨里郡部分区域。在管理上,绿带实施由中央政府统筹,然而中央政府只审查结构规划的战略性,开发控制权则由郡县享有。而周边郡县政府为避免地区生活环境和景观被破坏,积极地参与到伦敦绿带建设中,较大地缓和了规划统筹的冲突问题。

石家庄绿带地区也包含多个行政主体,除了涵盖中心城区的新华区、长安区,还包含周边鹿泉、栾城、藁城、正定等县市,但其所面临的统筹问题更为突出。一方面,石家庄绿带面临着与伦敦绿带类似的行政体制难题,周边县市虽然从属于石家庄市政府,但县政府的行政权力、独立性较强,在地方发展事务上的话语权突出,市规划部门对绿带地区的统筹、干预能力受到地方政府影响,在绿带建设的统筹上易出现市、县之间的冲突与矛盾。另一方面,周边县市对绿带建设的主动性与积极性较低,使体制上的矛盾凸显出来。2000 年开始中心城区发展迅速,空间扩展趋势明显,呈现"摊大饼"式的外延发展,绿带的建设对其来说具有迫切性与重要性,周边县市则发展相对较慢,城市空间尚处于集聚发展的阶段,绿带建设是城市中远期发展的事宜(图 6-1)。然而截至 2015 年绿

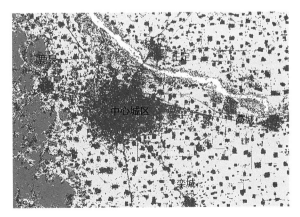

图 6-1 2005 年石家庄都市区建成建设用地分布情况
图片来源:自绘

带地区中中心城区用地面积仅占 17.36%,周边县市面积却达到 82.64%(表 6-5)。绿带建设的主要受益者是中心城区,而建设、管理的责任却落在了周边县市肩上,存在受益主体与行为主体的错位。因而在石家庄绿带建设中,周边县市对生态建设工程的落实相对薄弱,使生态空间的质量明显下降,而统筹问题的存在也为周边建设用地快速增长提供了机会。

表 6-5 2015 年石家庄绿带涉及范围

地区	中心城区	鹿泉	栾城	藁城	正定	绿带总面积
面积/平方公里	83.7	115.8	69.8	159.4	53.4	482.1
比例/%	17.36	24.02	14.48	33.06	11.08	100

6.2.2 "经济优先"的考核体制放任生产空间的发展

我国是一个典型的后发国家,经济发展被赋予极大的重要性和紧迫性,这使公共行政的经济绩效受到政府的高度关注。长期以来,我国建立了层层经济目标负责制对地方各级行政首长进行考核,并以此作为升迁任免地方各级行政首长的主要标准。直至 2013 年,中共十八届三中全会后,各级政府才开始纠正单纯以经济增长速度评定政绩的偏向。在政绩评定的压力下,各级政府持着"经济优先"的发展理念,生态、民生政策的施行往往让位于经济发展。对于石家庄绿带地区周边市县政府而言,绿带空间是市县经济发展的强实力区和经济活跃区,在地区经济发展中具有突出的意义,这更将这些地区绿带规划的实施置于了尴尬的处境。2005 年,绿带地区内农村人均社会总产值比全县水平高 1 万元左右,经济密度是全县水平的 2~3 倍,而规模以上企业聚集程度也明显高于其整体水平(表 6-6)。在"经济优先"发展理念指导下,"控制"与"发展"相矛盾时,对绿带地区建设行为的管控受到极大的弱化。尤其是工业与房地产的发展对地区经济贡献大(其中工业占地区生产总值比例为 41.8%,建筑业和房地产业为 13.6%),地方政府自然采取"容忍"甚至"鼓励"的态度,使得工业与房地产业得以进入绿带农村地区并快速发展,在空间上的布局也较为随意。地区政府放任生产空间的发展换取了经济快速增长,却对绿带城乡空间形成了巨大的负面效应(图 6-2,表 6-7)。

表 6-6 2005 年石家庄绿带内外经济活跃程度对比

地区	人均农村社会总产值/万元		经济密度/(亿元/平方公里)	
	全县	绿带内	全县	绿带内
藁城	5.3	6.3	0.44	1.08
栾城	4.2	5.3	0.40	1.32
鹿泉	8.4	9.2	0.53	1.48
正定	3.0	4.2	0.30	0.87

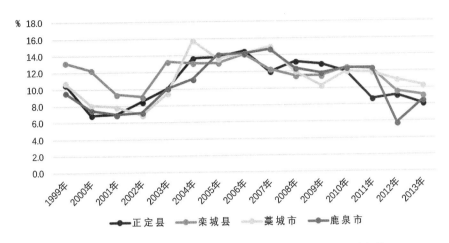

图 6-2　**1999—2013 年石家庄绿带地区周边四县历年经济增长情况**
图片来源：自绘

表 6-7　**2000—2015 年石家庄绿带地区周边四县市经济年均增长率**

时间	鹿泉市	栾城县	藁城市	正定县
2000—2005 年	9.1％	5.9％	8.8％	1.6％
2005—2015 年	16.1％	13.0％	19.9％	16.0％

6.2.3　"重发展轻民生""重城市轻农村"的理念导致地区公共服务建设的滞后

在我国分税制为基础的分级财政管理体制下，财权上收明显，位于体制下级的县乡政府财政能力相对有限，加上在财政资源分配过程中对建设、对城市的倾斜，导致对绿带地区公共服务设施、公用设施的投入数额较小，远不能满足实际需求。一方面，受到政绩考核压力的影响，地方政府在快速工业化、城镇化进程中将更多的财政资源用于生产性基础设施建设，以促进经济的快速发展，而忽视对文教体卫等在短期内对地区增长促进作用不明显的公共物品的供给，使设施的建设资金不足，人均公共服务设施用地水平提升缓慢。2005—2015 年期间石家庄绿带地区周边四县的生产性基础设施（如道路、物流设施、工业园区供水和供电设施等）提升明显，尤其是鹿泉工业区、栾城装备制造基地、藁城高新技术园区的基础设施完备程度较高。另一方面，政府与规划编制单位一直以来对城市的关注远大于对农村地区，公共财政也随之向城市地区倾斜，而农村地区由于经济发展水平较低，难以通过自行建设解决公共服务供应不足的问题。

6.3　城市休闲游憩的兴起

6.3.1　休闲旅游需求的兴起促进了对地区旅游资源的开发

我国休闲旅游从 20 世纪 90 年代开始发展并受到关注，人们外出旅游的目的从传统的开阔眼界、增长见识向休闲旅游过渡。休闲旅游在 2004 年之后得到了蓬勃的发展,逐渐成为城市大众旅游的主题之一。与传统的旅游活动相比,休闲活动并不强调"异地性"和"观赏性",而是更加强调"消遣性"和"舒畅性",因而旅游资源具有较强的可塑性和可创新性。为了适应休闲市场需求和引导消费市场,可借助现代人力、财力和科学技术,创意开发和建造一些新的休闲旅游资源,如主题公园、休闲街区、休闲活动等。尤其是传统观光旅游资源相对匮乏的地区,可通过创造休闲旅游资源来营造旅游环境和发展休闲产业。此外,休闲旅游资源对客源市场吸引力虽然有大有小,但通常更多地表现为近程吸引的特性。北京第二道绿带范围内自发形成的大量游憩空间,便是由于北京市居民休闲游憩需求的扩张所产生。

石家庄绿带地区北部为滹沱河沿岸地区,西部为太行山山前地区,东部、南部为农业地区,地区旅游景点数量少、质量低,在发展传统观光旅游上资源优势并不突出。随着休闲旅游需求的发展,绿带地区相对较好的生态环境以及邻近中心城区的地理区位的优势得到充分利用,促进了对地区旅游资源的开发。地区依托滨水资源建设运动休闲空间,依托山前景观建设郊野游趣场地,依托农业景观建设农事体验设施,形成了本地休闲空间体系,使绿带地区游憩空间得到了快速发展。

6.3.2　旅游需求多元化加速旅游产品多样发展

旅游系统由初级向高级发展,伴随着旅游系统复杂性的提升,并表现为旅游产品多样化发展。而在石家庄绿带地区游憩空间发展中,旅游消费需求的多元化发展更大幅加速旅游产品的丰富度发展。一方面,随着石家庄经济的发展和居民收入的逐年提高,百姓在追求物质生活之余,更有经济能力追求精神生活,全民旅游意识普遍增强,旅游消费的群体不断扩展,学生、城市中低收入家庭、农村居民也开始成为近郊旅游发展中不可忽视的消费群体;相应地,中低端消费水平的旅游产品得到了发展,使地区旅游产品的消费层次不断增加。另一方面,在体验经济时代下消费者的个性受到关注,随着消费者的出游选择日渐个性化,消费者更多地追求个性化和差异化旅游消费体验,旅游产品随之向多元化发展以适应市场需求,兴起了度假旅游、探险旅游、科学考察旅游、民俗旅游、生态旅游、体育旅游、保健康复旅游、文学旅游、美食家旅游等多种旅游方式,旅游服务的广度大大地增加。

7 石家庄中心城区绿带空间规划

7.1 分区与管控

7.1.1 大城市绿带分区控制体系

1) 空间分区层级

由于绿带地区符合了生态、生活、生产空间,并且具备多种城市功能,因此不能使用同一种控制体系对此进行管控,须要对绿带进行分区,制定各分区适用的指标体系与控制体系,从而实现不同区域的分类管控(表7-1)。

表7-1 各城市绿带分区层级比较

地区	分区级别					
国家(3级)	禁止建设区		限制建设区		适宜建设区	
北京(6级)	禁止建设		限制建设		适宜建设	
	绝对禁建	相对禁建	严格限制	一般限制	适度建设	适宜建设
杭州(3级)	禁建区		限建区		适建区	
长株潭(3级)	禁止开发区		限制开发区		控制建设区	

石家庄禁建区是规划控制最为严格的区域,该区域范围内禁止一切开发性建设活动,不得进行城镇、重大公共设施、工业等自然环境改变程度较大的建设活动,区域范围内也不得新建、扩建村庄,现有村庄有条件的应进行撤并,以减少人口对自然生态环境的压力,增强自然环境的生态保育与生态修复作用。禁建区一般分布于生态带内敏感度最高的地区,重点保护生态景观价值突出、生物多样性丰富、水源地、历史文化遗迹等重要生态区域。

限建区是建设受到控制的区域,该区域应倡导生态保护,范围内不宜进行大规模城镇建设活动,应以小型的建设项目为主,开发强度不宜过高。不应建设工业生产型项目,禁止污染性强的工业企业在区域内开发建设。

适建区是城镇建设用地及其发展备用地,是在不破坏周边地区生态条件的前提下,进行集中城镇建设的区域。适建区是规划城镇建设的区域,该区域可进行城镇开发建设,聚集区域内人口,形成高效集约化的土地利用区。该区域内建设条件好,多为现状城镇聚集地,已有了城镇建设的基础。适建区应充分考虑绿带的特点,不宜进行污染工业、大型交通等环境影响巨大的工程建设。城镇建设宜采用中、低强度的开发容量控制。

2）空间分区基本原则

（1）生态要素的保护

禁建区和限建区的划分首先要确保对湖泊、湿地、山林、风景区等生态敏感性较强的各类要素的保护，通过对各要素空间的界定，并划定相应的要素保护区，发挥各生态要素的生态功能，最大限度地尊重自然规律，促进人与自然的和谐，并塑造具有特色的城市空间。

（2）生态用地规模总量的保障

生态用地总量是保证城市生态功能正常发挥，维系城市生态安全的理想生态空间规模。划定限制区的主要目标之一是落实各类生态空间，确保生态用地规模总量。限制区的总规模应确保达到测算的生态用地总量，这样才能有效地维护城市生态平衡，改善区域生态状况，实现经济社会可持续发展。

（3）生态空间体系结构完整性的维护

限制区的划定应当确保城市生态空间体系的完整性形成支撑。由于严格限制和一般限制在管控力度上的差异性，必须优先考虑对具有框架意义的轴、环、廊、楔的核心区等生态空间以严格限制区的形式予以空间落实，而对于非生态框架核心区部分，适度考虑城市发展的生长型，兼顾现实的建设情况，则可考虑以适建区的形式予以划定，为城市未来生态旅游休闲等生态项目的进入留有余地。

3）分区指标体系确定

（1）禁建区指标体系

禁建区对准入用地要求较高，禁止无关建设，可进入的建设仅有基础设施、交通设施以及区域内要素的配套建筑，禁止工业进入，因此忽略工业用水重复率指标（表7-2）。

表7-2　绿带空间禁建区指标体系

类别	指标项目
低碳生态	水环境质量
	空气环境质量
	环境噪声达标区覆盖率
	森林覆盖率
	绿地率
	道路广场透水面积比例
	生活垃圾无害化处理率
	可再生能源比例
土地利用	建筑限高
	建筑密度
	容积率
	新建绿色建筑比例
产业引导	第三产业占 GDP 比重
	准入/禁入行业门类

（2）限建区指标体系

限建区的限制要求较禁建区低，村庄以及部分产业可进入，因此对各类别指标都有所控制，但各指标值要求较适建区更高（表7-3）。

表7-3 绿带空间限建区指标体系

类别	指标项目
低碳生态	水环境质量
	空气环境质量
	环境噪声达标区覆盖率
	森林覆盖率
	绿地率
	道路广场透水面积比例
	生活垃圾无害化处理率
	可再生能源比例
	工业用水重复率
土地利用	建筑限高
	建筑密度
	容积率
	新建绿色建筑比例
产业引导	第三产业占GDP比重
	准入/禁入行业门类

（3）适建区指标体系

适建区是绿带内居住、产业发展的主要区域，相对生态环境要求较低，建设较多，因此忽略森林覆盖率指标（表7-4）。

表7-4 绿带空间适建区指标体系

类别	指标项目
低碳生态	水环境质量
	空气环境质量
	环境噪声达标区覆盖率
	绿地率
	道路广场透水面积比例
	生活垃圾无害化处理率
	可再生能源比例
	工业用水重复率

类别	指标项目
土地利用	建筑限高
	建筑密度
	容积率
	新建绿色建筑比例
产业引导	第三产业占 GDP 比重
	准入／禁入行业门类

7.1.2 空间分区及管制

以"一环、一轴、多廊"的生态空间体系结构为核心，将纳入生态空间体系保护的各类生态要素及用地通过禁建区、限建区、适建区三区的划定予以空间落实，重点对绿色隔离空间内的三区在图纸上进行落实，并提出总体的管制要求及引导策略，制定相应的规划实施保障机制。

1）空间分区界定

禁建区指存在非常严格的生态制约条件，禁止城市建设进入，应予以严格避让的地区。此区域对城乡建设的生态制约严格，所在的空间范围内严格禁止与限制要素无关的建设。

限建区指存在较为严格的生态制约条件，对城市建设的用地规模、用地类型、建设强度以及有关的城市活动、行为等方面分别提出限制条件的地区。包括对城乡建设的生态制约较为严格，难以克服或减缓限制要求与建设之间的冲突，否则易产生重大的负面影响的地区，以及对城乡建设的生态制约较为严格，在特殊情况下通过技术经济改造等手段可以减缓要素与建设之间冲突的地区。

适建区指生态制约条件较少，对城市建设的用地规模、用地类型、建设强度以及有关的城市活动、行为等方面的限制较为单一，在一般条件下可以适度开展城市建设的地区。

2）空间分区要素的界定

禁建区主要包括：主干河流、湖泊湿地、主要河流防洪治导区域、南水北调管线一级保护区、保护完整的山体林地、地下水源一级保护区、地面塌陷沉降区、地下矿藏分布区、地下文物埋藏区、风景名胜区和自然保护区的核心区、生态廊道控制范围（两侧 250 米）、大型城市生态公园及植物园的核心区、城镇组团绿化隔离区、重大市政通道控制带、城市楔形绿地的绿线控制范围、其他生态敏感性较高或基于空间完整性必须控制的生态区等。

限建区主要包括：地下水源二级保护区、蓄滞洪区、洪涝敏感区、风景名胜区和自然保护区、城市森林公园及郊野公园的非核心区、维护城市良好生态格局的绿化隔离地区、市级公益林区、75 分贝以上道路铁路噪声控制区、基本农田、一般农田等。（表 7-5、图 7-1）

适建区主要包括：规划城乡建设用地。

表 7-5 绿带空间禁建区与限建区生态保护要素

地区/城市		生态保护要素
国外案例	慕尼黑	自然保护区;风景保护区;生态群落保护区;农田、耕地、苗圃;草地、森林;风景公园;植物园;城市公园
	芝加哥	农业用地;河流、湖泊、湿地;绿地、草场、森林;城市公园;百年一遇泛洪区
	曼彻斯特	国家地质公园;农田;河流;沼泽地;高地
国内案例	上海	农田;水系;森林公园、防护林;名胜古迹;水源区;公园;动物园;高尔夫球场、赛车场、游乐园;名人墓园
	南京	农田;水系;森林(包括城市公园、郊野公园);防护绿化带;风景名胜区;道路绿化带;山体
	武汉	山体水体;自然保护区;风景名胜区;历史文化保护区;基本农田;河湖湿地;绿地;水源保护区;蓄滞洪区
	深圳	一级水源保护区、自然保护区、风景名胜区、集中成片的基本农田保护区、森林及郊野公园;坡度大于 25% 的山地、林地以及特区内海拔超过 50 米、特区外海拔超过 80 米的高地;主干河流、水库及湿地;维护生态系统完整性的生态廊道和绿地;岛屿和具有生态保护价值的海滨陆地
	杭州	河流型湿地、库塘型湿地、森林公园、基本农田、一般耕地、文物保护单位范围、历史文化保护区、地下文物埋藏区、微波通道辐射防护区、重要生态廊道
	北京	河流型湿地、库塘型湿地、地表水源一级保护区、地下水厂、分洪口门、洪水高风险区、洪水低风险区、25 度陡坡地区、塌陷危险区、崩塌危险区、滑坡危险区、地裂缝所在地、风景名胜特级保护区、风景名胜一级保护区、国家市级自保区、重点生态公益林地、楔形绿地绿色空间、基本农田、文物保护单位范围、重大市政通道控制带、75 分贝以上道路铁路噪声控制区
建设部		自然保护区;风景名胜区;历史文化保护区;基本农田;河湖湿地;绿地;水源保护区;蓄滞洪区;山体
石家庄		河湖湿地;泄洪区;水源保护区;南水北调管线保护区;风景名胜区;滹沱河治导区域及保护范围;重大市政通道控制带;75 分贝以上道路铁路噪声控制区

3) 分区分级分类的空间管控

(1) 建设管控导向的空间管制分区

空间分区管制通过划定区域内不同建设发展特性的类型区,制定其分区开发标准和控制引导措施,可协调地区社会、经济与环境可持续发展。武汉空间分区管制中,禁建区划定从生态保护与生态空间体系格局完整性出发,限建区划定综合考虑生态保护与为城市建设预留发展空间,适建区划定则以引导城镇建设用地发展为重点。

绿带建设中尤其要以禁、限建区的划定为重点,对生态空间体系格局进行保护,重点保护生态结构的完整性,并根据分区内容制定开发标准和控制引导措施,从准入项目控制指引、已建项目控制指引、森林覆盖率、绿色开敞空间比例等方面进行空间管制。禁建区要重点落实生态红线划定的内容,保护核心生态要素,同时对结构性要素进行保护,功能以生态

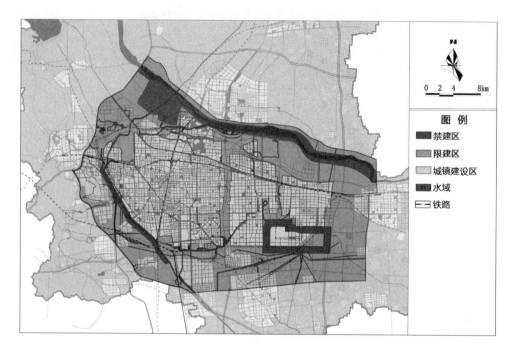

图 7-1 石家庄绿带分区图
图片来源:自绘

保护为主,严格控制新增城镇建设用地及其他各类建设活动;限建区主要对绿带生态要素非核心部分进行保护,为禁建区提供缓冲,同时适度考虑城市发展的生长性,城市建设用地要尽量避让,如果因特殊情况须要占用,应做出相应的生态评价,提出补偿措施;适建区要引导用地的集中集约发展,合理地确定开发模式和开发强度,减少地区发展对绿带的负面影响。

(2)基于土地服务功能的分类引导

不同生态空间具有差异化明显的功能,空间分区管制主要从管控强度上对其进行保护,要根据用地特性通过分类管控对空间分区管制进行补充,才能切实地保护不同类型的生态空间。伦敦绿带将生态空间分成三类进行引导,一类是国家公园、风景名胜地、风景保护区、环境敏感区等国家有专门的法律法规保护的绿带;一类是城市城镇组团之间重要的具有生态敏感性和满足民众活动需求的重要绿带,该类绿带严格按照绿带政策执行,实行严格的开发控制;一类是江苏省生态红线区,在管控上,生态红线区域按15种不同类型实施分类管理,每一类管理都按照相关法律法规执行。

绿带建设中应按照土地的服务功能和社会属性进行分类,涵盖保育型、生产型、控制型、游憩型等方向。对于保育型的用地,应以充分发挥生态服务的功能和优化生态空间结构为目标,加强生态环境治理和生态修复项目的实施,如水环境治理、湿地系统修复、外来物种控制等,不断强化生态系统的强度,同时减少生态系统的干扰,保护当地的自然地貌、景观特征和物种多样性;对于生产型的用地,要鼓励发展生态农业、观光农业、生态旅游业等无污染、对生态环境无影响且能提高生态系统服务价值的产业,以农业、生态、旅游作为村庄发展的主导产业;对于控制型的用地,要确保防护距离的落实,确保用地植被的强度;

对于游憩型的用地,在保证开敞连通的前提下,在基本生态网络空间内开展相应公共服务设施和管理配套设施建设;此外在符合相关规定的前提下,集体建设用地也可用于生态友好型经营性项目。

7.1.3 禁建区

1) 禁建区的保护与控制内容

保护控制内容包括:滹沱河治导区域、水源一级保护区、南水北调管线一级保护区、河流及其绿化防护带、220 kV 及 500 kV 高压线走廊、石化园区绿化隔离区、生态廊道控制范围(两侧 250 米)。

规划禁建区面积为 178.6 平方公里,占总规划面积的 40.8%。禁建区作为水土涵养、生态培育、生态建设、市政设施的首选地,原则上禁止任何城镇建设行为。

(1)滹沱河治导区域

规划治导线是整治河道和修建控制引导河水流向、保护堤岸工程的依据,按照规划治导线整治河道和修建控制引导河水流向、保护堤岸工程等,是河道正常的行洪、泄洪的重要保障。本次规划以《石家庄都市区城市防洪规划报告(2013)》划定的滹沱河治导线范围为依据,规划滹沱河治导线范围内为禁建区范围。

(2)一级水源保护区

根据《饮用水水源保护区污染防治管理规定》,一级保护区的水质标准不得低于国家规定的《地面水环境质量标准》Ⅱ类标准,并须符合国家规定的《生活饮用水卫生标准》的要求。一级水源保护区范围内禁止新建、扩建与供水设施和保护水源无关的建设项目;禁止向水域排放污水,已设置的排污口必须拆除;不得设置与供水需要无关的码头,禁止停靠船舶;禁止堆置和存放工业废渣、城市垃圾、粪便和其他废弃物;禁止设置油库;禁止从事种植、放养禽畜,严格控制网箱养殖活动;禁止可能污染水源的旅游活动和其他活动。因此规划水源一级保护区范围为禁建区。

(3)南水北调工程保护区

参考《关于划定南水北调中线一期工程总干渠两侧水源保护区工作的通知》的规定,当输水渠为明渠时,一级水源保护区范围为由工程外边线向两侧外延 50 米,并且在输水渠两侧一级水源保护区内,不得建设任何与中线总干渠水工程无关的项目,农业种植不得使用不符合国家有关农药安全使用和环保有关规定、标准的高毒和高残留农药。因此,划定南水北调工程输水渠边线两侧外延 50 米范围内为禁建区。

(4)河流及其绿化防护带

河流宽度小于 10 米时,其绿化防护带范围为河流边线两侧外延不小于 10 米;河流宽度为 10~20 米时,其绿化防护带范围为河流边线两侧外延 15 米;河流宽度为 20~50 米时,其绿化防护带范围为河流边线两侧外延 20~30 米;河流宽度大于 50 米时,其绿化防护带范围为河流边线两侧外延 30~50 米。

(5)高压线走廊

根据《城市电力规划规范》,输电线路等级为 500 kV 时,其高压线走廊宽度为 60~75 米;等级为 220 kV 时,走廊宽度为 30~40 米。在架空线路保护区内不得堆放谷物、草料、垃圾、矿渣、易燃物、易爆物及其他影响安全供电的物品;不得烧窑、烧荒;不得兴建建筑物、构筑物;不得种植庄稼;经当地电力主管部门同意,可以保留或种植自然生长最终高度与导线之间符合安全距离的树木。结合石家庄实际情况,规划 500 kV 高压线走廊宽度为75 米,220 kV 高压线走廊宽度为 40 米,高压线走廊范围内为禁建区。

(6) 石化园区绿化隔离区

根据《石家庄总体规划环境影响研究与评估报告》,化学工业园区以外 1 公里范围内为卫生防护距离,不宜进行开发建设。在该范围内村庄、住宅、学校、医院等环境敏感点必须全部搬迁,尤其禁止建设遭受污染后可能对人体健康造成不良影响的设施,并应通过种植高大乔木所形成的绿化进行硬性隔离。因此确定石化园区外延 1 公里为禁建区。

(7) 生态廊道控制范围

控制生态廊道两侧范围 250 米的建设。

2) 禁建区的保护与控制措施

(1) 准入项目控制指引

禁建区应以生态保护为主,严格控制新增城镇建设用地及其他各类建设活动,在必要的情况下,仅允许下列五类用地进入:重大的道路交通设施;必要的市政公用设施;必要的旅游基础设施和核心游览景观设施;生态型农业设施;必要的特殊用途设施(如军事设施等)。其中,市政公用设施包括必要的供电设施,供水、雨水、污水、防洪排涝、河道生态恢复、水土保持、水利工程管理设施,供气和供热设施,通信设施,环卫环保设施,防灾、减灾和公共安全保障设施,必要的社区服务设施,直接为农、林、渔业生产服务的各类设施,以及经市政府批准建设的特殊用途设施等。禁建区禁止新建工业、仓储、商业、居住等经营性项目。

以上各类准入项目必须在不影响绿色隔离区内生态格局及生态稳定的情况下,通过严格的审查程序把关和控制政策的指引,方可进行项目的建设。

① 确须在禁建区范围内安排的重大设施,在项目进行可行性研究的基础上必须进行环境影响评估及规划选址讨论,并通过相关主管部门的严格审查会签之后,上报市规划委员会审议,由市政府批准后方可进行建设。

② 准入项目应以保护生态空间体系和环境为前提,并以促成充分发挥生态服务功能为主要目标。

③ 准入项目应以不损害当地自然生态环境(特别是珍稀野生动植物、自然地形地貌等)、郊野自然景观和自然活动规律,并不与地方特色相冲突为前提。

④ 禁建区允许进入的建设项目应遵循少量、小型、分散的原则,建筑高度应低于 10 米,单栋建筑面积不得大于 600 平方米。

(2) 已建项目控制指引

对禁建区内的已批已建项目,允许保留经环评达标后对生态环境无不利影响的非生产性项目,其余分类提出整改和搬迁意见;对保留项目应按照减量化、再利用和循环利用的原则进行生态化改造。

① 工业项目

禁建区内不允许工业项目保留,产业结构调整的方向为"生态型"产业,鼓励发展生态型农业、生态旅游业等无污染、对生态环境无影响、与生态环境相互依存的产业。对于现状大片的工业园区,规划应将其搬迁至适建区;对于现状小型零散的工业用地,根据国家产业发展和土地使用政策,应该坚决执行"工业入园",即规划整合小型零散工业,集中统一迁入临近适建区内的工业园。

② 居住类项目

不允许居住项目保留,居住建筑应搬迁至限建区或适建区。

鼓励现状农村居民点搬迁。位于滹沱河治导区域、水源一级保护区、南水北调管线一级保护区、石化园区绿化隔离区以及生态环境恶劣地区的村庄原则上由政府组织进行拆建,采取多种拆建途径,有步骤地搬迁到禁建区以外;可根据农民意愿部分迁入城镇,也可采取异地统建的方式,将区内原农村居民点的建设用地逐步置换为生态保护用地。应编制村庄搬迁规划,落实搬迁方案和搬迁步骤,引导政府资金使用,逐步治理环境,同时,编制近期整治规划,加强污染治理和村庄整治工作。

位于其他禁建区范围内的村庄,原则上应加强政策引导,采用土地置换等多种方式,引导村民向适建区或限建区集中。应编制近期村庄整治规划和远期搬迁规划,合理安排建设市区,近期以控制蔓延和整治为主,改善生活条件,加强村庄人居环境治理,待远期条件成熟时,实施搬迁。

7.1.4 限建区

1)限建区的保护与控制内容

保护控制内容包括:滹沱河绿化保护范围、道路铁路噪声防护区、水源二级保护区、一般农村居民点、基本农田及一般农田。

规划限建区面积为 211.5 平方公里,占总规划面积的 48.3%。限建区作为城市生态功能的基本支撑,其范围内的项目应符合准确的控制指标及控制要求。

① 滹沱河绿化保护范围

滹沱河是石家庄重要的水资源,也是石家庄市主要的景观资源,城市地下水源也位于滹沱河上游,因此滹沱河两侧的环境保护尤为重要。规划滹沱河两侧 300 米范围为其保护范围,划定为一般控制区。

② 道路铁路噪声防护区

根据《石家庄市城乡规划管理技术规定》,规划道路控制范围为:高速路两侧外延 200 米,国道两侧外延 50～100 米,省道两侧外延 50 米,市级及以下道路两侧外延 20～50 米。铁路噪声防护范围分为两级,一级噪声防护范围为铁路线向两侧外延 25 米,二级噪声防护范围为一级防护范围外延 100 米。以上区域均划定为限建区。

③ 水源二级保护区

根据《饮用水水源保护区污染防治管理规定》,二级保护区的水质标准不得低于国家规定的《地面水环境质量标准》Ⅲ类标准,应保证一级保护区的水质能满足规定的标准。且在二级保护区内不准新建、扩建向水体排放污染物的建设项目;改建项目必须削减污染物排放量;原有排污口必须削减污水排放量,保证保护区内水质满足规定的水质标准;禁止设立装卸垃圾、粪便、油类和有毒物品的码头。因此水源二级保护区范围内规划为限建区。

④ 农村居民点及农田

位于禁建区以外,除去镇区、办事处驻地以外的农村居民点,应严格控制建设用地总量,严禁用地对外扩张,因此划定为一般限建区。农田包括基本农田和一般农田,为了促进农业生产和社会经济的可持续发展,保障区域的绿色生态功能,将一般农田和基本农田划定为限建区。村庄外围控制 50 米林带。

2) 限建区的保护与控制措施

(1) 准入项目控制指引

限建区在确保生态环境不受结构性影响的前提下,仅允许九类用地进入:重大的道路交通设施;必要的市政公用设施;必要的旅游设施;公园绿地;必要的农村生产、生活及服务设施;必要的公共设施和文化设施;必要的特色用途设施(如外事、保安设施等);必要的生态型研发设施;生态型居住设施。确须建设的项目必须经过环评、听证、市规划委员会审查等程序。

限建区内严禁规模化、有污染的工业项目进入。产业结构调整方向为鼓励农业产业化发展,鼓励发展生态型农业、观光农业、生态旅游业等无污染、对生态环境影响较小的产业。限建区内可适度发展低密度、无污染的农副产品就地加工等类型产业。

限建区内允许建设的项目不得破坏山体、水体等自然景观资源,满足低强度、低密度的建设控制要求,并保证项目生态用地总量不低于 60%～70%。项目建设应遵循少量、小型的原则,除交通设施、市政设施外,建议相对集中布局,集约化使用土地资源。准入项目除重大基础设施和公共设施外,建筑高度不宜高于 15 米,单栋建筑面积控制在 1 000 平方米以下。重大基础设施和公共设施如突破上述指标,必须单独组织论证。处于地下水源二级保护区内的建设用地执行地下水源保护的有关建设限制要求。

限建区内的生态旅游用地开发,建设用地总量应根据环境容量进行测算,且一般不得超过旅游区总面积的 20%,建筑密度控制在 5%～15%,容积率控制在 0.1～0.3,绿地率不低于 65%;生态型居住用地建筑密度控制在 5%～15%,容积率控制在 0.1～0.5,绿地率不低于 60%;生态型研发用地建筑密度控制在 15%～25%,容积率控制在 0.3～0.7,绿地率不低于 60%;农村居民点用地开发建设强度应满足国家村镇用地规划标准及地方村庄建设规划对该类型用地的一般控制标准;农村服务设施用地可参照公共设施用地控制标准实行;市政设施和特殊用途设施,作为零散用地的开发,其建设强度参照相关专项规划或地方通行标准执行。

(2) 已建项目控制指引

限建区范围内已经存在的合法建设项目,如符合准入项目政策,应按照相对集中、去污染化的原则进行整改,并经环评达标后予以保留,其拆迁、改建也应通过市级规划主管部门和相关主管部门的严格审查。

对于已经建设的农村居民点,原则上鼓励迁建、合并,不得进行对环境有污染的工业生产活动。鼓励农村居民点迁村并点,对于限建区内分散布局的村庄,应根据土地流转制度和农业产业化发展的需要,结合农民意愿适当进行迁并,相对集中建设合并型农村居民点,并加强基础设施建设,完善公共服务配套设施,提高农村居住生活水平。乡村作业地区以调整为主,促使传统农业逐渐向生态型农业、观光农业转换,在改善环境质量、维护生态平衡的同时,通过各项鼓励措施提高农村地区的经济实力,增加就业机会和农民收入。

7.1.5 适建区

1）适建区控制的内容

控制内容包括：城镇建设区、物流基地、道路交通。

适建区控制面积为 47.9 平方公里，占总规划面积的 10.9%。适建区是城镇建设、产业发展的重要基础，是城镇发展优先选择的地区，但建设行为也要根据资源环境条件，在保证生态资源的情况下，科学合理地确定开发模式、规模和强度。

（1）城镇建设区

城镇建设区包括栾城、上庄镇、寺家庄镇、大河镇、杜北乡 5 个市县乡镇划入绿色隔离空间的范围，是城镇建设的优先发展区域，主要发展居住、公共服务、第三产业等项目。

（2）物流基地

物流基地位于鹿泉行政区内，主要以农副产品的仓储运输为主。

2）适建区控制引导措施

（1）城镇建设区控制引导措施

该区域是城市居住、公共服务、产业、交通等主要功能的载体，是城市重点开发建设区域。规划重在引导城市人口和城市产业的合理布局，推动已列入城市更新规划范围的已建用地的更新改造，适度提高中心地区和轨道沿线等地区的开发强度，促进土地资源的集约利用，引导用地结构优化，完善城市功能。严格按照相关管理法规、规定的要求进行适建区的管理和建设。以集约和节约用地为原则，依照规划合理安排适建区内规划建设用地的建设规模和时序。

① 明确城镇建设用地界限，规划期内各项城市建设活动应严格控制在规划划定的城市建设区界限内，不得以任何名义超出。

② 人均建设用地按 114 平方米控制。

城镇各项建设活动应体现城镇特色，道路、建筑物及构筑物的修建避免大的挖方。城市建设用地界限内的山体、坡地不得破坏，应将其作为城市绿色公共空间。镇区内建筑物应在现有的基础上以多层建筑为主，在此基础上构筑具有标志性的镇区，体现集约的城镇景观。

③ 倡导公共交通，加强停车场的建设。

④ 以第三产业发展为主，控制工业用地，从现状镇区内搬迁出工业用地，集中至工业园区内，并严格控制工业项目的类型。

⑤ 不得以非房地产开发建设项目的名义进行房地产开发。总建设量应严格遵守总量控制原则，严把审批建设关。

（2）产业园区、物流基地的控制引导措施

产业园区、物流基地的土地利用必须严格按照土地利用规划和城市总体规划进行规模、布局方面的审核，并在绿化环保、建筑密度和容积率等方面对土地利用进行约束和指导。土地使用应遵循集约理念，逐步建立土地利用的准入门槛标砖，根据工业园区的自然状况和类型，分别确立投资强度、建筑密度、容积率、单位面积效益，包括 GDP、工业增加值、出口额、税收等指标的最低标准，作为选择和允许项目进园的准入门槛。对于占地多、能耗大、污染高的一般粗放型项目，可通过多项指标进行约束和限制；对于占地多但又是政府鼓励和扶持的项目,则应明确主要指标,对项目的进入留有一定空间。应大力扶持和吸引占地少同时污染小、效益好、技术层次高的项目进入集中布局。

7.1.6 石家庄绿带分区规划控制体系建立

1) 严格限制区的保护与控制措施

(1) 准入项目控制指引

严格限制区应以生态保护为主,严格控制新增城镇建设用地及其他各类建设活动,在必要的情况下,仅允许下列五类用地进入:重大的道路交通设施;必要的市政公用设施;必要的旅游基础设施和核心游览景观设施;生态型农业设施;必要的特殊用途设施(如军事设施等)。严格限制区原则上禁止新建除以上五类用地外的任何项目。

严格限制区允许进入的建设项目应遵循少量、小型、分散的原则,建筑高度应低于 10 米,单栋建筑面积不得大于 600 平方米。

(2) 已建项目控制指引

对严格限制区内的已批已建项目,须采取指标体系对其进行评测,评测达标的允许保留,并按照减量化、再利用和循环利用的原则进行生态化改造。评测不达标的须搬迁。

① 工业项目

严格限制区内不允许工业项目保留,产业结构调整的方向为"生态型"产业,鼓励发展生态型农业、生态旅游业等无污染、对生态环境无影响、与生态环境相互依存的产业。对于现状大片的工业园区,规划应将其搬迁至城乡建设区;对于现状小型零散的工业用地,根据国家产业发展和土地使用政策,应该坚决执行"工业入园",即规划整合小型零散工业,集中统一迁入临近城乡建设区内的工业园。

② 居住类项目

不允许二类居住项目保留,现状二类居住建筑应搬迁至一般限制区或城乡建设区。对于现状已建一类居住用地,原则上鼓励现状农村居民点搬迁,确须保留的须进行整改,并通过环境评价达标后方可予以保留。

位于滹沱河治导区域、水源一级保护区、南水北调管线一级保护区、石化园区绿化隔离区以及生态环境恶劣地区的村庄原则上由政府组织进行拆建,采取多种拆建途径,有步骤地搬迁到严格限制区以外。尽量鼓励村民迁入城镇居住,也可采用异地统建的方式。搬迁后原用地应逐步置换为生态用地。

位于其他严格控制区范围内的村庄,引导村民向城乡建设区或一般限制区集中。应编制近期村庄整治规划和远期搬迁规划,合理安排建设市区,近期以控制蔓延和整治为主,改善生活条件,加强村庄人居环境治理,待远期条件成熟时,实施搬迁。

2) 一般限制区的保护与控制措施

(1) 准入项目控制指引

除工业项目类,原则上允许道路交通设施、基础服务设施、生态村庄、特殊用地、研发用地、生态居住用地进入,但须达到各单元指标体系要求。

对一般限制区内的项目建设,建议采取少量、小型的建设原则,尽量采用集中式布局,产业入园,土地使用集约化。

产业发展方向以农业观光、生态采摘、科技研发等无污染产业为主,尽量保护生态环境。

（2）已建项目控制指引

对于已经建设的农村居民点,原则上鼓励迁建、合并,不得进行对环境有污染的工业生产活动。鼓励农村居民点迁村并点,对于一般限制区内分散布局的村庄,应结合土地流转制度和农业产业化发展的需要,结合农民意愿适当进行迁并,相对集中建设合并型农村居民点,并加强基础设施建设,完善公共服务配套设施,提高农村居住生活水平。乡村作业地区以调整为主,促使传统农业逐渐向生态型农业、观光农业转换。在改善环境质量、维护生态平衡的同时,通过各项鼓励措施提高农村地区的经济实力,增加就业机会和农民收入。

3）城乡建设区控制引导措施

该区域是绿带内主要生活、生产、服务设施的载体,可以适度提高开发强度,推进土地资源的集约利用,完善城镇功能。

（1）明确城镇建设用地界限,规划期内各项城市建设活动应严格控制在规划划定的城市建设区界限内,不得以任何名义超出。

（2）人均建设用地按 110 平方米控制。

（3）城镇各项建设活动应体现城镇特色,道路、建筑物及构筑物的修建避免大的挖方。城市建设用地界限内的山体、坡地不得破坏,应将其作为城市绿色公共空间。镇区内建筑物应在现有的基础上以多层建筑为主,在此基础上构筑具有标志性的镇区,体现集约的城镇景观。

（4）倡导公共交通,加强停车场的建设。

（5）以第三产业发展为主,控制工业用地,从现状镇区内搬迁出工业用地,集中至工业园区内,并严格控制工业项目的类型。

（6）不得以非房地产开发建设项目的名义进行房地产开发。总建设量应严格遵守总量控制原则,严把审批建设关。

（7）产业园区、物流基地的控制引导措施

延长建材、冶金等现有传统资源型产业的产业链。加快推进改造,推进产业结构优化升级;高污染、高能耗的产业向低污染、低能耗的清洁产业转型。利用资源优势,大力推进高新技术和新兴特色产业,加快发展新能源、新材料产业,培育新的经济增长点,形成可持续的绿色产业链,保持持续的产业优势。

集群化并改造提升装备制造业、生物医药等现有优势产业。推动产业转型升级,并提高其附加值与技术含量,打造资源循环利用产业链。提升技术和资本密集的行业,并将生产也提升到以中高档次的中高级产品为主。

7.2 产业选择

7.2.1 产业发展现状

1）产业现状特征

（1）结构特征——第二产业为主,呈现"二、三、一"的产业结构

三次产业比例 14：63：23,形成了二次产业占比较重、三次产业未成型的产业形势。

从经济贡献率来看,近年来绿色隔离空间经济增长主要由第二、第三产业拉动。与周边正定、鹿泉等邻近城镇相比,二产偏高、三产不足,产业结构仍需优化。

其中第一产业以传统种植农业、畜牧业为主体,林业、渔业总量较小(图7-2)。绿色隔离空间农业仍为基础性传统农业,缺乏与都市农业体验旅游服务的结合,农业观光园、农业产业园较少。绿色隔离空间中的相关区县中,第一产业以农业和牧业为主,其中藁城、正定和栾城的农林牧渔业总产值较高。在比重最高的农业中,各个区县大部分以蔬菜、谷物、水果、坚果为主。藁城的蔬菜尤为突出,在日后规划中可以保持蔬菜种植优势,开发升级有关蔬菜采摘体验的服务业,延长产业链,提高附加值。

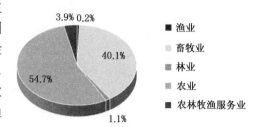

图7-2 石家庄绿色隔离空间第一产业
各行业产值比重图
图片来源:自绘

第二产业中,纺织、石油加工占据了较高比重,但均属于初级的劳动密集和资源开发型产业,高能耗、高污染,对环境破坏性较大。技术与资本密集型产业缺乏,且缺乏与绿色隔离空间生态基础相适应的第二产业。

第三产业以商贸物流、批发零售业为主。国际上认为,以金融、商贸、产品宣传、包装业等为特征的为生产服务的服务型第三产业,能很好地带动二、三产业发展,使区域发展增强后劲。因此,绿色隔离空间应加强服务型第三产业的发展,在第三产业中发展物流业、商贸业、旅游业以及文化产业等,支撑一、二产业,协同升级优化产业体系。

(2)空间特征——大分散、小聚集的产业格局,东南西北四片区各有特色

绿色隔离空间从第一、二、三产业用地布局来看,呈现大分散、小集聚的空间特征:第一、第三产业产业园区包括植物园、农业观光园、高尔夫球场等形式,现状数量少,间隔远,分别位于石家庄西北角、东北角、南部(图7-3)。从第二产业规模以上工业企业布局来看,工业企业散布于整个绿色隔离空间内,其用地分布的基尼系数 G 为 0.43(小于 0.5)。工业企业较多分布在农村地区,农村地区的规模以上工业企业达 130 家,占总量的 73.4%(图7-4)。同时,在绿色隔离空间南部,栾城装备制造业基地周边 5 000 米范围内,规模以上工业企业达到了 34 家,占总量的 19.2%,形成了一个工业企业的聚集片区。

从绿色隔离空间东南西北四个片区而言,与周边县市的衔接也形成了各自的产业特色。具体而言,石家庄城乡绿色隔离空间北部主要属于石家庄市区和正定县范围。现状产业主要为第一、二产业。大部分地区为以农田种植为主的农林用地。在滹沱河地下水源地及保护区内尚零散分布部分工业用地,对水源生态环境构成威胁。

石家庄城乡绿色隔离空间南部主要属于栾城区域范围,现状产业以一、二产为主。东部人均耕地面积大,农业发展较好,以蔬菜、水果种植业为主。

石家庄城乡绿色隔离空间西部主要属于鹿泉区域范围,现状产业以二、三产为主。第二产业以建材、冶金等传统资源型产业为主,高新技术产业目前基础相对薄弱,制约了工业运营效率的提高。第三产业仍以传统商贸业为主,休闲产业发展不足,新形成的农家乐等新兴城郊旅游产品规模小且分布零散,处于低水平运营阶段。

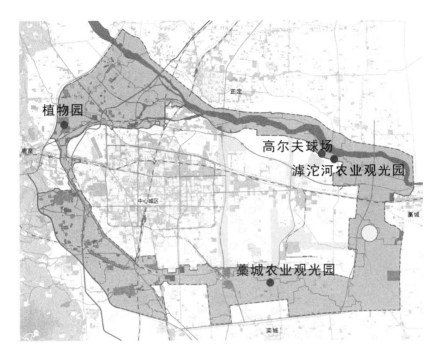

图 7-3　2015 年石家庄绿色隔离空间第一、第三产业园区分布示意图
图片来源：自绘

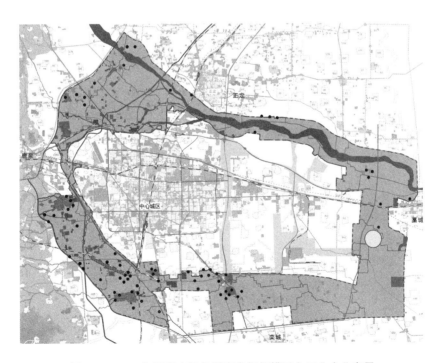

图 7-4　2015 年石家庄绿色隔离空间规模以上工业企业布局
图片来源：自绘

石家庄城乡绿色隔离空间东部主要属于藁城区域范围，现状产业以一、三产为主。目前,已建有采摘梨园、五星级温泉度假小镇、现代农业观光园。一产以粮食、蔬菜、畜牧养殖、果品等为特色优势产业。产业正由传统农业向现代农业发展转变,初具规模化、产业化发展的雏形。

2) 产业现状问题

(1) 第二产业与绿隔缺乏协调,第三产业发展不足

从产业结构上看,第二产业以石油、装备制造等传统资源型产业为主,缺乏与绿色隔离空间生态基底的协调。石油加工等资源型产业高能耗、高污染,对绿色隔离空间生态本底有着较大的影响。同时,绿色隔离空间以都市农业为核心的产业基础,在第二产业缺乏与其相对应的整体产业链条,产业结构层次低下,体系不完整。应充分利用绿色隔离空间位于石家庄都市区近郊这一优势,一方面推动农业产业化,优化种植业,大力推进高效农业、特种养殖、奶产品深加工等龙头基地组织和企业建设;另一方面,推动农业休闲化发展,加快第一产业与第三产业结合与转化,推动休闲观光农园、休闲农场、休闲渔业发展。

(2) 第二产业、第三产业零散粗放分布

首先,第二产业分散化的工业布局成为其转型提升的制约。一方面,由于过度分散的产业布局,排水、供电、交通等基础设施难以统筹协调,对城市干道交通过分依赖,这样既制约了工业运营效率的提高,也增加了生态保护的压力。另一方面,过小的用地也不利于企业聚集形成规模效应,构建完整的工业体系,实现企业的转型与提升。

同时,第三产业都市观光休闲型农业等各自发展,各自为政,缺乏统一的规划设计。一方面,造成了观光旅游类产品同质化严重;另一方面,零散分布的第三产业,以农业观光园为例,仅仅依托现有近郊农村区域基础设施,难以提供优质的休闲服务功能,更难以形成区域知名的休闲品牌(图7-5)。

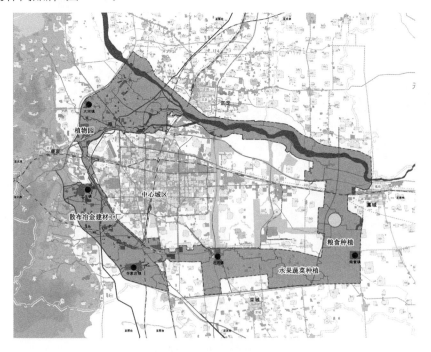

图7-5 石家庄绿色隔离空间产业现状分布图

图片来源:自绘

7.2.2　产业发展目标与策略

1）产业发展目标

以生态休闲服务产业为主导,农业观光、生态旅游、文化创意产业充分发展,生态型工业、高新技术产业和生态宜居小镇产业为补充。现代农业与现代服务业相互支撑,产业结构优化,发展方式集约,资源利用节约,保证绿色隔离空间基本的生态环境和合理的城市休憩空间布局。

2）产业发展策略

绿色隔离空间核心发展战略为"调一、限二、兴三"。促进农业结构调整和产业升级;严格限制第二产业发展;完善旅游休闲度假服务业,使其规模化、品质化。

（1）"调一",调整第一产业由基础性传统产业向体验旅游商品化农业转型。农业由家庭种植型向都市郊野体验园区型转型;由粗放型生产经营向集约化生产经营转型。

拓展农业的城市社会生活服务功能,优化农业产业结构,促进农业产业升级转型,延伸农业产业链。大力发展高效设施农业、绿色生态农业、休闲观光农业、现代园区农业和农产品加工产业,有效促进其与二、三产相结合,经济、社会、生态效益相统一,积极构建布局科学、规模适度、优势集中、效益显著的现代都市农业新体系,倾力打造服务省会、致富农民、城乡一体、协调发展的现代都市农业新格局。

重点完善发展高效的现代生态农业,增加机械化率,培育具有地方特色的花卉苗木、蔬菜、谷物等农产品基地及畜牧业基地。

积极拓展农产品及畜牧业产业链,依托特色农产品基地发展观光农业和农副产品加工业。开展农业科技、科普教育、展览贸易、农产品加工、农事体验活动等项目,打造生态农业旅游区。大力发展农业生产与休闲观光相结合的农业项目,建成以农业生态为主体,集生产、科普、观赏、农事体验、休闲为一体的现代生态农业园。

绿带建设中要建立一产、三产融合的产业体系,形成生态化的产业结构,才能逐渐降低经济发展对工业的依赖,缓和"发展"与"保护"的矛盾。农村地区产业融合在日本、中国台湾等地区已探索出的较成熟的经验,关键是以农业发展为基础,延长产业链,形成集农产品生产、加工、销售、服务等多位一体的生产体系。

一方面要大力发展休闲农业,推动地区旅游发展。欧洲绿带中农业与旅游业发展关系密切,休闲农业成为传统农业转型的主要选择。伦敦绿带在从事农业生产时开展多种旅游经营以展现农业生产活动,同时各个乡村根据自身特色举办各种乡村集市或游艺会,吸引旅游者前来体验乡村的田园风光和风土人情,使农业与旅游业发展充分融合,成为地区重要的经济增长方式。而石家庄绿带地区农业发展仍以生产性传统农业为主,产业链条向旅游产业延伸不充分,以单一的"农家乐"为主导。在绿带建设中要通过农业结构调整与农村特色塑造,形成农业观光、生产体验等旅游产品,以农业的休闲化发展将产业链条向旅游业充分延伸。

另一方面要促进农业物流业发展,形成完善的运销体系。中国台湾农业通过建立完善的产销体系,将产品收购、分级、包装、运销等各类产后业务的附加值整合到农业生产中,支撑和推动了地区农业发展。绿带位于城市近郊地区,物流仓储设施布局密集,具有临近高速互通口、区域公路等交通优势,石家庄绿带应依靠地区的物流基础,推动地区农业配送物流的发展能有效实现农业供应物流、农业生产物流、农业销售物流的高效运作,提高农业生产的整体效益,同时也能促进农企与农户链条的连接,使农业生产形成产业化的运作。

（2）"限二",限制第二产业发展。

将绿色隔离空间的第二产业逐渐迁移到中心城区的工业区或者工业集中区中,严格限制第二产业发展。

国内外绿带建设中都对绿带中的工业用地进行了限制,西方城市绿带将工业用地划为不相容用地,以功能禁入的方式限制工业项目的进入（如伦敦、巴黎、安大略等）,国内为了在建设过程中保持经济平衡而规划了产业用地,但在产业门类与布局上进行了控制（如北京、成都、天津）。

一方面要针对性地对工业企业进行分类控制。从绿带特点出发,从产业优势、发展潜力、生态限制等方面选取指标对产业进行发展趋势划分,或进行优化提升,或进行限制禁止。北京绿隔规划中则重点对不适宜在绿带地区发展的工业进行限制,主要采用"禁"和"关"两种方式,即严格按照《北京市新增产业的禁止和限制目录》禁止新建、扩建绿带地区不宜发展的工业项目;同时关停高污染、高耗能、高耗水企业,全面治理小散乱企业（图7-6）。石家庄绿带地区应形成产业发展趋势指导,对新增工业项目进行审批,优化地区现有优势产业,逐步清退、关停地区内的化工、制药等限制产业。

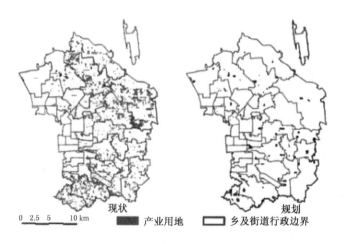

图 7-6　北京朝阳区绿隔产业用地现状与规划对比

图片来源:北京规划委员会

另一方面要控制工业用地的合理规模。绿带地区产业用地的设置能有效平衡地区拆迁成本,在我国绿带建设中具有重要意义。然而工业用地对生态环境的影响随着用地规模的增加而上升,其规模的过度增长将影响绿带地区的生态功能。国内部分城市绿带规划对工业用地进行法定化控制,严格控制建设总量,如成都"198"生态区规定工业用地比例应不高于建设用地总量的25%,上海绿带中则是低至5%。绿带建设应以绿带的生态功能为优先,石家庄绿带在综合考虑经济平衡、就业平衡等因素后,应仅保留适量的、对地区影响较小的工业企业,减少地区发展对工业的依赖,此外尤其要控制地区村庄工业用地的增长。

（3）"兴三",鼓励第三产业的兴起。发展商务办公、物流和文化创意等现代服务业,支撑第一、二产业,并与特色农业联动合作发展特色的地方生态旅游业。

突出现代服务业在绿色隔离空间经济发展中的重要地位,以生产性服务业为重点,以生活性服务业为基础,将服务业作为未来的主导产业加以引导和培育,实现产业结构优化,促进生态经济系统的形成。以生态旅游业为重点,积极发展商贸服务、商务办公、物流以及文化创意等生产性现代服务业。

依托铁路货场、高速互通口、公路等优势积极发展现代物流业,为周围工业区提供便捷物流,延长产业链,增加工业园区的活力和生命力,着力打造全国重要物流节点。

在保护生态资源的基础上,凭借地处石家庄郊区的区位优势以及滹沱河景观带、植物园等自然资源优势,进行休闲资源整合,构建绿色隔离空间内有特色的休闲产业体系,使都市休闲和农业体验相结合,打造具有规模效应的拳头产业。

结合新兴休闲度假区,大力提升城镇品质,依靠自然文化资源,发展商贸商务服务、生态养生及文化娱乐等相关现代服务业。

7.2.3　产业用地适宜性评价

1) 技术路线

产业用地适宜性评价技术框架如图 7-7 所示。通过用地开发约束,产业用地只能在一定范围内布局,根据产业用地布局评价因子的权重叠加得到不同产业用地适宜性评价结果。

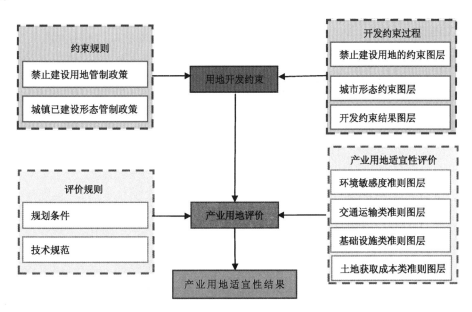

图 7-7　产业用地适宜性评价技术框架图
图片来源:自绘

2) 用地开发约束

石家庄绿色隔离空间内建筑用地扣除主要河流、地下水保护区等禁止建设用地和规划城镇用地等,形成产业开发约束用地(图 7-8)。

图 7-8　石家庄绿色隔离空间产业用地开发约束图
图片来源：自绘

3）产业用地布局评价因子选择

根据石家庄绿色隔离区的实际情况，产业用地适宜性评价因子选取环境敏感度、观光旅游资源分布、交通运输、基础设施和土地获取成本五大类，并进一步细化为 13 个子因子（表 7-6）。

表 7-6　石家庄绿色隔离空间产业用地布局评价因子选择表

编号	一级因子	二级因子	分类标准	评价分值
CMe	环境敏感度	与地下水保护区的距离	≥2 000 米 2 000～1 500 米 1 500～1 000 米 500～1 000 米 ≤500 米	5 4 3 2 1
CMf		与自然生态区的距离	≥2 000 米 2 000～1 500 米 1 500～1 000 米 500～1 000 米 ≤500 米	5 4 3 2 1
CMg	观光旅游资源分布	社会人文观光点	<1 000 米 1 000～1 500 米 1 500～2 000 米 ≥2 000 米	5 4 3 2
CMh		自然生态观光点	<1 000 米 1 000～1 500 米 1 500～2 000 米 ≥2 000 米	5 4 3 2

（续表）

编号	一级因子	二级因子	分类标准	评价分值
CMi	交通运输	与高速公路出入口的距离	<1 000 米 1 000～1 500 米 1 500～2 000 米 ≥2 000 米	5 4 3 2
CMj		与区域快速干道的距离	<500 米 500～1 000 米 ≥1 000 米	4 3 2
CMk		与铁路站场的距离	<1 000 米 1 000～1 500 米 1 500～2 000 米 ≥2 000 米	5 4 3 2
CMl	基础设施	供水条件	<1 000 米 1 000～2 000 米 2 000～3 000 米 ≥3 000 米	5 4 3 2
CMm		供电条件	<1 000 米 1 000～2 000 米 2 000～3 000 米 ≥3 000 米	5 4 3 2
CMn		排污条件	<1 000 米 1 000～2 000 米 2 000～3 000 米 ≥3 000 米	5 4 3 2
CMo		废弃物处理条件	<1 000 米 1 000～2 000 米 2 000～3 000 米 ≥3 000 米	5 4 3 2
CMp	土地获取成本	居民点的密度	<300 米 300～500 米 500～800 米 ≥800 米	5 4 3 2
CMq		距离现有工业集群的距离	<1 000 米 1 000～1 500 米 1 500～2 000 米 ≥2 000 米	5 4 3 2

环境敏感度准则:选取"与地下水保护区的距离(CMe)"和"与滹沱河、山体等自然生态区的距离(CMf)"作为环境评价准则。

观光旅游资源分布:选取"社会人文观光点(CMg)"和"自然生态观光点(CMh)"作为环境评价因子。

交通运输准则:选取"与高速公路出入口的距离(CMi)"和"与区域快速干道的距离

(CMj)"及"与铁路站场的距离(CMk)"作为交通评价准则。

基础设施建设类准则:结合基础设施规划条件和主导产业类别,根据对用地布局需求指向明显的产业对基础设施的要求,选取"供水条件评价因子(CMl)""供电条件评价因子(CMm)""排污条件评价因子(CMn)"和"废弃物处理条件评价因子(CMo)"作为基础设施评价准则。

土地获取成本准则:选取"居民点的密度(CMp)""距离现有工业集群的距离(CMq)"作为土地评价准则。

4)产业评价准则权重确定

根据产业发展策略,石家庄市域产业选择以第一产业、第三产业为主。其中第一产业有:农业、林业、渔业;第三产业有:观光农业、农业服务业、休闲业、康体养生等。在此基础上,根据规划编制过程中的多轮调查与问询,采用层次分析法确定不同层次指标权重与量化标准,分别进行用地适宜性评价。

层次分析法(Analytic Hierarchy Process,AHP)是美国的 T. L. Saaty 于 1977 年提出的,其原理是首先划分出各因素间相互联系的有序层次,再请专家对每一层次的各个因素进行两两比较,给出两者的相对重要性的定量表示,然后计算出每一层次全部因素的相对重要性的权重,加以排序,最后根据排序结果进行规划决策和选择解决问题的措施。

(1)第一产业评价准则权重(表 7-7)

表 7-7　石家庄第一产业评价准则权重

	CMe	CMf	CMg	CMh	CMi	CMj	CMk	CMl	CMm	CMn	CMo	CMp	CMq
权重值	8	25	8	8	0	0	0	4	4	4	4	20	10

(2)第三产业评价准则权重(表 7-8)

表 7-8　石家庄第三产业评价准则权重

	CMe	CMf	CMg	CMh	CMi	CMj	CMk	CMl	CMm	CMn	CMo	CMp	CMq
权重值	13	25	10	4	7	14	3	3	3	3	3	9	3

5)产业用地适宜性评价结果

各类型产业通过加权运算,应用在产业开发约束用地上,最终得到不同产业用地适宜性评价结果。

(1)第一产业

从下图可以看出,单从用地条件来看,石家庄市绿色隔离区内适宜发展农业、渔业等第一产业的地区包括:北部的滹沱河沿岸,东侧藁城以西的区域以及南部的栾城北部区域(图 7-9)。

(2)第二产业

从下图可以看出,单从用地条件来看,石家庄市绿色隔离区内适宜发展第二产业的地区主要分布于绿带西南部(图 7-10)。

(3)第三产业

单从用地条件来看,石家庄市绿色隔离区内适宜发展商务办公、物流和文化创意等有

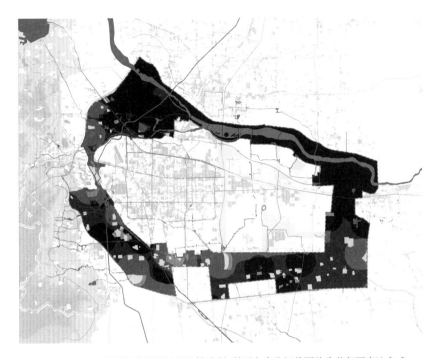

注:图中颜色由深到浅表明用地适宜性降低,以下各产业评价图均为此相同表达方式

图 7-9 石家庄绿隔区环境敏感型产业用地适宜性评价图

图片来源:自绘

注:图中颜色由深到浅表明用地适宜性降低,以下各产业评价图均为此相同表达方式

图 7-10 石家庄绿隔区第二产业用地适宜性评价图

图片来源:自绘

现代服务业特色的地方生态旅游业产业的地区包括：西部的鹿泉区内靠近植物园的区域，北部靠近滹沱河的地区，东部石家庄市与藁城区交界处，以及南部的栾城区内北部（图7-11）。

注：图中颜色由深到浅表明用地适宜性降低，以下各产业评价图均为此相同表达方式
图 7-11　石家庄绿隔区用地布局无指向性产业用地适宜性评价图
图片来源：自绘

7.2.4　产业空间布局

1）产业总体空间布局方案

根据各产业用地适宜性评价，对各片区产业选择初步方案进行修正得到市域各片区产业选择和片区内产业发展现状。通过评价检验，证明相关产业发展规划布局与石家庄市绿色隔离空间内产业空间布局适应性评价基本相符合，能够对石家庄市域产业布局起到因地制宜的指导作用，石家庄绿色隔离空间总体规划形成"五区十三片区"的产业布局结构（图7-12）。

2）产业发展分区

（1）都市农业片区

① 发展重点

都市农业片区现状和规划都以第一产业及相关服务业为主，发展都市型现代农业，并拓展农业为城市社会生活服务的功能，优化农业产业结构，促进农业产业升级转型，延伸农业产业链。该片区由藁城区的现代农业生产基地和栾城区的现代农业观光产业园组成，它们在各自的区内形成完整的农业产业链，同时也要差异化发展，联动合作（图7-13）。

② 分区规划

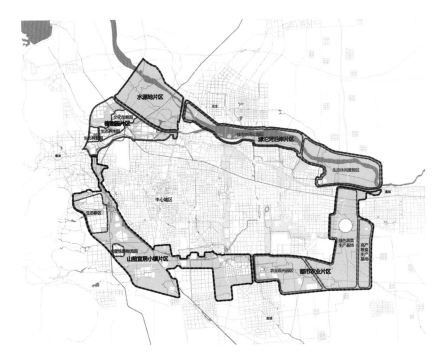

图 7-12 石家庄绿隔区产业布局规划图
图片来源：自绘

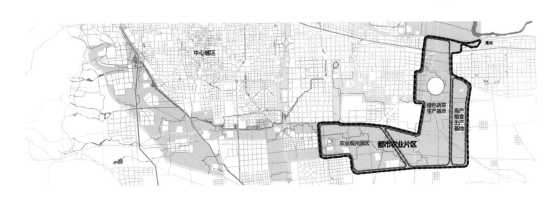

图 7-13 石家庄绿隔区都市农业片区产业布局
图片来源：自绘

a. 绿色蔬菜生产基地

该分区位于藁城区，规划以丘头镇等乡镇为重点，着重建设以种植甜椒、番茄、蒜薹、黄瓜等优势品种为主的无公害绿色蔬菜生产基地，形成大棚蔬菜、露地蔬菜共同发展的格局。推动优势产业为龙头，形成推广公司与农户模式，带动绿色农业商品基地的建设，通过调整农业结构和市场组织方式来进一步合理化农业生产。特别是培育有地方特色且有市场需求的特色农业，且可以促进绿色农业向有机农业发展，获得更大的附加值。

b. 高效农业生产基地

该分区位于藁城区，规划以南营镇等乡镇为重点，着重发展优质专用小麦、专用玉米，稳固其全国粮食生产先进市地位。粮食生产全面推进"统一品种布局、统一栽培技术规程、统一田间道路林网建设标准、统一灌溉设施建设标准和统一机械化保护免耕播种"的五个统一标准化生产模式。在现有的发展基础上,依托龙头企业,进一步壮大发展粮食基地,形成订单式、规模化种植、机械化种植的高效率发展产业链。

c. 现代农业观光产业园

该分区位于栾城区,规划建设集生产科研、展览、科普教育和休闲观光于一体的现代农业产业园区。开展农业科技、科普教育、展览贸易、农产品加工、农事体验活动等项目,打造生态农业旅游区,根据地区蔬菜果木特色农业产品特色,大力发展农业生产与休闲观光相结合的农业项目,建成以农业生态为主体,集生产、科普、观赏、农事体验、休闲为一体的现代生态农业园。

(2)山前片区

① 发展重点

山前片区规划都以第三产业为主,发展商贸物流园区。完善产业链,形成区域经济集聚核,避免高成本和交通污染。该片区由生态新区和永壁铁路物流园组成。它们在各自的区内形成完整的产业链,从低附加值向高附加值升级,从高能耗高污染向低能耗低污染迈进,从粗放型向集约型发展,注重品种质量、节能降耗、清洁和安全生产,带动劳动密集型和科技密集型相结合的中小企业发展(图7-14)。

图7-14 石家庄绿隔区山前片区产业布局
图片来源:自绘

② 分区规划

a. 山前生态新区

该分区位于鹿泉区龙泉寺风景区东侧,规划形成服务于中心城区和周边旅游资源的生态居住、旅游休闲度假片区。总体结构以生态保护和优化为核心,在适度开发的同时对周边地区进行积极的保护,并将建设范围和生态区域有机地紧密结合,融合山水自然景观和现代社区景观,构建以自然山体、滨水绿轴和生态廊道为主导元素的公共开放空间体系,从而塑造"城在绿中,水在城边"的山水城市形象。

b. 永壁铁路物流园

　　该分区位于鹿泉区绿岛火炬产业园东侧,规划依托良好的区位条件及永壁铁路货运站场,发展铁路物流及农副产品物流产业。积极发展产业链上端和下端的合作和入驻,使之成为可持续发展的生态物流园。

　　(3)植物园片区

　　① 发展重点

　　植物园片区现状和规划都以文化娱乐等第三产业为主,围绕植物园和毗卢寺两大景区,推出以科普教育、生态养生、创意产业为主打的项目,从视觉美感及身心体验上,将片区自然资源合理地开发利用起来。该片区由生态科普园、生态养生园和文化创意园组成,以项目带动产业、资源整合为手段,促进休闲产业资源整合和产业布局优化,保证植物园区域环境的可持续发展(图7-15)。

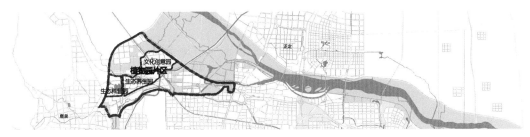

图7-15　石家庄绿隔区植物园片区产业布局
图片来源:自绘

　　② 分区规划

　　a. 生态科普园

　　该片区围绕植物园的建设而发展,是以植物景观观赏为主题的公园,也是集科普研究、休闲娱乐等功能为一体的近郊绿色生态休闲基地。以生态建设为重点,维系良好的山水休闲资源禀赋,实现休闲产业可持续发展。

　　b. 生态养生园

　　该片区西部紧邻植物园片区,东部依靠毗卢寺片区,南北两侧都为绿色生态带,生态景观环境良好。依靠得天独厚的绿化景观环境、丰富的水景资源,提高整体环境品质,打造康体养生中心,营造民俗文化区、旅游服务区、农业观光区及生态养生区。规划将其打造成为集体验中心、休闲健身、养生餐饮、娱乐活动、度假休闲为一体的养生核心,打造一个多元化、专业化的健康养生度假产业集群,吸引都市商业及老年人短期及长期在此养生度假,使之成为石家庄休闲度假的首选。

　　c. 文化创意园

　　该片区围绕毗卢寺主题公园规划而发展,中部将建成文化园。依托桥西文化园项目,结合毗卢寺、上京文化创意村等现有资源,打造琴棋书画多元化艺术创意中心,使之成为石家庄的文化创意园区。

　　(4)水源地片区

　　① 发展重点

　　该区域为一级水源地,总面积达5 296公顷,依据《石家庄市市区生活饮用水地下水源保护区污染防治条例》,逐步迁出现状村庄。依托现有薰衣草庄园及滹沱河沿线林带,增加植物种植种类及规模,打造林海花田的大地艺术景观(图7-16)。

图7-16 石家庄绿隔区水源地片区产业布局
图片来源:自绘

② 分区规划

该分区位于鹿泉区沿滹沱河南侧,该区位于石家庄市地下水水源地及保护区内,规划以保护饮用水源地安全为主导,以生态环境建设为主体,禁止任何与取水设施无关的建设,现有工业用地短期内必须搬迁,现有的村庄建设用地逐步进行合并搬迁。

(5)滹沱河沿岸片区

① 发展重点

滹沱河沿岸片区是以休闲业为主,正在形成特色的滨河公共活动游憩带,以体验生态、亲近自然的主题公园为主。该片区由城市休闲公园区、生态休闲度假区和水源涵养区组成,湿地自然景观为主,加上少量不影响生态环境的休闲娱乐、商业零售等绿色第三产业,形成具有活力的都市生态休闲区域(图7-17)。

图7-17 石家庄绿隔区滹沱河沿岸片区产业布局
图片来源:自绘

② 分区规划

a. 城市休闲公园区

该分区位于滹沱河两侧,属于石家庄市和正定县行政区划中,规划依托滹沱河整治工程后良好的生态资源条件,创造能够容纳较大使用人群的公共滨水开敞空间。融汇历史文化和自然风采,沿线为融合民俗旅游、城市开放空间、市民休闲、体育运动为一体的城市公园绿地、城市风景林带。可以增加少许商业娱乐氛围,以便招商引资、聚集人气,同时策划世博园、影视公园、美食公园、购物节、美食节、消夏电影节、全球嘉年华等多样活动。

　　b. 生态休闲度假区

该分区位于藁城区沿滹沱河休闲旅游发展带,是藁城旅游产业发展的核心区域,规划
以西北部滨河公园、台西遗址公园等自然景观为基础,以东湖休闲度假项目、国大御温泉度
假小镇等重点项目为主导,吸引更多度假及相关项目的建设,形成集亲水、休闲、度假、观
光、采摘等多种功能为一体的生态休闲度假区。

7.3　生态与安全

7.3.1　生态容量分析

　　生态环境容量分析是对城市内部及周边区域所能供给的生态资源和所能消纳的污染
废物两方面进行研究,从而更加合理、科学地确定城市规模(包括人口与用地规模)。生态
容量分析关注区域的生态支撑能力,即维持城市人群进行社会经济活动所需要的生态用
地、可用水资源量,其着眼点在于宏观土地、水等生态资源,与资源承载力的概念相类似;而
环境容量分析关注的是区域大气环境容量与水环境容量,即大气污染物、水污染物在本地区的
消纳能力,其着眼点在于微观的污染物排放水平,是一种环境承载力。两者分析的结果可以借
助人均水平标准和地均水平等一系列指标折算成可持续的城市人口与用地规模容量。

　　从与石家庄市区、周边县市的关系而言,绿色隔离地区是为后者提供生态资源和消纳
污染废物的功能地区,规划拟采用生态足迹法对绿色隔离地区的生态环境容量进行量化计
算,分析其扣除自身人口与用地规模容量后对石家庄市区以及周边县市的支撑能力。

　　1)生态足迹的概念与计算方法

　　生态足迹(Ecological Footprint)指某个地区或国家人口所消费的所有资源和吸纳这些
人口所产生的所有废弃物所需要的生物生产土地的总面积和水资源量。将地区或国家的
资源、能源消费同自己所拥有的生态能力进行比较,能判断一个国家或地区的发展是否处
于生态承载力的范围内,是否具有安全性(图7-18)。

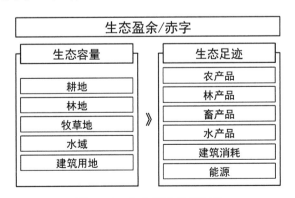

图 7-18　生态足迹指标体系
图片来源:自绘

　　(1)生态生产性用地

　　"生态生产性土地"是生态足迹分析法为各类自然资本提供的统一度量基础。生态生

产也称生物生产,是指生态系统中的生物从外界环境中吸收生命过程所必需的物质和能量,将其转化为新的物质,从而实现物质和能量的积累。生态生产是自然资本产生自然收入的原因。自然资本产生自然收入的能力由生态生产力衡量。生态生产力越大,说明某种自然资本的生命支持能力越强。

由于自然资本总是与一定的地球表面相联系,因此生态足迹分析用生态生产性土地的概念来代表自然资本。所谓生态生产性土地是指具有生态生产能力的土地或水体。这替换、简化了对自然资本的统计——各类土地之间总比各种繁杂的自然资本项目之间容易建立等价关系——从而方便于计算自然资本的总量。事实上,生态足迹分析法的所有指标都是基于生态生产性土地这一概念而定义的。根据生产力大小的差异,地球表面的生态生产性土地可分为六大类(表 7-9)。

表 7-9 生态足迹测度中的土地类型说明

土地类型	主要用途	等价因子	备注
耕地	种植农作物	2.8	以全球生态平均生产力为1;生态供给中扣除12%生物生产土地面积以保护生物多样性;在实际过程中人们并未留出 CO_2 用地
林地	提供林产品和木材	1.1	
牧草地	提供畜产品	0.5	
建筑用地	人类定居和道路用地	2.8	
水域	提供水产品	0.2	
化石燃料用地	吸收 CO_2	1.1	

① 化石燃料用地

生态足迹分析法强调资源的再生性。从理论上讲,为了保证自然资本总量不减少,我们应该储备一定量的土地来补偿因化石能源的消耗而损失的自然资本的量。但实际情况是,我们并没有做这样的保留。因而从这个角度来看,我们现在是在直接消费资本。

② 耕地

从生态分析来看,可耕地是所有生态生产性土地中生产力最大的一类,它所能集聚的生物量是最多的。根据联合国粮农组织(FAO)的报告,世界上平均每个人所能得到的可耕地面积已不足 0.25 公顷。

③ 牧草地

即适用于发展畜牧业的土地。全球牧草地折合人均拥有量约 0.6 公顷。绝大多数牧草地在生产力上远不及可耕地,这不仅是因为它们积累生物量的潜力不如可耕地,也因为由植物能量转化到动物能量的过程存在着著名的 10%能量递减效率,而使得实际上可为人所用的生化能量减少了。

④ 林地

指可产出木材产品的人造林或天然林。当然,森林还具有其他许多功能,如防风固沙、涵养水源、改善气候、保护物种多样性等。全球现有人均 0.6 公顷的森林面积。目前,除了少数偏远的、难以进入的密林地区外,大多数森林的生态生产力并不高。此外,牧草地的扩充已经成为森林面积减少的主要原因之一。

⑤ 建筑用地

包括各类人居设施及道路所占用的土地。这类地的世界人均拥有量现已接近 0.03 公顷。由于人类的大部分建成地位于地球最肥沃的土地上,因此建成地的扩充对可耕地的减少具有不可推卸的责任。

(2) 生态足迹计算

① 计算生产各种消费项目人均占用的生态生产性土地面积 A_i。

$$A_i = C_i / P_i$$

其中 P_i 为相应的生态生产性土地生产第 i 项消费项目的年平均生产力(千克/公顷)。

② 汇总生产各种消费项目人均占用的各类生态生产性土地,即生态足迹组分,并计算等价因子 (V)。六类生态生产性土地的生态生产力是存在差异的。等价因子就是一个使不同类型的生态生产性土地转化为等价的生态生产力的系数。其计算公式为:某类生态生产性土地的等价因子 = 全球该类生态生产性土地的平均生态生产力/全球所有各类生态生产性土地的平均生态生产力。

然后计算人均占用的各类生态生产性土地等价量,最后求得各类人均生态足迹的总和 (ef):

$$ef = \sum V A_i$$

(3) 生态容量计算

汇总各类生态生产性土地的面积,然后计算各类人均生态容量。其计算公式为:

生态生产性土地人均生态容量 = (各类生态生产性土地的面积 ×

等价因子 × 产量因子) / 人口总量

产量因子表示某个国家或地区的某种生态生产性土地的平均生态生产力与同类土地的世界平均生产力之间的比值。本规划采用的产量因子为近年研究的平均值(谢高地、刘建兴、张桂宾等),即耕地、林地、牧草地、水域、建筑用地的产量因子分别为 1.79、0.80、0.35、0.84、1.79。

最后对各类生态生产性土地的人均生态容量进行求和(ec)。

将人均生态容量(ec)与人均生态足迹(ef)相减,可以得出地区的人均生态盈余/赤字(es),而生态容量(地区总和)与人均生态足迹(ef)则反映了在原始状态下(不考虑地区的进出口)地区合理的人口容量。

2) 绿色隔离地区现状测算

根据生态足迹的概念和计算方法,对绿色隔离地区的生态足迹与生态容量进行实际计算和分析。

(1) 生态足迹需求计算

通过对统计年鉴和现状调查的数据整理,提取计算绿色隔离地区生态足迹所需的相关参数,从生物资源消费和能源消费两方面进行生态足迹需求计算。

生物资源消费包括农产品、动物产品、林产品、水产品等 30 多项消费项目,本规划选取其中主要的 14 项。考虑到本规划区域与统计年鉴统计单元并非完全一致,且绿色隔离地区内人口多为农村人口,各项生物资源的年人均消费量采用收入水平与地区人均水平较为接近的城镇居民低收入组数据，并结合人均生物资源消费抽样调查数据而获得。生物资源生产面积折算的具体计算数据采用1993年联合国粮食及农业组织(UN-FAO)计算的有关生物资源的世界平均产量资料(表7-10)。

表7-10　绿色隔离地区生物资源生态足迹

生物资源类型	全球平均年产量/(千克/公顷)	年人均消费量/(千克/人)	人均生态足迹/(公顷/人)	总生态足迹/公顷	生态生产性土地类型
粮食	2 744	86.02	0.031 348 397	10 184.6	耕地
油脂	285	8.71	0.030 561 404	9 928.9	耕地
猪肉	285	10.72	0.037 614	12 220.1	耕地
牛羊肉	33	3.72	0.112 727	36 623.1	牧草地
家禽	940	6.76	0.007 191	2 336.2	耕地
鲜蛋	1 000	11.52	0.011 520	3 742.7	耕地
鱼类	29	3.42	0.117 931	38 313.8	水域
蔬菜	18 000	97.56	0.005 420	1 760.9	耕地
茶叶	998	0.28	0.000 280	91.0	园地
干鲜瓜果	18 000	41.5	0.001 857	603.3	园、林地
白酒	2 744	1.45	0.000 528	171.5	耕地
啤酒	2 744	4.56	0.001 661	539.6	耕地
其他酒	2 744	0.05	0.000 018	5.8	耕地
鲜奶	502	15.2	0.030 278	9 836.8	牧草地

数据来源：根据《石家庄市统计年鉴(2014年)》整理。

能源消费部分根据统计资料处理以下几种能源：天然气、液化天然气、原油、汽油、煤油、柴油、燃料油、液化石油气、热力和电力等。计算生态足迹时将能源的消费转化为化石燃料生产土地面积。采用世界上单位化石燃料生产土地面积的平均发热量为标准，将当地能源消费所消耗的热量折算成一定的化石燃料土地面积(表7-11、表7-12)。

人均能源净消费量计算公式如下：

人均能源净消费量＝石家庄市总消费量/石家庄市总人口

表7-11　石家庄绿色隔离地区工业和能源消费统计表

消费项目	单位	石家庄市总消费量	绿色隔离地区能源净消费量
天然气	万立方米	42 438	1 327.50
液化天然气	吨	3 130	97.91
原油	吨	9 465	296.07
汽油	吨	293 670	9 186.25

（续表）

消费项目	单位	石家庄市总消费量	绿色隔离地区能源净消费量
煤油	吨	4 681	146.43
柴油	吨	226 935	7 098.72
燃料油	吨	12 509	391.29
液化石油气	吨	6 515	203.79
热力	百万千焦	18 817 386	588 624.00
电力	万千瓦时	1 161 595	36 335.69

数据来源：根据《石家庄市统计年鉴（2014年）》整理。

表 7-12　石家庄绿色隔离地区能源消费生态足迹

消费项目	全球平均能源足迹/（吉焦/公顷）	折算系数/（吉焦/吨）	净消费量/吨	总生态足迹/公顷	人均生态足迹/（公顷/人）	生产性土地
天然气	93	38.9	1 802.32	4 445.37	0.013 683	化石燃料地
液化天然气	93	38.9	132.93	40.94	0.000 126	化石燃料地
原油	71	41.8	401.97	174.14	0.000 536	化石燃料地
汽油	93	43.1	12 472.01	4 259.54	0.013 111	化石燃料地
煤油	93	43.1	198.80	67.58	0.000 208	化石燃料地
柴油	93	42.7	9 637.81	3 259.55	0.010 033	化石燃料地
燃料油	71	50.2	531.25	276.48	0.000 851	化石燃料地
液化石油气	71	50.2	276.69	143.92	0.000 443	化石燃料地
热力(Gj)	1 000	—	799 164.56	588.36	0.001 811	建筑用地
电力	1 000	36	49 332.33	1 099.40	0.003 384	建筑用地

数据来源：根据《石家庄市统计年鉴（2014年）》整理。

　　对绿色隔离地区各类生态生产性面积进行汇总，乘以相应的等价因子，即得按照世界平均产量计算的绿色隔离地区 2012 年的生态足迹：绿色隔离地区的人均生态足迹为 0.506 公顷/人（表 7-13）。

表 7-13　2012 年石家庄绿色隔离地区生态足迹计算汇总表

生产面积类型	均衡因子	人均生态足迹/（公顷/人）	均衡面积/（公顷/人）	总生态足迹/公顷
耕地	2.8	0.125 863	0.352 41	114 492.02
林地	1.1	0.002 586	0.002 84	922.67
牧草地	0.5	0.143 006	0.071 50	23 229.13
建筑用地	2.8	0.056 549	0.014 54	4 723.80
水域	0.2	0.117 931	0.023 58	7 660.74
化石燃料用地	1.1	0.038 995	0.042 89	13 934.23

（2）生态容量计算

将绿色隔离地区内现状各类土地的人均面积乘以相应的等价因子和产量因子，即得总生态容量为 0.592 公顷/人，再扣除 12% 的生物多样性保护面积后，得到综合生态容量为 0.521 公顷/人（表7-14）。

表7-14　石家庄绿色隔离地区生态承载力计算汇总表

土地类型	面积/公顷	人均面积/（公顷/人）	等价因子	产量因子	均衡面积/（公顷/人）
耕地	30 079	0.092 58	2.8	1.79	0.464 0
林地	1 990	0.006 13	1.1	0.8	0.005 4
牧草地	1 657	0.005 10	0.5	0.35	0.000 9
建筑用地	7 769	0.023 91	2.8	1.79	0.119 9
水域	3 319	0.010 22	0.2	0.84	0.001 7
化石燃料用地	0	0	1.1	0	0

（3）生态盈余/生态赤字的计算与分析

当一个区域的生态容量小于生态足迹时，呈现生态赤字；生态容量大于生态足迹时，呈现生态盈余。生态赤字表明该区域的人类压力超过了其生态容量，要满足其人口在现有生活水平下的消费需求，有两种途径：该区域可从区域之外进口欠缺资源；通过消耗自然资本来弥补供给量的不足。上述情况都说明区域发展处于相对不可持续状态。相反，该区域的生态容量足以支持其人类压力，区域内生态资本的供给大于人口的需求，该区域发展具有相对可持续性（表7-15）。

表7-15　石家庄绿色隔离地区生态足迹与生态承载力计算结果汇总表

人均生态足迹		人均生态承载力	
生产面积类型	均衡面积/（公顷/人）	土地类型	均衡面积/（公顷/人）
耕地	0.352 41	耕地	0.461 489
林地	0.002 84	林地	0.002 734
牧草地	0.071 50	牧草地	0
建筑用地	0.014 54	建筑用地	0.128 070
水域	0.023 58	水域	0.001 200
化石燃料用地	0.042 89	化石燃料用地	0
人均生态足迹	0.507	人均生态承载力	0.593
		生物多样性保护面积（12%）	0.071
总生态足迹	0.507	可利用的人均生态承载力	0.521

由表可知，考虑12%的生物多样性保护面积，2012年石家庄绿色隔离地区的人均生态盈余为 0.015 公顷/人。

7.3.2　生态敏感性分析

生态敏感区是一个区域中生态环境变化最激烈和最易出现生态问题的地区,也是生态系统可持续发展及进行生态环境综合整治的关键地区。在石家庄绿色隔离空间中,生态敏感区除了具有生态作用以外,还制约着城市和城镇的发展规模、发展方向、用地布局和城镇体系结构,对绿色隔离空间的城乡建设活动具有重要意义。

1) 生态因子选取

(1) 生态因子叠加法

生态敏感区划分一般基于生态环境敏感性分析的基础进行,即根据主要生态环境问题的形成机制,分析可能发生的主要生态环境问题类型及其生态环境敏感性的区域分异规律,明确主要生态环境问题发生或可能发生的地区范围以及生态环境脆弱区。

生态因子叠加法是生态环境敏感性分析中广泛应用的分析方法。在确定生态因子的类别和权重的基础上,根据各相关生态因子应对外界压力或外界干扰的适应能力进行适宜性或限制性分级,然后将各因子的适宜性或限制性叠加得出综合评价结果,并叠合现状的生态禁止建设区域,由此划分出生态敏感性区域,确定生态建设分区。

(2) 生态因子选取

绿色隔离空间包含了人工生态系统和自然生态系统,该生态系统包含了 3 个主导要素:城乡生产和生活的主体——人;社会、经济活动的产物——城镇、村庄;隔离区的基底、生态功能的主要载体——自然环境。绿色隔离空间的生态敏感性分析将围绕以上 3 个重要元素,进行适宜性与限制性分析,促进人、城市/城镇、自然环境的和谐共生。

石家庄绿色隔离空间位于石家庄市区与周边市县之间,所辖区域包括滹沱河生态涵养地、太行山山前区域,是石家庄生态保护的重要区域,也是石家庄市重要的农业生产空间。区域中农田比例较高,森林覆盖率低,内部城市建设、村镇建设相对密集,对绿隔内生态要素影响范围、影响作用较大。另外,绿色隔离空间是石家庄市市区与周边县市市区之间重要的缓冲空间,对于引导城市用地集约高效发展、提升城市人居环境具有积极的意义。而从绿色隔离空间的现状发展来看,绿隔中的自然生态系统与人工生态系统复合混杂,缺乏协调共生的关系,城市建设活动对自然生态影响较大。

生态环境因素的评价一方面应充分反映绿隔现有的生态资源优势,以及目前发展所面临的挑战与危机,另一方面应与规划内容紧密联系,作为不同区域功能定位、生态环境容量、建设规模、发展规模、可持续发展战略的重要依据。根据对现状情况的分析,石家庄绿色隔离空间的生态系统不能等同于一般自然生态环境或是一般的城市新区建设,社会经济属性与自然生态属性的结合对生态敏感性的评估有着十分重要的作用,故选择植被覆盖度、土地利用分类、人口压力指标、地形要素、洪水影响因子指标等几项指标作为评价因子。

选择对城乡建设特别敏感的生态因子加以叠加,以界定易受人类活动影响的敏感地带,对其加以保护控制。考虑到现状的复杂性和评价结果的科学性与准确性,本次规划的生态敏感度分析将采用基于 ArcGIS 软件的 GIS 因子评价法进行。

2) 生态单因子评价

(1) 土地利用现状

土地利用现状反映了城乡建设活动对自然生态环境的作用类型,也反映了林地、农田等生态要素的分布状况。石家庄绿色隔离空间现状用地包含了水域、农田、林地、园地等非建设用地，也包含城乡建设用地（城镇、集镇和村庄及周边用地）、独立工矿用地、区域道路交通用地等建设用地。根据绿色隔离空间用地类型农田、村庄居民点用地占比较高的特点，将用地分为建设用地、水域和农田、林地3类进行评价分析（表7-16）。

表7-16　石家庄绿隔区土地利用分类分值表

分值 因子类型	0.6	0.75	1
土地利用分类(A1)	建设用地	水域和农田	林地

（2）植被覆盖度

植被覆盖度反映不同地区生态元素的强度，体现了地区生态资源的保护价值，同时也对土地利用分类指标中农田与林地等生态要素的质量进行进一步的描述。植被覆盖度将按照<30%、30%～45%、45%～60%、60%～75%、>75%等5个等级进行评价（表7-17）。石家庄绿色隔离空间除滹沱河沿河地区的少量林地之外，主要为农田、园地等农业种植用地。

表7-17　石家庄绿隔区植被覆盖度分值表

分值 因子类型	0.3	0.45	0.6	0.8	1
植被覆盖度(A2)	<30%	30%～45%	45%～60%	60%～75%	>75%

（3）人口压力指标

人口压力指标反映了地区人类活动对绿色隔离空间的影响强度，主要以镇/区为单元进行统计，人口压力较大的地区的生态资源在未来受到城乡建设活动的影响的可能性越大。控制该指标权重数值，与土地利用分类及植被覆盖度权重保持较为明显的差值[土地利用分类$A1$、植被覆盖度$A2$均大于（2×人口压力指标$A3$）]，可以筛选出最容易受到影响的生态要素，并指引城市发展的方向。人口压力指数分为<1 000（人/平方公里）、1 000～2 000（人/平方公里）、2 000～3 000（人/平方公里）、>3 000（人/平方公里）等4个等级进行评价分析（表7-18）。

表7-18　石家庄绿隔区人口压力指标分值表

分值 因子类型	0.15	0.3	0.45	0.6
人口压力指标(A3)/(人/平方公里)	<1 000	1 000～2 000	2 000～3 000	>3 000

注：在因子选定阶段人口压力指标与地区经济强度表现出较强相关性

（4）地形要素

地形要素一方面反映了地区地质灾害的易发程度，另一方面则反映了农业发展利用的便利程度。一般划定等级为坡度<10度、10～25度、45～60度、>60度，但由于石家庄绿色隔离空间地形以平原地区为主，坡度均小于10度，因而选用与建设条件、地质条件相关的指标。将地形要素划分为地震断裂带影响范围、山前区影响范围、其他地区等3个等级进行评价分析（表7-19）。

表 7-19　石家庄绿隔区地形要素分值表

分值 因子类型	0.8	0.6	0.3
地形要素($A4$)	地震断裂带影响范围	山前区影响范围	其他地区

（5）洪水影响因子

易受洪水影响的地区对于生态要素的培育以及城乡建设活动的建设都很不利,对地势低洼地区的保护利用应予以重视。绿色隔离空间虽然地形较为平坦,但滹沱河、洨河两大行洪河道的防洪工作对绿色隔离空间的建设有较大的影响。将洪水影响因子划分为高程小于 20 年一遇洪水、20～50 年一遇洪水、高程大于 50 年一遇洪水等 3 个等级进行评价分析（表 7-20）。

表 7-20　石家庄绿隔区洪水影响因子分值表

分值 因子类型	0.5	0.75	1
洪水影响因子($A5$)	高程小于 20 年一遇	20～50 年一遇	高程大于 50 年一遇

3）生态因子综合评价

绿色隔离空间的生态因子综合评价主要使用 ArcGIS 软件对各个因子层进行总和叠加,综合评价（D）的运算式为：$D = 100(a1A1 + a2A2 + a3A3 + a4A4 + a5A5)$

通过特尔斐法与层次分析法,对土地利用分类、植被覆盖度、人口压力指标、地形要素、洪水影响因子等 5 个指标进行权重赋值,通过权重值反映生态系统对外界作用力的敏感性反应的强弱,$a1$～$a5$ 等系数的赋值结果分别为 0.25、0.3125、0.125、0.212 5、0.1。

4）生态敏感区划分

在 ArcGIS 中对各个因子进行加权叠加,将评估值的大小分成不同等级来评价绿色隔离空间生态环境的最敏感区,最终将绿色隔离空间划分为不敏感区、低敏感区、敏感区、高敏感区 4 类区域。叠加之后的绿色隔离空间的综合评估值在 37.625～90.75 之间;以综合评价结果的直方图间断点为基准将绿色隔离空间划分成 4 类地区,对划分点进行±2.5 范围的调整,使不同区域的界线尽可能与绿隔的物理界线相契合,最终确定绿色隔离空间的不敏感区、低敏感区、敏感区、高敏感区的综合评价值分别为（37.625～49.5）、（49.5～65.125）、（65.125～77.75）、（77.75～90.75）（表 7-21）。

表 7-21　石家庄绿隔区生态敏感分区面积统计

分区	面积/公顷	比例/%	分值区间
不敏感区	4 542.9	10.2	37.625～49.5
低敏感区	12 585.6	28.2	49.5～65.125
敏感区	17 538.9	39.3	65.125～77.75
高敏感区	9 906.5	22.2	77.75～90.75
合计	44 574.0	100.0	—

　　从区域划分结果分析,高敏感区集中在西部山前地区;敏感区分布在山前地区与滹沱河沿河地区;低敏感区分布在南部与东部;不敏感区分布在南部与东部。(图7-19)

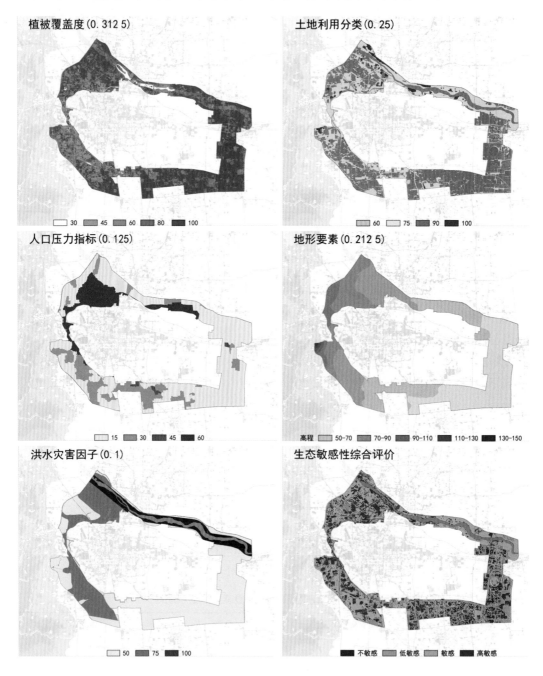

图7-19　石家庄绿隔区生态敏感性分析图

图片来源:自绘

7.3.3 生态空间布局

1) 区域生态协调

在绿带生态建设中必须将地区与区域生态的空间紧密衔接,形成一体化的生态格局,才能增强绿带地区的生态稳定性,并发挥生态建设的最大生态价值。

(1) 对外以生态廊道强化绿带与区域生态资源的联系

区域中的山地、森林、河流水体都是重要的外部生态资源,山地、森林空气净化能力较强,与近郊地区温度差异明显,是为绿带地区输送洁净空气的重要来源;区域河流则可以强化地区水体对污染物的稀释作用,充分调动流域地区的河流自净能力。建设与区域协调的生态格局要通过区域生态廊道建设,形成区域蓝绿体系,强化绿带地区与区域山地、森林、河流水体的空间联系。杭州生态带建设中西部的径山、石牛山、青华山等山体,以及东部的钱塘江滨海湿地作为生态带在区域层面对接的重点,通过绿色开敞空间的设置确保生态带与区域生态要素的协调(图7-20)。石家庄绿带一方面要围绕区域性河流——滹沱河,整理河流水系,强化地区水系与滹沱河的联系,充分利用区域水系的污染物净化能力;另一方面要以绿色开敞空间为基础进行建设控制,形成区域绿楔,连接绿带与太行山山地林带。

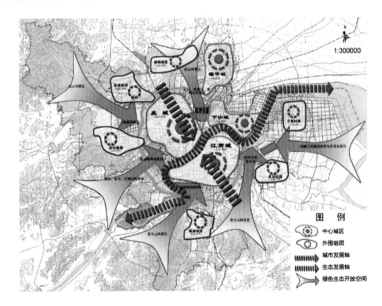

图 7-20 杭州市域生态结构

图片来源:杭州市东部生态带保护与控制规划,杭州市规划局

(2) 对内以绿色游憩空间提升绿带与城市连通度

绿带是城市重要的游憩空间与生态空间,为提高城市中心的生活质量,绿带应该与城市内部进行有效连接。法兰克福为了使绿带与城市内部空间有效连接,规划了绿楔游憩空间,将绿带与城市中心的内城墙绿环之间进行连接,使之形成车轮形态,将原本相互独立的城市绿带、内城墙绿环串接在一起从而有效提升原有绿色空间的可达性(图7-21)。同时,这些绿楔自身各具特色,有沿美因河畔的开放空间轴线,有与其他交通方式并存的绿色道

路,也有较开阔的通风廊道。相对于对外连接,绿带与城市内部的连接要兼顾生态与游憩功能,与城市绿地体系形成一体,发挥绿带生态功能,改善城市环境质量,同时也要与城市公共空间、游憩空间进行连接,增加绿带的可达性,进而提升其作为公共空间的使用效率。

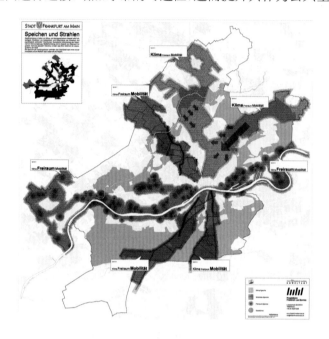

图7-21　法兰克福绿带区域结构

图片来源:杭州市东部生态带保护与控制规划,杭州市规划局

　　石家庄城乡绿色隔离空间内具有较为丰富的生态资源,既有天然的山水资源,也有南水北调引水干渠、环城水系这样的人工资源,但是在绿色隔离空间内未形成统一的生态安全控制标准,也未形成生态空间网络。绿色隔离空间体系的构建必须与区域生态的空间体系紧密衔接,将区域生态系统与城市生态系统衔接起来,形成一体化的生态格局,才能发挥最大的生态价值。

　　① 市域层面:与石家庄市域生态空间的衔接

　　石家庄市域跨太行山地和华北平原两大地貌单元,西部地处太行山中段,东部为滹沱河冲积平原。山区部分面积约占全市总面积的50%,所以山水资源是石家庄最为重要的景观资源,也是城市灵气之所在,对石家庄的生态环境改善主要在林水环境的修复上。

　　在市域生态空间的联系上,绿色隔离空间要重点落实滹沱河沿岸绿带的建设。城市生态廊道(滹沱河湿地景观带)呈东西向穿过,城市文化景观轴南北向贯穿。绿色隔离空间北边为河道生态防护区,东南部为农业观光区,西部为太行山脉屏障区,所以绿色隔离空间内呈现功能、景观的空间异质性和过渡性的特征(表7-22)。

表7-22　石家庄市域生态系统格局

格局	要素	内涵
北水	滹沱河,内、外环水系、滨水风光带	滹沱河是石家庄市的生命之河,主要承担区域防洪、水源涵养等功能。以岗黄水库、横山岭水库为主要水源,以南水北调生态水和弃水作为补充水源

② 都市区层面："城市—组团"生态系统的缓冲带

基于石家庄都市圈生态格局及"一城、三区、四组团"的总体布局结构,以山脉和水系为骨干,建立"西山、绿环、绿廊"的区域生态体系,形成以"绿为近景、城为中景、山为底景"的丰富景观层次。通过具体落实三环绿带、鹿泉近山生态休闲区和市域绿道绿廊(外环水系绿道、滹沱河绿道、西柏坡高速绿道、西部山区绿道、西南部山区绿道、京港澳高速—赵县绿道、石津渠绿道等),改善区域生态环境质量(表 7-23)。

表 7-23　石家庄都市区生态系统格局

格局	要素	内涵
西山	鹿泉近山生态休闲区	距离市中心仅 15 公里,地貌类型为低山丘陵,海拔一般在 150～500 米之间,天然的山地自然生态环境蕴含着丰富的风景旅游资源,既是石家庄中心城区的绿色屏障,同时又是丰富城市居民游憩、观光活动的必要空间
绿环	石家庄三环绿带	三环路两侧各 50 米宽绿化林带,绿化近 3 000 亩,形成长 78.8 公里、宽 100 米的一圈环城生态绿化林带。启动中华北大街北延、307 国道、308 国道、西柏坡高速两侧绿化林带建设。对北绕城高速公路进行了高标准绿化林带建设,建成环绕一圈的生态屏障
绿廊	市域绿道主线、支线建设	按照"串联景区景点,体验休闲生活;连通生态斑块,完善生态系统;连接城乡社区,激活发展动力;串联公园绿地,倡导绿色出行"的思路,分为区域绿道和城市绿道两大类别进行规划,并编制建设指引

绿色隔离空间连接西部生态绿色屏障和东南部生态控制区,是中心城市与外部组团之间形成组团城市结构的重要保障,作为城市人工绿地系统和绿化隔离环境向外围平原地区,丘陵山地地区的水网、农田、林网为核心的自然生态环境的过渡,其内部生态结构的稳定程度和缓冲效应直接关系到城市的生态安全。以西部鹿泉组团近郊低山丘陵区为例,近郊山区区位优势在为市民提供游憩功能的同时,山区生态环境也承受着日益严峻的发展建设的压力,造成水土流失、植被破坏、森林覆盖度下降等问题。通过近山地区管控、进山廊道的建设,作为"城市—组团"生态系统的缓冲带和过滤带,其生态对保障城市生态安全具有重要作用。

③ 绿带地区层面:加强生态化建设

在绿带的地区层面要通过生态化建设落实区域层面的生态格局,修复和改善绿带地区的自然环境,同时也是强化乡村旅游资源的重要举措。首先,要通过公园体系建设形成生态节点;其次要进行多层次、多样化的林带建设;此外,还要对城市通风廊道进行落实。

2) 生态空间的体系框架

(1) 生态空间体系结构

通过对石家庄生态要素分布特征的分析,从都市区层面入手,构建"一环、一轴、多廊"的生态空间体系(图 7-22)。

① 一环

以环城绿带为主体,串联沿线防护林、郊野公园、水系、农田等绿色空间,隔离主城区与鹿泉、藁城、栾城、正定组团间无序蔓延的生态环,是发挥绿色隔离空间生态保育、休闲游憩、景观体验、文化创意、科普教育和安全避灾等功能与效益的主要区域。平均宽度 1 000～4 000 米,是绿色隔离空间的主体。

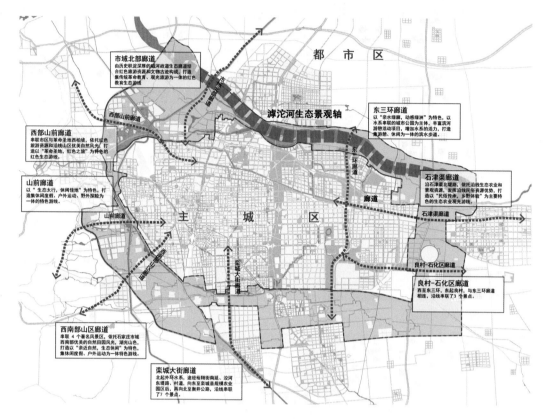

图 7-22　石家庄生态空间系统图
图片来源：自绘

② 一轴

一轴即滹沱河及河道两侧防护林带构成的滹沱河生态景观轴。滹沱河是都市区最重要的生态资源之一，滹沱河的生态景观轴线对于强化石家庄城市特色、形成城市空间格局具有重要意义。平均宽度 400~1 000 米，承担着引风入城、缓解热岛效应的功能。

③ 多廊

建设 8 条线性绿色开敞空间，主要作为各生态斑块之间的连通道，并作为城镇组团之间的绿化隔离，为形成网络化的城市生态格局奠定基础。根据其目标功能可以分为绿道廊道与普通廊道。绿道廊道指以城市绿道为基础建立的生态廊道，主要由带状公园、自然林地组成，其功能包括郊野游乐、生态体验，连接主要的公园、自然保护区、风景名胜区、历史古迹和城乡居住区等。平均宽度 150~200 米。

绿道廊道：山前廊道、西部山区廊道、西南部山区廊道、石津渠廊道、市域北部廊道

生态廊道：栾城大街廊道、东三环廊道、良村-石化区廊道

（2）基于生态保护的生态红线划定

生态红线是我国生态环境保护的制度创新，划定生态红线能有效地保护对区域生态安全和可持续发展具有重要战略意义的关键生态保护区域，防止绿带生态系统在发展演进中生态平衡被打破，继而导致生态系统衰退甚至处于崩溃的临界状态。

生态红线的划定要以生态环境现状评估为基础工作。江苏省、广东珠三角等地的生态

红线区均是在对区域生态环境现状评估和生态环境敏感性评估的基础上展开的。在整体上分析和研究不同地区的自然地理条件、生态环境状况和生态系统特征,以明确全省不同地区生态系统类型的空间分异;针对区域典型的生态系统,要分别评价气候调节、水源涵养、洪水调蓄、环境净化、营养物质保持、生物多样性保护等生态系统服务功能,将敏感评价数值较高的确定为生态红线区域。

生态红线区域划分的重点是主导生态功能的确定。划定生态红线应依据生态系统的结构、功能特征分析和重要性评价结果,确定其主导生态功能,为生态红线区域的分类和保护奠定基础,明确分布空间,最终在区域上进行整合。江苏省根据生物多样性保护、自然与人文景观保护、水源水质保护、洪水调蓄、渔业资源保护、湿地生态系统保护、种质资源保护等 7 项主导功能,并按重要性划分出不同的层级,一级管控区实行最严格的管控措施,严禁一切形式的开发建设活动;二级管控区以生态保护为重点,实行差别化的管控措施,严禁有损主导生态功能的开发建设活动(表 7-24)。

表 7-24 我国生态红线区域划分对比

项目	划分依据	生态红线区域类型	分级控制	占土地面积比例/%
深圳市	城市环境特征、生态服务功能重要性、城市发展总体规划和各部门专项规划	一级水源保护区、风景名胜区、自然保护区、集中成片的基本农田保护区、森林及郊野公园;坡度大于 25%的山地、林地以及特区内海拔超过 50 米、特区外海拔超过 80 米的高地;主干河流、水库及湿地;维护生态系统完整性的生态廊道和绿地;岛屿和具有生态保护价值的海滨陆域等	不分级	50.0
珠江三角洲	区域生态环境敏感性、生态服务功能重要性和区域社会经济发展方向的差异性	自然保护区的核心区、重点水源涵养区、海岸带、水土流失极敏感区、原生生态系统、生态公益林等重要和敏感生态功能区	三级分区中的严格保护区	12.1
江苏省	自然环境条件、生态环境敏感性、生态服务功能重要性、生态系统的完整性和生态空间的连续性	自然保护区、风景名胜区、森林公园、地质遗迹保护区、湿地公园、饮用水水源保护区、海洋特别保护区、洪水调蓄区、重要水源涵养区、重要渔业水域、重要湿地、清水通道维护区、生态公益林、太湖重要保护区和特殊物种保护区	分为一级管控区和二级管控区	22.23

① 水源保护区划定

根据石家庄市人民代表大会常务委员会审议通过,2005 年 1 月 1 日起施行的《石家庄市市区生活饮用水地下水源保护区污染防治条例》规定:

一级保护区范围包括:黄壁庄水库主坝至马山、下黄壁村、上吕村、后东毗、前东毗、郑村、邓村、孟庄、东小壁、北落凌、中落凌、南落凌、纸房头、陈村、西营村、东营村、南高基、肖家营、柳辛庄、西古城、东古城、北高营、凌透、店上、西塔口、东塔口、北中奉、大丰屯、小丰村、陆家庄、九门、南屯、黄庄、固营、朱河、郭家庄、太平在南头(沿河堤)、塔元庄、大孙树、小孙树、平安村、胡村、西里寨(沿河庄陡坝)、邵同、南白店、北白店、同下村、西木佛、南合村、倾井庄、忽冻村至黄壁庄水库主坝地域连接形成的区域。

二级保护区范围包括：滹沱河南一级保护区外黄壁庄水库副坝至永乐、南白砂、北故城、南故城、东邵营、霍寨、徐庄、于底、大郭村火车站、西王村、留营村、钟家庄（沿石太铁路）、京广线、石津渠南支流（沿渠向东）、吴家营、北五女、小丰村至一级保护区地域连接形成的区域；滹沱河北一级保护区外西木佛、韩家楼、曲阳桥、南岗村、教场庄、西洋村、黄庄至一级保护区地域连接形成的区域。

三级保护区范围包括：滹沱河以南二级保护区以外西王村至中山西路至上庄村（沿山前向北）、王屋、高家窑、牛山村至黄壁庄水库副坝地域连接形成的区域。

所以，应当在现状建设用地的基础上控制新的建设行为，以及可能污染地下水源和地表水源的开发行为。

② 洪水淹没区划定

1996 年洪水的淹没分析，西部山前的 0.5 米水深淹没线距离城市西三环 700～1 400 米宽，与上版城市总体规划预留的城市西部泄洪通道至少有 700 米相吻合，所以西部隔离空间设置宽度应至少保证 700～1 400 米的泄洪通道。

③ 生物廊道划定

确定生物保护廊道宽度时必须注意几个关键问题：a. 应使生态廊道足够地宽以减少边缘效应的影响，同时应该使内部生境尽可能地宽；b. 根据可能使用生态廊道的最敏感物种的需求来设置廊道宽度；c. 尽量将最高质量的生境包括在生态廊道的边界内；d. 对于较窄且缺少内部生境的廊道来说，应该促进和维持植被的复杂性以增加覆盖度及廊道的质量；e. 除非廊道足够地宽（比如超过 1 公里），否则廊道应该每隔一段距离都有一个节点性的生境斑块出现；f. 廊道应该联系和覆盖尽可能多的环境梯度类型，也即生境的多样性。

国外研究结论：生物迁移廊道的宽度随着物种、廊道结构、连接度、廊道所处基质的不同而不同。对于鸟类而言，十米或数十米的宽度即可满足迁徙要求。对于较大型的哺乳动物而言，其正常迁徙所需的廊道宽度则需要几公里甚至是几十公里。有时即使对于同一物种，由于季节和环境的不同，所需要的廊道宽度也有较大的差别。考虑所有物种的运动时，或者当对于目标物种的生物学属性知之甚少时，又或者希望供动物迁移的廊道运行数十年之久时，那么合适的廊道宽度应该用公里来衡量（表 7-25）。

表 7-25　不同宽度生物廊道的功能及特点

宽度值/米	功能及特点
3～12	廊道宽度与草本植物和鸟类的物种多样性之间相关性接近于零；基本满足保护无脊椎动物种群的功能
12～30	对于草本植物和鸟类而言，12 米是区别线状和带状廊道的标准。12 米以上的廊道中，草本植物多样性平均为狭窄地带的 2 倍以上；12 米～30 米能够包含草本植物和鸟类多数的边缘种，但多样性较低；满足鸟类迁移；保护无脊椎动物种群；保护鱼类和小型哺乳类动物
30～60	含有较多草本植物和鸟类边缘种，但多样性较低；基本满足动植物迁移和传播以及生物多样性保护的功能；保护鱼类、小型哺乳、爬行和两栖类动物；30 米以上的湿地同样可以满足野生动物对生境的需求；截获从周围土地流向河流的 50% 以上的沉积物；控制氮、磷和养分的流失；为鱼类提供有机碎屑，为鱼类繁殖创造多样化的生境

（续表）

宽度值/米	功能及特点
60/80～100	对于草本植物和鸟类来说,具有较大的多样性和内部种;满足鸟类及小型生物迁移和生物保护功能的道路缓冲带宽度;许多乔木种群存活的最小廊道宽度
100～200	保护鸟类,保护生物多样性比较适合的宽度
≥600～1 200	能创造自然的、物种丰富的景观结构;含有较多植物及鸟类内部种;通常森林边缘效应有 200～600 米宽,森林鸟类被捕食的边缘效应大约范围为 600 米,窄于 1 200 米的廊道不会有真正的内部生境;满足中等及大型哺乳动物迁移的宽度从数百米到数十公里不等

注:生境(Habitat)是指生物个体、种群或群落多处的具体环境。它是特定地段上对生物起作用的生态因子的总和

所以,在总体规划确定城市集中建设用地的外围时,应当划定至少 1 200 米宽的生物廊道,以满足保护和恢复动植物的内部生境。

④ 工程地质环境评价

a. 工程地质环境区划。城市西部及西北部为山麓堆积工程地质区,分布于城东桥—方台—南杜村—大宋楼—南甘子一带,太平河至洨河冲洪积扇上。地处山前洪水泛滥区,易受山洪袭击,地形起伏较大,场地稳定差。冲沟发育,深度一般在 2～5 米,水土流失严重,历史上洪水灾害频繁。区内含水层多呈条带状分布,水位埋深一般为 20～25 米。断裂构造密集,多成带出现,构造稳定性差,外围地区地震时相对本区影响较大。为建筑抗震的不利地段。

城市北部为河流侵蚀堆积区,砂土工程地质段,主要分布在滹沱河河谷及河漫滩地带。岩性以全新统新近堆积粉土、中砂和粉细砂,局部夹有中粗砂,松散,稍湿。浅层土分布为粉土和砂土,承载力低。河床宽阔,浅滩出露,河曲发育,柳辛庄以西下切侵蚀严重。滹沱河有水通过时,地下水位迅速回升,年变幅可达十多米,近河床水位埋深较浅。京广铁路西侧至南高基、五七路两侧,水位埋深为 40～45 米。该区历史上地震、洪水灾害频繁,地震较大时有产生砂土液化的可能性。

b. 地基稳定性评价。根据城市现有不同类型建筑物的特点,对评价深度内地基土进行了分区分层评价。在分区分层稳定性评价基础上进行了地基稳定性评价。较不稳定的Ⅲ类地基土和不稳定的Ⅳ类地基土主要分布在评价区西部及南部小张庄—永壁一带,北部边缘和东北部谈固—宋营—南席以北一带。

c. 地表稳定性评价。区内外动力地质作用主要表现为水土流失和洪水泛滥,根据外动力地质作用的强度进行地表稳定性评价。

其中,城市西部为较不稳定区,包括上京村—于底—北杜村—北降壁以西的构造剥蚀残丘台地区及洪积锥群侵蚀堆积区。城市的北部为不稳定区,包括杜北—柳辛庄—凌透—杨家庄—岗上镇以北的滹沱河洪泛区。

d. 地表排污能力分区评价。滹沱河河谷地区为易污染地区,河谷地带宽 0.5～4.0 公里,地形坡度小,包气带岩性以砂砾石为主。滹沱河河漫滩区,极易污染。滹沱河河漫滩二级阶地以上,主要在杜北—柳辛庄—凌透—小丰村以南,留营—西兆通—岗上镇以北,上京—于底以西的地区,较易污染。

西部残丘台地区,除局部有风化岩分布外,主要为上更新统黄土、黄土碎石及风化岩。山麓坡洪积区,垂直裂隙发育,防污能力差。主要岩性为中、上更新统含砾石粉质黏土和黏

土砾石。受山区小河的影响,局部分布有带状薄层砂土。属于较易污染区。

e. 城市工程建设用地适宜性评价。综合石家庄市区内的工程地质环境、地表稳定性、地壳稳定性、地基稳定性及地表防污能力分区特点,对工作区城市工程建设用地适宜性进行分区。

城市工程建设用地适宜性差区:包括杜北—留营—玉村—寺家庄一带及其以西洪积锥群分布区;店上—董家庄—小丰村以南,石黄高速公路以北地区,是建筑抗震的不利地段,不适宜兴建多层及高层建筑;大车行—北故邑一带地形起伏较大,基岩埋深浅,基底不平,土质均匀性差,水位埋深浅。断裂构造密集,多成带出现。是建筑抗震的不利地段。

城市工程建设用地不适宜:滹沱河洪泛区是历史上洪水和地震多发区,不适宜城市建设。综合工程地质环境区划、地基稳定性分区、地表稳定性分区(外动力地质作用分区)、地表排污能力分区等方面进行分析,明确规划控制城市北部石太高速公路以北至滹沱河岸线之间用地以及城市西北部规划张石高速公路至南水北调之间用地为不适宜大量建设区,严格控制建设用地数量,在保证现状村庄居民点用地的建设外,不宜进行新的建设用地安排。

⑤ 基于石化园区的影响划定非建设区

国外相关研究指出,在石化区工作的劳工或附近居民,不论癌症发病率或其他对人体健康上的不良影响有显著增高。研究表明,胃癌、直肠癌、鼻腔及鼻旁窦癌、肺癌、黑色素瘤与其他皮肤癌及全癌症皆有较为显著增加。另外,研究还发现男性居民的口腔癌、喉癌、胃癌、气管支气管及肺癌、前列腺癌、肾脏及泌尿道器官癌及全癌症,其发病率随着污染浓度的增加而上升,而女性居民只有口腔癌及喉癌随着污染浓度的增加而上升。

作为总体规划的一个基础研究项目,《石家庄总体规划环境影响研究与评估报告》提出:在化学工业园区以外1公里范围内,为卫生防护距离。在该范围内村庄、住宅、学校、医院等环境敏感点必须全部搬迁。应通过种植高大乔木所形成的绿化进行硬性隔离,不宜进行开发建设,尤其禁止建设遭受污染后可能对人体健康造成不良影响的设施。东西方向1公里外至3公里范围为缓冲区,南北方向1公里外至4公里范围为缓冲区。

综合以上几个方面的因素,规划确定以下区域为非建设用地。

西部为青银高速公路与规划西三环之间的广大区域,宽度为4公里,既能满足生物廊道的大中型哺乳类动物的迁徙与内部生境的构成,还能创造自然的、物种丰富的景观结构。其中,700～1 400米宽度为严禁建设区,土地利用以"农用地"中的"耕地"为宜,不宜种植"园地、林地",保证西部防洪度汛的工程需求。在西三环的内部,宜控制200～600米宽的用地,安排"农用地"中的"林地",作为城市的绿色生态长廊,亦能够满足一定的生物廊道距离,为鸟类提供生存的环境以及物种的多样性空间。

北部为石太高速公路以北至滹沱河岸线之间用地,规划安排"农用地"中的"园地""林地""牧草地""耕地",保留现有的"其他用地"中的"河流水面""坑塘水面""内陆滩涂"用地。既保护地下水源的要求,又满足濒水动植物等的生境需求,宽度为1～4公里。

东部石化区的隔离,1公里为控制建设区,满足卫生防护距离要求,规划安排"农用地"中的"林地""牧草地",内部全部村庄搬迁。3～4公里范围内为缓冲区,种植防护林地保证至少1 200米宽的生物廊道,满足较多植物及鸟类内部种,构造真正的内部生境,创造自然的、物种丰富的景观结构。

京珠高速公路两侧的隔离控制总1 200米宽,单侧宽度不少于200米,规划安排"农用地"中的"林地""牧草地""耕地",满足保护鸟类、生物的多样性。

东部与藁城组团的隔离,在良村经济技术开发区的东侧至规划京珠高速公路之间的区域,控制宽度1200米,规划安排"农用地"中的"林地""耕地",满足生物廊道的基本宽度。

南部与栾城、窦妪工业区之间的隔离主要体现在满足石化区南侧的卫生防护距离规划"林地"作为硬隔离,其余地区满足村庄居民点的建设用地外,全部规划安排"农用地"中的"耕地",并保证一定量的"菜地",既满足小型哺乳类动物、昆虫的生存环境,又满足城市居民日常生活的蔬菜需求。

（3）公园体系建设

要通过公园体系建设形成生态节点。香港的郊野公园将重要生态节点、生态敏感区和森林公园、水源保护区、遗址史迹保护区等纳入郊野公园范围,维护了农业用地及自然景观的生态职能,并设置郊游路径、游客中心和露营地以促进地区旅游发展。郊野公园的建设不仅保护了城市与乡村交界处的良好自然资源,同时也使已经遭到破坏的资源条件得到修复,并很好地满足了周边居民的游憩需求(图7-23)。而上海绿带也根据地区特色规划建设了十几个以森林公园、文化旅游、体育休闲等为主题的大型公园,为市民提供了丰富的游憩空间(图7-24)。对于绿带而言,以郊野公园、生态公园为形式的建设能对生态要素进行成片的保护,修复受损的生态环境,同时促进地区游憩产业发展。石家庄绿带在郊野公园建设上有一定的发展基础,在今后发展中应注重公园的系统性,以形成整体性的郊野公园体系。

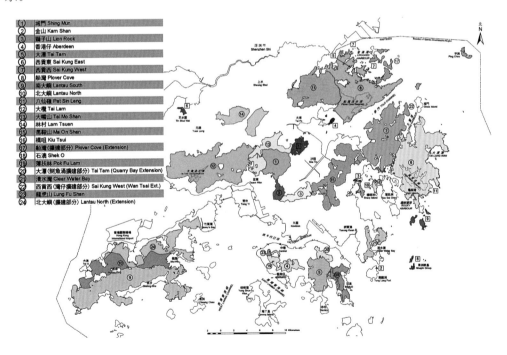

图7-23 香港郊野公园建设情况图

图片来源:孙瑶,马航,宋聚生.深圳、香港郊野公园开发策略比较研究[J].风景园林,2015(7):118-124

（4）林带建设

要进行多层次、多样化的林带建设。林带建设是城市生态建设、绿带建设中常用的手段,如莫斯科森林公园保护带依靠道路与河流进行了 18 万公顷林带建设,从 8 个方向楔入城市,将城市公园与周围的森林公园相连。但要使生态林带具有生态廊道的功能,还需要注意林带宽度与物种多样性。广东生态景观林带建设根据廊道的重要性进行宽度控制,形成了多层次的林带系统。绿带地区中生态廊道众多,应当根据城乡道路等级与居民点进行不同强度的林带建设。在区域生态空间体系的基础上,进行林带建设,强化完善区域生态系统,并根据要素的类型进行建设控制。

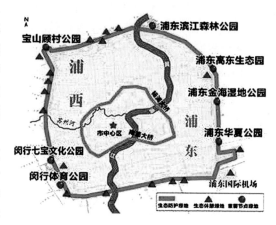

图 7-24　上海绿带大型公园建设情况
图片来源:上海市规划局网站

① 区域林带

环城林带:建设环城林带,线路为:大地艺术景观区—西北水利防洪工程—南环水系—东南农业观光园—滹沱河观光带建设,控制宽度不低于 200 米。滹沱河林带:防洪堤外围控制 50～200 米严格控制区,建设用地范围内控制 50 米严格控制区,建设用地范围外控制 200 米严格控制区。

② 道路林带

快速路:在一般地段两侧各控制 50 米绿化带,禁止在绿化带两侧进行开发性建设。国、省道:途经的一般性地段两侧控制 50 米绿化带,两侧禁止开发性建设。县乡道路:途经的一般性地段两侧分别控制 5～10 米绿化带,两侧禁止开发性建设。铁道:途经的一般性地段两侧分别控制 20～30 米绿化带,两侧禁止开发性建设。

③ 环村林带

农村居民点用地外围控制 50 米林带,禁止开发性建设。

（5）通风廊道规划

要对城市通风廊道进行落实。通过地表粗糙度分析与最小路径分析,分析夏季盛行风行进方向,结合林带建设形成连接城市与外围郊野地区的通风廊道。以道路、绿色空间为主体发展,加强绿化建设,形成引导空气流动绿色开敞空间;以建筑控制为辅助强化,对通道两侧建筑形态进行控制,减少迎风面面积对风力的消减作用。

城市由于高层建筑的日益增多,热岛现象及城市空气污染滞留现象频繁发生。城市中的风在穿过错综复杂的城市建筑群时需要消耗大量的能量,因此低的城市风速往往出现在城市表面粗糙度较高的区域。通风廊道是风环境规划在城市中的具体体现形式,良好的风廊系统设计是改善城市近地层风环境的重要途径,在引导城市风流动过程中具有十分重要的作用。绿色隔离区作为石家庄市区与区域生态系统的连接地区,是城市通风廊道的重要作用区。

运用地表粗糙度分析法和最小成本路径分析法,对石家庄绿色隔离区进行通风廊道分析。参照全国地表粗糙度分类标准,规划将初步方案中的用地分为 4 类,并分别进行地表粗糙度赋值(表 7-26)。

表 7-26　石家庄绿隔区地表粗度赋值表

用地类别	城市中心、片区中心建设用地（不包含广场用地、绿地、道路用地）	非中心区建设用地（不包含广场用地、绿地、道路用地）	村庄建设用地、绿地、广场用地	非建设用地
地表粗度	0.3	0.26	0.22	0.16

对绿色隔离区规划范围绘制 300 米×300 米的网格对用地进行切分，求网格内粗度值的加权平均值，得到各个网格的成本值（FAI）。

绿色隔离区风向呈明显主导风向型，全年盛行西风和东南风。分别在绿色隔离区西部、东南部绘制通风廊道的起点，分析盛行风向分别为西风与东南风时的通风廊道（图 7-25、图 7-26）。

图 7-25　石家庄绿隔区盛行风向为
东南风时通风廊道
图片来源：自绘

图 7-26　石家庄绿隔区盛行风向为
西风时的通风廊道
图片来源：自绘

以西部为起点的 22 条通风廊道在进入市区后开始汇集，在市区形成了 4 条东西向的主要通风廊道；以东南部为起点的 33 条通风廊道，同样在进入市区后开始汇集，在市区形成了 5 条南北向的通风廊道。并以其粗细显示其重叠最小成本路径数量。

东西向：通风廊道主要沿铁路干线、两侧有防护绿带的干道形成。包括南二环廊道、北二环廊道、石太铁路廊道、仓丰路廊道等 4 条廊道。南北向：通风廊道主要沿城市干道形成和组团之间的生态空间形成。包括石栾路廊道、京珠高速廊道、太行大街廊道、东三环廊道等 5 条廊道。

（6）通风廊道发展策略

风道是一个三维立体的概念，看起来是一条不存在的虚拟"道路"，却又实实在在地存在着，河流、绿化、道路与建筑高度等都与风道相依相存。

以道路、绿色空间为主体发展。绿色隔离区通风廊道发展应以主要道路为主体，合理设置通风廊道通过的道路的等级，以绿化为主要强化手段，在绿色隔离区形成廊道，与市区通风廊道相连，引导山野之风入城。

以建筑控制为辅助强化。城市建设建筑高度、密度、容积率等建筑容量的控制应在出具规划条件及项目审批时进一步加以细化，控制通风廊道上的建筑的迎风面面积，减少对风力的消减作用，以确保城市通风廊道的预留，从而形成独特的"城市风廊"。

以生态布局为补充优化。加强绿色隔离区中通风廊道经由地区的生态建设与生态保护，控制污染较大的二类、三类工业的布局，从源头上保证进入石家庄市区的气流的洁净，为石家庄内部提供干净、清洁的气流,改善市区内部的空气质量(图 7-27)。

图 7-27 石家庄绿隔区风廊风道规划图
图片来源:自绘

7.3.4 公共安全规划

1) 公共安全规划的必要性与相关要素

(1) 公共安全规划的必要性

城市公共安全规划是为了免于事故和灾害的发生而从时间和空间上所做的安排。城市公共安全规划的本质是在对城市风险进行预测的基础上所做的安全决策,或者对城市的安全设计,目的是控制和降低城市风险,使之达到可以接受的水平。城市公共安全规划是通过对城市风险进行分析研究,为最大化地降低突发事件对城市的不利影响,而对城市用地、设施以及人类活动进行的空间和时间上的安排。

公共安全作为国家安全的重要组成部分,是城乡依法进行社会、经济和文化活动,以及生产和经营等所必需的良好的内部秩序和外部环境的保证。

(2) 公共安全规划考虑的相关要素

① 洪灾防护

城市防洪的对象是河洪、山洪、泥石流和海潮,我国大多数城市临河建设,河道防洪的水平直接关系到城市的安危,因而大多数城市防洪的重点是河洪。

规划区防洪主要受滹沱河、太平河、洨河等 3 个系统洪水影响。而滹沱河则为公共安全规划中的重要因素之一。滹沱河从市区北部穿过,城区以上流域面积 23 580 平方公里,为石家庄市第一大洪源,目前其防洪标准为 50 年一遇。

② 工业防护

所谓的工业防护,即是对于规划区内可能出现的重大工业污染进行防治,主要为对规划区外围的一类工业进行防护。

规划区工业防护主要受到石化区的影响。石化区的工业以石油加工与化工生产为主,属于污染较大的一类工业,紧邻绿色隔离地区,是影响绿色隔离空间乃至石家庄市区的重要的面污染源。

③ 地质防灾

规划区无地质灾害易发地区。

2) 公共安全规划控制区

(1) 滹沱河防洪治导区

滹沱河市区段的防护范围,南至南治导线,北至北治导线,宽度约 1.5 公里,共 96.9 平方公里。

(2) 西部行洪区

西部山前泄洪通道(太平河和洨河)的控制区,主要为西三环以西 700 米范围,共 23.6 平方公里。

(3) 石化区防护区

石化区规划范围向外 1 000 米范围,共 16.6 平方公里。

3) 规划管控措施

(1) 防洪区规划管制措施

根据《防洪标准》(GB 50201—2014)和《石家庄市城市总体规划》等,滹沱河石家庄城区段防洪工程等别应为 II 等,防洪堤、泄洪闸为主要构筑物,级别为 2 级,护坡为 3 级。城区防洪工程标准近期按 100 年一遇标准进行规划设计,逐步提高抗洪能力,远期达到 200 年一遇标准。将滹沱河防洪治导区与西部行洪区纳入禁建区,对建设活动进行严格控制。而布局于区域内的公用设施与区域道路均须进行洪水防护的安全评估,并采取相应的防洪措施。

(2) 工业防护区规划管制措施

根据《石家庄市城市总体规划》,将石化区范围向外 1 000 米地区设置为工业防护区,纳入禁建区,对建设活动进行严格控制。工业防护区内着重进行防护林带建设,通过林带建设减少石化区对周边地区影响,保证周边居民的生存生活条件。

7.4 城乡用地

7.4.1 镇村体系规划

1) 规划原则

(1) 统筹城乡经济发展

推进农业产业升级与调整产业结构相结合,促进产业结构的合理化和地域性产业的特色化。以生态环境和田园风光为基础进行城郊休闲产业开发,加快推进农产品标准化和农业的产业化,丰富城市产业结构,促进城乡经济的多元化。

(2)统筹城乡空间发展

推进城乡产业布局、城乡建设空间布局的集约化,形成分工明确、紧凑有序、有机开放的城乡空间结构体系。以"三集中"为发展方向,即工业向园区集中、人口向城镇集中、农田向规模化经营集中,加强城乡建设的管理,严格保护基本农田,积极引导居民点集中建设。

(3)统筹城乡公共服务

推进城乡公共产品结构的合理化和基本公共服务的均等化,以公益性公共服务设施和市政基础设施为重点,推进城乡公共服务的均等化,同时因地制宜,探索公共产品空间配置的合理化。进一步完善农村地区的社会保障体系,使城乡居民享有同等的公共服务。

(4)统筹城乡生态建设

推进城乡生态建设和环境保护一体化,农村地区景观环境应保持原有乡村风貌和地域文化特色,整合现状河流水系和林地资源,营造出充满生机和活力的田园风光。

2)等级结构

根据上位规划与相关规划,绿色隔离空间构建以镇、村为基础的"新市镇——一般镇—重点村——一般村"的四级体系。

(1)新市镇(2个)

包括:上庄镇、冶河镇。

新市镇是绿色隔离空间产业发展及人口集聚的重要承载节点。应充分依托现有发展基础、交通区位优势、自身资源条件,合理发展优势产业,发挥工业化、城市化和农业产业化的相互促进和带动作用,加强生态环境保护,将城镇建设成为功能完善、环境优美、交通便捷的现代化城镇。

(2)一般镇(3个)

包括:大河镇、寺家庄镇、南营镇。

一般镇应当因地制宜,引导人口合理集聚。完善基础设施和基层公共服务设施,注重其产业园区的建设,加快教育、文化、卫生、体育等社会事业的发展,改善人居环境,并服务于周边乡村地区。

(3)重点村(12个)

包括:东客、端固庄、土山、宜安、庄合、双庙、霍寨、东马庄、上京、前杜北、后杜北、城杨庄。

重点村是现状发展较好、发展条件优越或是有较高历史文化价值的村庄。应结合自身条件适当发展旅游观光与现代农业生产。

(4)一般村(14个)

包括:疙瘩头、高迁东街、高迁西街、高迁北街、南降壁、岗上、西良厢、北高庄、贾村、小河、杜童、纸房头、陈村、小马。

3)规模结构

到规划期末,按镇区人口2万~4万人、4万~8万人的标准划分其规模结构。其中,新市镇中上庄镇、冶河镇人口为4万~8万人,一般镇中大河镇、寺家庄镇、南营镇人口为2万~4

万人(表7-27)。

表7-27 石家庄村镇体系

等级	名称	人口规模(万)
新市镇	上庄	8.0
	冶河	8.0
一般镇	大河	3.5
	寺家庄	3.0
	南营	2.0
重点村	东客、端固庄、土山、宜安、庄合、双庙、霍寨、东马庄、上京、前杜北、后杜北、城杨庄	0.25~0.6
一般村	疙瘩头、高迁东街、高迁西街、高迁北街、南降壁、岗上、西良厢、北高庄、贾村、小河、杜童、纸房头、陈村、小马	0.1~0.25

4) 职能结构

基于空间区位、发展资源的不同,绿色隔离空间内城镇与农村的发展侧重点不同。在规划期内,人口和产业应有计划地向镇区迁并,并集中大部分的建设资金和力量完善镇区的公共配套和市政设施,改善投资环境和居住生活环境。

(1) 新市镇

① 上庄镇

靠近石家庄中心城区,受其经济影响较大,在第二、三产业方面都有很大的发展空间,因此在人口规模和城乡建设用地面积上逐步增长。

发展定位:现代商贸服务业的集中发展区与休闲度假特色产业发展区。

发展方向:上庄镇东侧石家庄环城水系的泄洪区不宜建设;北侧临近开发区,城镇发展空间较少;西侧为特殊用地;南侧用地充裕,用地条件良好。因此城镇空间重点向南发展。

② 冶河镇

利用现有基础,借助处于石家庄市和栾城县城的区位优势,建设冶河商贸区,重点发展商贸仓储、物流配送、环保住宅、餐饮服务等第三产业,建设功能完备的商贸小区。

发展定位:以休闲娱乐等第三产业为主的生态宜居镇。

发展方向:冶河镇现状位于京珠高速公路与308国道之间,未来容易和南部的程上和东部的大营联合发展,因此冶河镇的主要发展方向为向东。

(2) 一般镇

① 大河镇

是鹿泉市承接石家庄中心职能的重要地域,也是与石家庄联系紧密的地区,人口规模和用地规模呈增长态势。

发展定位:以旅游服务和农副产品加工为主。

发展方向:现状大河镇西侧和北侧紧邻张石高速公路;南侧为在建的石家庄蔬菜物流园,三个方向的城镇发展空间有限;东侧地形平坦、空间充裕。因此城镇主要拓展方向为向东发展。

　　② 寺家庄镇

　　位于鹿泉区东南部平原地带(西部有少量丘陵),距石家庄市仅10公里。石家庄至南佐(元氏县)的公路由东向西穿越镇域。

　　发展定位:以现代物流为发展主导的城镇。

　　发展方向:寺家庄镇交通条件较好,特别是南北向的红旗大街向北直通石家庄。寺家庄镇主要受到石家庄市的经济辐射,因此城镇主要发展方向为沿红旗大街向北发展为主,沿镇区主要道路向西发展为辅。

　　③ 南营镇

　　南营镇现状位于石家庄藁城区南部平原地区,北接廉州镇,南连梅花镇,北部连接307国道,区域内市级公路纵贯南北,交通发达。

　　发展定位:生态宜居小镇。

　　发展方向:受北部廉州镇的辐射以及北部交通条件的拉动,未来镇区主要向北发展。

　　• 城镇公共服务设施控制标准

　　城镇公共服务设施配置严格执行《河北省村镇公共服务设施规划导则(2011年版)》相关规定(表7-28)。

表 7-28　河北省城镇公共服务设施控制标准一览表

类别	项目	新市镇	一般镇
行政办公	党政机关、社会团体	●	●
	公安、法庭、治安管理	●	●
	建设、市场、土地等管理机构	●	○
	经济、中介机构	●	○
教育科研	幼儿园、托儿所	●	●
	小学	●	●
	初级中学	●	○
	高级中学或完全中学	○	/
	职教、成教、培训、专科院校	○	/
文体科技	文化娱乐设施	●	●
	体育设施	●	●
	图书科技设施	●	○
	文物、纪念、宗教类设施	○	○
医疗保健	医疗保健设施	●	●
	防疫与计生设施	●	●
	疗养设施	●	○

（续表）

类别	项目	新市镇	一般镇
商业金融	旅店、饭店、旅游设施	●	
	商店、药店、超市设施	●	
	银行、信用社、保险机构	●	
	理发、洗衣店、劳动服务等	●	
	综合修理、加工、收购点	●	
集贸设施	一般商品市场、蔬菜市场	●	
	燃料、建材、生产资料市场	○	
	畜禽、水产品市场	○	
社会保障	残障人康复设施	●	
	敬老院和儿童福利院	●	
	养老服务站	●	

注：●—应建的设施；○—有条件可建的设施；/—一般不建的设施

（3）重点村与一般村

重点村适当发展第三产业，结合自身条件适当发展旅游观光与现代农业生产。上京、后杜北、前杜北依托毗卢寺发展文化旅游服务业、加强旅游服务设施的建设，霍寨、东马庄依托植物园发展旅游服务业；东客、端固庄、土山、宜安依托农业观光园发展旅游服务业，加强旅游服务设施建设；庄合、双庙周边旅游资源丰富，可积极发展住宿、农家餐饮、休闲娱乐等服务业。

一般村则作为普通的农村居民聚居点，加强居民生活配套建设。

• 农村公共服务设施控制标准（表7-29）

表 7-29　河北省农村公共服务设施控制标准一览表

类别	项目	重点村	一般村
行政管理	党政机关、社会团体	●	●
	经济、中介机构	○	/
教育机构	幼儿园、托儿所	●	●
文体科技	文化娱乐设施	●	○
	体育设施	○	○
	图书科技设施	○	○
	文物、纪念、宗教类设施	○	○
医疗保健	医疗保健设施	●	●
	疗养设施	○	○

（续表）

类别	项目	重点村	一般村
商业金融	旅店、饭店、旅游设施	○	/
	商店、药店、超市设施	○	○
	理发、洗衣店、劳动服务等	○	/
	综合修理、加工、收购点	○	○
社会保障	敬老院和儿童福利院	●	/
	养老服务站	●	/

注：●—应建的设施；○—有条件可建的设施；/—一般不建的设施

7.4.2 城乡空间布局

绿色隔离空间总面积为 438.0 平方公里，整体呈环状围绕石家庄市区，宽度为 1～4 公里。绿色隔离空间用地布局以非建设用地为主，共有 37 180 公顷，占总用地面积的 84.9%；建设用地面积 6 616 公顷，占总用地的 15.1%（表 7-30）。

表 7-30 石家庄绿隔区城乡用地汇总表

序号	用地代码	类别名称		面积/公顷		占总用地比重/%	
				现状	规划	现状	规划
1	H	建设用地		8 125	6 616	18.6	15.1
		其中	城镇建设用地	1 543	3 414	3.5	7.8
			农村居民点建设用地	4 699	863	10.7	2.0
			区域交通设施用地	1 058	1 242	2.4	2.8
			特殊用地	469	469	1.1	1.1
			其他建设用地	356	628	0.8	1.4
2	E	非建设用地		35 671	37 180	81.4	84.9
		其中	水域	3 319	4 507	7.6	10.3
			农林用地	32 352	32 673	73.9	74.6
总计		总用地		43 796	43 796	100.0	100.0

备注：2014 年现状常住人口 32 万人；2030 年规划常住人口 36 万人

1）建设用地

规划建设用地面积为 6 616 公顷，占总用地面积的 15.1%。建设用地的布局较现状更为紧凑，主要集中在新市镇、一般城镇，以及保留村庄。

规划城镇建设用地 3 414 公顷，占总用地面积的 7.8%。城镇建设用地主要分布于上庄、冶河、大河、寺家庄、南营等 5 个城镇，另外永壁（铜冶）、城郎（柳林屯）等片区也布局有部分城镇建设用地。人均城镇建设用地面积为 114 平方米/人。

规划农村居民点建设用地为 863 公顷,占总用地面积的 2.0%。对发展现状较好、发展条件优越、历史价值较高的村庄进行保留,村庄数量由 101 个减少至 29 个,人均农村居民点建设用地面积为 143 平方米/人。

规划区域交通设施用地为 1 242 公顷,占总用地面积的 2.8%。规划对现有道路系统进行完善,包括了新京港澳高速公路、南三环东延线、东三环北延线、石家庄绕城高速公路等区域道路的建设。

规划特殊用地为 469 公顷,占总用地面积的 1.1%。用地规模维持现状,包括藁城的军用机场以及鹿泉的军事用地。

规划其他建设用地为 628 公顷,占总用地面积的 1.4%。增加的用地主要为石家庄植物园的旅游设施用地,此外也包括栾城与藁城的区域公用设施用地。

2)非建设用地

规划非建设用地面积为 37 180 公顷,占总用地面积的 84.9%。非建设用地的增加主要来源于农村居民点用地的整理。

规划水域面积为 4 507 公顷,占总用地面积的 10.3%。主要来源于滹沱河市区段的整理、南水北调工程建设、环城水系工程东线建设以及植物园片区的面状水体建设,在绿色隔离空间内形成了以主要河流为骨架、以灌溉沟渠为分支、以面状水体为点缀的水系体系。

规划农林用地面积为 32 673 公顷,占总用地面积的 74.6%。规划将零散的城乡建设用地进行整理,并将新增建设用地向新市镇、城镇集中,减少建设用地对非建设用地的分割,增加其整体性与连续性。在滹沱河沿河地区以及水源保护区,形成较为完整的东西向生态带,使沿河地区的环境净化能力与生态系统稳定得到增强;在东南部,通过村庄建设用地的整理,使农林用地形成广阔的面状分布,为农业的规模化、专业化经营提供发展基础。

7.4.3 城镇建设用地布局

城镇中心辐射能力相对较弱,由于溢出效应的距离递减规律,绿带地区城镇应形成紧凑的空间布局,以充分利用其辐射作用,节约城镇发展成本,同时通过促进城镇建设用地相对集中地布局,减少对生态环境的影响。

一方面促进城镇用地紧凑布局,适度提升用地强度。近郊城镇主要依托规模较大的村庄发展起来,城镇蔓延发展的趋势明显。成都"198"生态区对城镇用地发展进行了严格限制,并对违章与布局零散用地进行拆除,以促进城镇空间的紧凑。绿带建设尤其要使居住项目向城镇集中,在空间上形成相对靠近的关系,形成具有一定整体性的空间格局,降低用地零碎化程度,也便于提高公共服务设施配套的效率。此外,成都"198"生态区也通过容积率和建筑高度控制,提升城镇新增用地的开发强度,引导城镇用地效率的提升(图 7-28)。石家庄绿带在提升城镇建设容积率的同时要把各类兼容性较好的用地集聚成一个复合用地地块,进行立体空间功能划分,使其更加多样化,以此提高用地的整合效益。

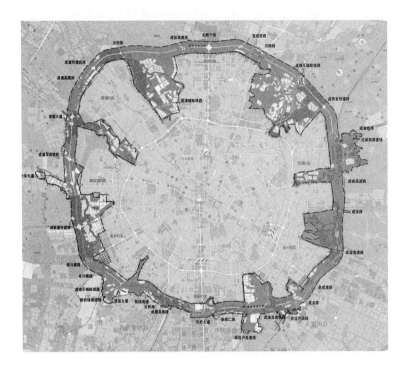

图 7-28 成都"198"地区建设强度控制
图片来源:成都市规划局网站

另外,要适时进行原有空间的更新。在城镇发展中原有村庄被部分保留,随着经济与人口的变化已不适应城镇空间,要对这类老旧破建筑进行维护或拆除重建,进行用地更新,为空间发展提供土地资源,才能有效消解外延扩张的空间需求,促进城镇的紧凑发展。伦敦绿带对项目开发进行限制的同时,鼓励对现有发达地区的再开发、现有房屋的限制性改善、现有建筑的翻新再用等,尤其优先其中的棕地再利用。这一紧凑集约的发展理念进一步限定了城乡边缘带土地开发的路径与模式,这一绿带既保持了小城镇的发展活力,也阻止了城市过分扩张。

1)居住用地

(1)现状

现状居住用地640公顷,占城镇建设用地41.5%,人均居住用地面积为76.2平方米/人,大大超过人均居住用地28.0~38.0平方米/人的国家标准。居住用地集中在城镇镇区,以多层、低层住宅为主,冶河、栾城、上庄等城镇建有别墅与小高层。

(2)规划原则

坚持以需求为导向,建立供求平衡的土地供给机制,完善住房供应体系,满足不同收入层次和外来人员住房需求,引导房地产市场的健康发展。以公共交通与配套设施为导向,引导住房建设空间布局与强度分区。倡导不同居住类型混合布局,促进社会和谐。以实现交通减量、建设低碳城市为目标,优化居住地与就业地关系;鼓励节能技术运用,推进节能住宅建设。

（3）规划布局

规划居住用地 1 308 公顷，占城镇建设用地的 38.3%，人均居住用地为 43.6 平方米/人。基本保留原有居住区，迁出其中不利于环境和旧城改造的工业用地，逐步改善其生活环境和基础设施。新建住宅以低层为主，新市镇可适当建设多层住宅。按照居住社区模式组织居住用地，一般规模在 100 公顷左右，人口 1 万～3 万人，居住社区内部配置幼儿园、卫生室、文体活动室等公共服务设施。

2）公共管理与公共服务设施用地

（1）现状

现状公共管理与公共服务设施用地 295 公顷，占城镇建设用地的 19.1%，人均公共管理与公共服务设施用地面积为 35.1 平方米/人。其中教育科研用地为 280 公顷，占城镇建设用地的 18.1%，主要由位于一级水源保护区的石家庄财经职业学院、河北经贸大学、河北政府职业学校等院校构成。

（2）规划原则

规模适度：完善现有公共设施的服务内容和功能。新建设施要求与经济、社会发展水平相适应。配套合理：从绿色隔离空间整体发展考虑出发，结合片区主要发展方向和各城镇发展特点，形成分工合理、功能明晰的各级各类中心。特色鲜明：公共服务设施建设除满足一般的城镇生活需求外，应努力创造和培育具有片区特色的、能服务于周边地区的公共服务设施。

（3）规划布局

规划公共管理与公共服务设施用地 303 公顷，占城镇建设用地的 8.9%，人均公共管理与公共服务设施用地面积为 10.1 平方米/人。规划对位于水源地的教育科研用地进行拆迁整治，以保护水源保护区的生态安全，使教育科研用地面积减少 164 公顷；而行政办公用地、文化设施用地、教育科研用地、体育用地、医疗卫生用地等则根据绿色隔离空间的现状与发展趋势适当增加，规模分别为 64 公顷、32 公顷、116 公顷、39 公顷、45 公顷。

3）商业金融业用地

（1）现状

现状商业金融业用地 35 公顷，占城镇建设用地的 2.3%，人均商业金融业用地 4.2 平方米/人。城镇镇区缺少大型综合性商业服务设施，以沿街零售商业为主。

（2）规划布局

规划商业金融业用地 456 公顷，占城镇建设用地的 13.4%，人均商业金融业用地 15.2 平方米/人。通过提升商业金融业用地规模，增强绿色隔离空间的商业发展，使城镇更好地为旅游观光、生态休闲服务，并逐渐优化地区产业结构。

4）工业用地

（1）现状

现状工业用地 155 公顷，占城镇建设用地的 10%，人均工业用地面积为 18.5 平方米/人。绿色隔离空间内工业类型包含了化工、制药、机械制造等，空间布局分散，存在居住区混杂，对环境质量影响较大的问题。而乡村地区工业的发展也是影响绿色隔离地区生态安全的重要因素。

（2）规划布局

规划工业用地 113 公顷,占城镇建设用地的 3.3%,人均工业用地面积为 3.8 平方米/人。严格限制新增工业用地。大型工业项目向鹿泉开发区、窦妪装备制造基地等工业区集中,中小规模工业则向城镇的工业区集中,尤其优先向新市镇集中。

5）物流仓储用地

（1）现状

现状物流仓储用地 46 公顷,占城市建设用地的 3.0%,人均物流仓储用地 5.5 平方米/人。主要分布在鹿泉的上庄、寺家庄等城镇。

（2）规划原则

适应城镇产业发展结构调整,与区域交通结构调整相协调,新增仓储用地沿主要对外交通通道布局。结合产业发展方向及物流运输要求,合理确定仓储用地的结构与规模。采用系统化、信息化和标准化的建设模式,加大仓储区周围的基础设施建设,提高仓储的储运能力。注重仓储用地的规范化,节约用地,集中集约发展。

（3）规划布局

规划物流仓储用地 60 公顷,占城镇建设用地的 1.8%。

6）绿地

（1）现状

现状绿地 20 公顷,占城镇建设用地的 1.3%,人均绿地面积为 2.4 平方米/人。

（2）规划布局

规划绿地 447 公顷,占城镇建设用地的 13.1%,人均绿地面积为 14.9 平方米/人。根据城市绿道绿廊规划沿主要道路设施带状绿地。

具体数据可见表 7-31。

表 7-31　石家庄市城镇建设用地平衡表

序号	用地代码	用地名称		面积/公顷		占城镇建设用地/%		人均/(平方米/人)	
				现状	规划	现状	规划	现状	规划
1	R	居住用地		640	1 308	41.5	38.3	76.2	43.6
2	A	公共管理与公共服务用地		295	303	19.1	8.9	35.1	10.1
		其中	行政办公用地	7	64	0.5	1.9	0.8	2.1
			文化设施用地	0	32	0	0.9	0	1.1
			教育科研用地	280	116	18.1	3.4	33.4	3.9
			体育用地	6	39	0.4	1.1	0.7	1.3
			医疗卫生用地	2	45	0.2	1.3	0.3	1.5
			文物古迹用地	5	5	0.3	0.1	0.6	0.2

（续表）

序号	用地代码	用地名称		面积/公顷		占城镇建设用地/%		人均/(平方米/人)	
				现状	规划	现状	规划	现状	规划
3	B	商业服务业设施用地		35	456	2.3	13.4	4.2	15.2
		其中	商业设施用地	25	291	1.6	8.5	3.0	9.7
			娱乐康体用地	6	51	0.4	1.5	0.7	1.7
			其他服务设施用地	4	114	0.3	3.3	0.5	3.8
4	M	工业用地		155	113	10	3.3	18.5	3.8
5	W	物流仓储用地		46	60	3.0	1.8	5.5	2
6	S	交通设施用地		201	597	13	17.5	23.9	19.9
7	U	公用设施用地		7	129	0.5	3.8	0.8	4.3
8	G	绿地		20	447	1.3	13.1	2.4	14.9
		其中	公园绿地	15	285	1	8.3	1.8	9.5
			防护绿地	5	162	0.3	4.7	0.6	5.4
总计		总用地		1 543	3 414	100	100.0	183.8	113.8

备注：2014年现状常住人口8万人；2030年规划常住人口30万人

7.4.4　村庄布局

绿带地区村庄用地扩展严重且空间分布零散，而部分村庄规模过小，造成设施的配套困难。城市二元制度造成的城乡差距，使村庄的调整成为我国绿带地区中典型而突出的问题，要通过对村庄布局进行调整，促进村庄形成集中、合理的空间布局。

首先要适度进行村庄的迁并。北京第一道绿化隔离带中对村庄实行全面拆迁，然而由于经济平衡问题，储备土地以外拆迁村庄难以实行。第二道绿化隔离带中以经济平衡为前提探索保留部分村庄的可能性，并以保留村集体所运营的绿色产业来维持隔离地区的活力（图7-29）。石家庄绿带对村庄发展的引导要对村庄的发展进行充分评价，基于经济平衡与发展潜力的考虑将村庄划分为重点发展型、保留整治型、过渡拆迁型等进行空间发展引导。同时通过市场机制和时间来消化和转化绿化带内的居民，短时间内、一刀切的绿化带保护模式往往是弊大于利，直接和间接的成本极其昂贵。这样既能减少以大规模土地储备方式建设绿隔过程中给政府造成的资金压力，又可缓解快速城镇化所带来的社会冲突。

然后要在迁并后对村庄空间形态进行控制，提升村庄用地的集约程度。成都"198"生态区通过实行"拆院并院"，坚持"先拆旧后建新"和"拆二建一"，并将集体土地上不符合规划要求的建筑物及其他设施逐步迁出或依法拆除，实现集体建设用地总量的减少，为农业产业规模化经营整理土地空间。此外在空间上规定新村建设以多层建筑为主，在不突破原

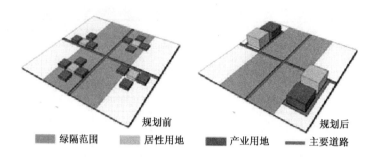

规划前　　　　　　　　　　　　　　　　　　规划后

■ 绿隔范围　　■ 居性用地　　■ 产业用地　　— 主要道路

图 7-29　北京绿隔建设过程中城乡接合部地区空间形态变化示意
图片来源:吴纳维.北京绿隔产业用地规划实施现状问题与对策——以朝阳区为例
[J].城市规划,2014(2):76-84.

宅基地占地面积 80% 的情况下,农民可建设自住的单体二层或三层小楼。绿带建设中要对村庄的用地规模、建设强度、用地构成等进行控制。通过村庄整治,逐渐将村庄地区人均用地面积控制在 100~120 平方米,实现村庄的集中集约发展。

1) 村庄发展现状

绿色隔离空间共有村庄 101 个,农村人口 24.1 万人。村庄独门独院的传统居住方式和以家庭为单位的农业生产方式,使农村地区土地利用形成了相对封闭的不规则单元,农村居住分散化的问题一直未能得到很好的解决。一是村庄布局分散、零散,占地面积大;二是土地利用率低,用地集约效益差:村庄建设用地粗放利用和土地利用率不高的问题亟待解决。

(1) 村庄环境建设现状

① 公共服务设施不完善

对绿色隔离空间内村庄的基本医疗卫生、义务教育、体育设施、文化事业、农技支持、商业服务等 6 项基本公共服务配置状况进行统计,有 52 个村庄缺少其中 2 类及以上基本公共服务设施,占村庄总数的 51.5%,可见绿色隔离空间内村庄的公共服务设施存在不完善。

② 村庄建设风貌有待提升

从建筑形式、建筑色彩、建筑布局等方面对绿色隔离空间内村庄的建设风貌进行评价,发现近四成村庄存在新旧建筑风貌冲突、村庄布局散乱、公共空间缺乏等问题,村庄风貌影响农村居民生活质量,也阻碍了农村地区第三产业发展。

③ 产业开发对生态环境产生影响

绿色隔离地区村庄工业发展过度,由于控制力度不足,导致工业对生态环境的影响过大,生态环境、农业景观遭到较严重的破坏。而部分发展农业的地区,由于种植、生产技术所限,过度使用化肥、农药等化学药物,对生态造成压力,影响水源的水质。

(2) 农村劳动力结构及生存状况分析

① 农民人均收入低

2014 年绿色隔离空间农民人均纯收入 10 494 元,与城镇居民人均收入相差较大,不足其一半,农民人均纯收入年均增长 7.3%,增长速度较慢。

② 农村劳动力富足,主要从事一产

农村劳动力占农村总人口的 54%,劳动力相对富足。其中,绝大部分从事第一产业生产,其次是二产,再次是三产。从事一产生产的劳动力占 56.5%,从事二产生产的劳动力占 24.7%,从事三产经济活动的劳动力占 18.7%。

(3) 存在问题分析

① 农村居民点用地面积过大,土地浪费严重

绿色隔离空间内人均农村居民点建设用地面积为 163 平方米,超过国家控制标准上限(150 平方米)13 平方米。农村居民点用地不合理,土地利用率低,存在严重的土地浪费现象。

② 农村居民点用地呈现扩大化倾向,与社会经济发展不协调

随着社会经济的发展,农村大量剩余劳动力转移,农村人口逐年减少。但与此相反的是,绿色隔离空间内农村居民点建设用地总量却在逐年增长。农村居民点用地的增加大多是占用村庄周边的优质耕地,造成居民点用地与耕地的矛盾日益尖锐。

③ 农村工业发展造成资源浪费与生态破坏

绿色隔离空间村庄大多建有村办工业,与乡村工业相关的土地面积达 767 公顷。而乡村工业存在空间分布零散、资源利用低效、环境污染严重等问题,对绿色隔离空间的生态环境带来较大影响。

2) 村庄发展评价

村庄的合理布局受到很多因素的影响,包括地质条件、环境条件和区位条件等。这是一个多指标影响的复杂问题。本次规划因此采用因子分析(Factor Analysis)方法,找出影响村庄布局的可直接测量的、具有一定相关性的诸指标且相对独立的因子支配的规律,从而用这些指标的测定值来确定研究变量的状态。

因子分析方法多元分析处理的是多指标的问题。由于指标太多,分析的复杂性增加。观察指标的增加本来是为了使研究过程趋于完整,但反过来说,为使研究结果清晰明了而一味增加观察指标又让人陷入混乱。由于在实际工作中,指标间经常具备一定的相关性,故人们希望用较少的指标代替原来较多的指标,但依然能反映原有的全部信息,于是就产生了因子分析这种方法。

(1) 初始因子选取

选取影响山区村庄布局的最主要变量进行因子分析。选取离河流距离、风景区保护、水源涵养分区、离中心城区距离、离镇区距离、离高速公路出口的距离、离省道县道距离、人口规模、人均农民收入等 9 个因子进行因子分析。

(2) 模型

① 初始因子模型

设某问题中的测量指标有 $X_1, X_2, \cdots, X_m$,其标准化指标为 $x_i = (X_i - \overline{X_i})/S_i (i = 1, 2, \cdots, m)$,各指标均受 $p(p < m)$ 个公因子支配,同时,每个指标还受 1 个特殊因子的制约,于是,标准化变量 X_i 可用公因子 p 和特殊因子 U 线性表出,即:

$$\begin{cases} x_1 = a_{11}F_1 + \cdots + a_{1p}F_P + C_1U_1 \\ x_m = a_{m1}F_1 + \cdots + a_{mp}F_p + C_mU_m \end{cases}$$

式中的 a_{ij} 称为因子负荷(或载荷、权数)。

此模型有两个特点,其一,模型不受量纲的影响;其二,因子负荷是不唯一的。这种唯

一性从表面上看是不利的,但通过因子的变换(即因子轴的旋转),新的因子更具有鲜明的实际意义。

② 旋转后的因子模型

当初始因子模型求得后,一般来说,载荷矩阵 $\boldsymbol{A}=(a_{ij})m \cdot p$ 的结构比较复杂,倘若能进一步简化,用公因子来线性表达标准化指标时就更容易做出有实际意义的解释,即使得矩阵 $\boldsymbol{A}$ 中各列元素向 0 和 1 两极分化,但保持同一行中各元素平和(称为各指标的公因子方差)不变,实现这一目的的变换法叫因子轴的旋转。设从公因子 F 旋转到公因子 G,则变为:

$$x_i = \sum b_{ij}G_j + C_iU_i(i = 1,2,\cdots,m;j = 1,2,\cdots,p;p < m)$$

式中的 b_{ij} 仍称为因子载荷。

③ 变量赋值(表 7-32)

表 7-32　初始变量赋值表

因子得分	1	2	3	4
离河流距离	<500 米	500~1 000 米	1 000~1 500 米	>2 000 米
风景区保护	核心区	缓冲区	一般区	
水源涵养分区	一级水源保护区	二级水源保护区	非水源保护区	
离中心城区距离	<1 000 米	1 000~2 000 米	2 000~3 000 米	>4 000 米
离镇区距离	<500 米	500~1 000 米	1 000~1 500 米	>2 000 米以上
离高速公路出口距离	<500 米	500~1 000 米	>1 000 米	
离省道、县道距离	<100 米	100~500 米	500~1 000 米	>1 000 米
人口规模	<1 000 人	1 000~3 000 人	3 000~6 000 人	
人均农民纯收入	10 000 元以下	10 000~11 000 元	11 000~12 000 元	>12 000 元

④ 因子分析

经过预分析,从各种资料中提取了上述 9 个变量,与 101 个村庄构成数据矩阵。本次因子分析主要采用主成分分析法,因子旋转采用正交旋转法,筛选因子的标准是特征值大于1,采取回归法提取因子得分。

因子旋转结果,KMO 值是 0.581,因子旋转的结果还是不错的。根据分析结果,9 个变量可以概括为 4 个因子,这 4 个因子的特征值均大于 1,累积方差为 41.58%(表 7-33 至表7-35)。

表 7-33　因子方差

因子	特征值	解释方差	累积方差
因子一	2.55	17.53	17.53
因子二	1.99	16.55	34.08
因子三	1.34	13.50	47.58
因子四	1.05	10.15	58.73

表 7-34 变量的共同度

变量共同度	初始变量	赋值
离河流距离	1	0.479
风景区保护	1	0.301
水源涵养分区	1	0.617
离中心城区距离	1	0.604
离镇区距离	1	0.498
离高速公路出口距离	1	0.556
离省道、县道距离	1	0.486
人口规模	1	0.670
人均农民纯收入	1	0.703

表 7-35 旋转后的因子(主成分)负荷矩阵

因子序号	1	2	3	4
离河流距离	−0.796	−0.164	0.024	0.056
风景区保护	−0.740	−0.043	0.042	−0.124
水源涵养分区	0.692	−0.105	0.414	0.228
离中心城区距离	0.081	0.704	0.024	0.310
离镇区距离	0.124	0.549	−0.334	0.178
离高速公路出口距离	0.127	0.135	−0.051	0.531
离省道、县道距离	0.038	0.042	0.116	0.768
人口规模	0.171	0.275	0.549	0.144
人均农民纯收入	0.217	−0.102	−0.736	−0.331

根据负荷矩阵结果对结果进行分析,将因子一命名为生态因子,因子二命名为区位因子,因子三命名为现状发展因子,因子四命名为与建成区关系因子。

(3)聚类结果

根据因子旋转之后得出的 4 个主要因子得分,采用快速聚类法,将 100 个村庄进行聚类。第一类为生态因子影响敏感的村庄,位于水源一级涵养区或是山前行洪河道内,共 12 个。第二类为靠近中心城区、城镇镇区,有纳入城镇建设用地范围趋势的村庄,共 44 个。第三类为现状发展较差、人口规模较小的村庄,共 15 个。第四类为区位条件较好,与高速公路出入口或重要道路距离较近的村庄,共 29 个。

3)村庄空间引导

根据现状村庄评价与相关规划,将村庄分成 3 类进行空间发展引导。拆迁安置型村庄:整体拆迁,合并到附近的村庄或城镇中。重点发展型村庄:将作为重点发展的村庄,容积率、建筑层高均高于一般村庄。保留整治型村庄:一般村庄,控制人口规模与用地规模。

（1）拆迁安置型

整体拆迁，合并到附近的村庄或城镇共 74 个。按照拆迁原因可以细分为生态敏感拆迁型、基础设施建设拆迁型、中心城区融合拆并型、城市远期建设拆迁型、远景过渡拆迁型 5 类（表 7-36）。

表 7-36　拆迁安置型村庄分类

类型	拆迁原因	包含村庄
1	位于生态敏感区	新村、前进村、红旗村、徐村、童家庄、宋北、小张庄、东良政、西良政、高迁东街、南大章、南杜村、南牛家庄、北牛家庄
2	村域土地被划入规划建成区	秦家庄、邵家庄、陈家庄一排、陈家庄二排、陈家庄三排、五里庄、杜村、永壁东街、永壁北街、北高基、西营村、东营村、南高基、后太保村、夏户、于底、军家营、油通、北赵台、南留、南客、北营、中照、北新城
3	根据已审批的法定规划	南李庄、北留营、东留营、浔阳、康家庄、白赵佛寺、堤上、李家庄、北长、周家庄、何家庄、朱家寨、大马庄、清流、表灵、南墩、尚书庄、杜村、马房、水范寨、彭家庄、北降壁、大车行、南庄、台头、小宋楼、大宋楼、永壁南街、永壁西街、耿家庄、莲花营、南张庄、北辛庄、寺上、城郎、大王庙

（2）重点发展型

根据村庄规模、人口、区位和已有产业及资源，将生态带生态旅游型村庄分为 3 种类型：历史文化型、游憩休闲型、观光采摘型，共 12 个村庄。

① 历史文化型

包含上京、前杜北、后杜北、霍寨、东马庄等 5 个村庄。

划分标准：具有深厚文化底蕴，文化资源旅游开发价值较高，对地区文化具有突出代表性的村庄，以及能与历史文化村庄联动发展的周边村庄。

规划策略：依托毗卢寺发展文化创意、文化旅游、文化服务；借助打造文化旅游的契机，做好村庄的文化建设，实现硬环境和软文化两个方面的结合。上京、后杜北、前杜北依托毗卢寺发展文化旅游服务业，并加强旅游服务设施的建设。霍寨、东马庄依托植物园，发展旅游服务业（表 7-37）。

表 7-37　历史文化类村庄功能策划

村庄	特色活动
上京	民俗表演、民俗展览
前杜北、后杜北	民俗表演
霍寨、东马庄	农家餐饮、民宿

管控措施：严格控制村庄人均建设用地；严格控制居住用地比例，提升公共服务用地比例，引导村庄发展服务业；村庄风貌应与毗卢寺相契合，应具历史文化特色（表 7-38）。

表 7-38 历史文化型村庄管制要求

项目	分项	管制要求
容积率	—	1.0～1.2
建筑密度/%	—	≤36
建筑高度/层		≤3
绿地率/%	—	≥38
人均建设用地指标/平方米	—	100～120
用地构成(禁止工业用地)/%	文化用地	≥40
	公共管理与公共服务设施用地	8～14
	道路用地	8～15
	绿地	≥20
设施建设		游客服务中心、民俗博物馆、商业(餐饮、住宿)、公厕

② 游憩休闲型

包含庄合、双庙、城杨庄等3个村庄。

划分标准:位于滹沱河岗上镇段河流南部,临近采摘园、高尔夫球场、国大御温泉度假村,村庄规模较大,基础设施建设相对完善。

规划策略:庄合、双庙、城杨庄周边旅游资源丰富,可积极发展下游产业,包括住宿、农家餐饮等服务业。结合采摘等休闲功能,提供健身疗养场所、农业知识课堂等特色活动(表 7-39)。

表 7-39 游憩休闲型村庄功能策划

村庄	特色活动
庄合、城杨庄	农业观光
双庙	有机蔬菜采摘

管控措施:严格控制村庄人均建设用地;严格控制居住用地比例,提升公共服务用地比例,引导村庄发展服务业(表 7-40)。

表 7-40 游憩休闲型村庄管制要求

项目	分项	管制要求
容积率	—	1.0～1.2
建筑密度/%	—	≤40
建筑高度/层		≤3
绿地率/%	—	≥30

（续表）

项目	分项	管制要求
人均建设用地指标/平方米	—	100～120
用地构成（禁止工业用地）/%	商业用地	35～45
	公共管理与公共服务设施用地	8～14
	道路用地	8～15
	绿地	4～8
设施建设		商业（餐饮、住宿）、停车场、游客中心、公厕

③ 观光采摘类

包含东客、端固庄、土山、宜安等4个村庄。

划分标准：农业用地丰富高，产农业景观良好，采摘产业发展良好。

规划策略：对于观光采摘类村庄积极发展第三产业，提供旅游服务，包括餐饮、住宿等；配套基础设施，包括游客中心、绿道服务站、卫生站等（表7-41）。

表7-41 游憩休闲型村庄功能策划

村庄	特色活动
东客、端固庄、土山、宜安	综合采摘

管控措施：严格控制村庄人均建设用地；严格控制居住用地比例，提升公共服务用地比例，引导村庄发展服务业（表7-42）。

表7-42 观光采摘型村庄管制要求

项目	分项	管制要求
容积率	—	1.2～1.4
建筑密度/%	—	≤45
建筑高度/层	—	≤3
绿地率/%	—	≥32
人均建设用地指标/平方米	—	100～120
用地构成（禁止工业用地）/%	居住用地	38～45
	公共管理与公共服务设施用地	8～14
	道路用地	8～15
	绿地	6～10
	四类用地之和	60～74
设施建设		游客服务中心、绿道驿站、卫生救助站、停车场、公厕

（3）保留整治型

这类村庄发展策略是在保证生态环境的前提下，引导村庄健康发展和农民致富。充分体现"控制和引导"的关系。

包含岗上、南降壁、纸房头、杜童、小马、贾村、陈村、北高庄、徐家庄、西良厢、高迁南街、高迁西街、高迁北街、疙瘩头等 14 个村庄。

划分标准：现状规模较小，发展条件较为一般的村庄，分布上相对孤立。

规划策略：合理控制村庄规模，整治空间环境。蔬菜以种植常规蔬菜种类为主，满足附近居民对于时蔬的多样化需求，也便于形成水、陆、绿空间一体化的格局（表 7-43）。

表 7-43 保留整治型村庄功能策划

村庄	主导农业
岗上、南降壁、纸房头、杜童、小马、贾村、陈村、北高庄、徐家庄	综合农业
西良厢、高迁南街、高迁西街、高迁北街	枣园
疙瘩头	瓜果

管控措施：严格控制村庄扩展，积极整治空心村（表 7-44）。

表 7-44 保留整治型村庄管制要求

项目	分项	管制要求
容积率	—	1.0~1.2
建筑密度/%	—	≤40
建筑高度/层	—	≤3
绿地率/%	—	≥30
人均建设用地指标/平方米	—	100~120
用地构成（禁止工业用地）/%	居住用地	60~70
	公共管理与公共服务设施用地	8~14
	道路用地	8~15
	绿地	4~8
	四类用地之和	55~72
设施建设		农机修理站、农资商店、运动健身设施

7.5　镇村风貌

7.5.1　现状评价

1）现状风貌

（1）突出的自然空间格局

绿色隔离空间西部分布自然山体，山前地区的上庄、寺家庄、大河等城镇形成山、水、城为一体的独特格局和空间形态。尤其是枕山依水的城市选址，充分体现了中国古代城市选址中"上勿近旱而水用足，下勿近水而沟防省"的思想精髓。而位于隔离空间东部的南营、南部的冶河位于平原地区，城市的布局与自然也形成较为和谐的关系。

（2）富有特色的华北民居

绿色隔离空间内民居具有较强的华北地区传统特色，乡村与老城内的一层建筑高度形成尺度宜人的胡同和街道，平顶的建筑采用暖灰色建筑色彩，使用了地方乡土建筑材料，环保又舒适。

2）主要问题

（1）新建建筑风貌缺乏引导

绿色隔离地区近年的发展中，城镇与近郊村庄新建了大量的公共建筑和居住建筑。从建设现状来看，总体上现代建筑风格占据了大部分可视界面，建筑造型和风格不够统一，新建建筑风格缺乏统一引导。

（2）新旧建筑风貌冲突突出

首先，新建筑以现代建筑风格为主，新旧建筑在建筑形式与风格上差异较大，在视觉上缺乏协调；其次，新建建筑在空间布局上缺乏对原有建筑的考虑，部分新建建筑与旧建筑在空间上联系紧密，更是进一步突出了新旧建筑之间的矛盾。

（3）建筑高度与自然生态的矛盾

山前地区的上庄、寺家庄、大河等城镇经济发展迅速，且自然格局突出，近年房地产业发展较快，城镇中出现了较多的高层居住建筑。由于缺乏对建筑高度的有效控制，山前城镇的天际线与自然山体的山势存在着矛盾。

（4）村庄缺乏传统特色

因为出于经济效益的考虑以及缺乏相应的风貌引导，绿色隔离地区村庄民居的传统特色正逐渐流失，建筑形式、色彩、材质都逐渐向西式的小洋房靠拢，村庄的特色逐渐流失。

7.5.2　原则与目标

充分保护、发掘遗存的人文景观和传统文化内涵，创造高品位的城市人文景观，同时树立独特的地区形象。充分利用自然山水景观资源，营造自然与城市、自然与乡村协调和谐的景观格局，使居民能充分接触到自然，享受生态保护的成果。

规划目标：规划应突出和强调绿色隔离空间的特色景观构成要素（西部太行山、滹沱河、植物园片区、广阔的农业地带），融合城市环境、自然环境与人文历史环境，彰显绿色隔离空间绿色、生态、环保的近郊地区风貌。

7.5.3 城镇风貌指引

1）新市镇

新市镇作为绿色隔离空间的重要城镇节点，应注重城镇中心性与标志性的塑造。上庄延续历史文脉，突出风貌特色，通过对特色风貌中心镇区的打造，形成宜居宜业的现代生态小镇、风情小镇；冶河利用三环路生态带以及京珠高速生态带的良好生态优势，结合农业观光与娱乐休闲，形成复合型的生态小镇功能。

（1）制高点与高度控制

新市镇以建筑作为塑造城市形象重要的形态要素，造型别致的建筑、合理的区域分布是塑造良好的城市形象和城市标志的重要手段之一。根据新市镇的发展定位与建设需求，可适当建设多层，最高不超过6层。建筑高度排布遵从"四高四低"原则，即核心高、周边低；新区高、旧城低；远水高、近水低；远绿地高、近绿地低。冶河多层建筑主要分布于国道308沿线两侧；上庄多层建筑主要分布于中山西路沿线两侧。

（2）天际轮廓线控制

新市镇天际轮廓线控制应依据城市用地规划和周边地形地貌条件，确定建筑控制高度，控制大体量建筑的比例，避免破坏城市整体风貌。

冶河天际轮廓线的打造遵从"核心高、四周低"的原则，呈现出平原城市的特点，轮廓线重点突出、高低错落、起伏变化。上庄天际线的打造同样遵从"核心高、四周低"的原则，但要呈现出近山地区城镇的特点，城市轮廓要西部山势和谐融洽、高低有序，应保持视线的通透，主要视线通廊上不宜出现不协调、大体量建筑。

（3）建筑风格引导

冶河、上庄山前地区的城镇，注重于塑造风情小镇的城镇形象。新建建筑在建筑元素、建筑材质、建筑色彩方面要充分地结合华北地区的传统，展现城镇的文化底蕴；而旧建筑应保持华北地区的传统特色，在维护、改造的过程中注重对传统的继承。新旧建筑建筑风格应保持较高的统一度，城镇建筑风格的整体性较为突出。

2）一般镇

一般镇是绿色隔离空间内的次级城镇节点，相对于新市镇更注重对地区传统风貌的保存。山前地区的大河、寺家庄城镇应创建宜居宜业的生态小镇、风情小镇，其中大河镇应结合植物园片区与毗卢寺文化节点的建设，强化历史底蕴与生态性。位于东部农业地区的南营镇则结合特色农业发展建设宜居小镇。

（1）制高点与高度控制

大河、寺家庄、南营等一般镇对于城镇中心性与特征的需求并不突出，城镇建筑以低层为主，重要城镇节点或公共空间可适当点缀，城镇内建筑最高不超过6层。建筑高度排布同样应当遵从"四高四低"原则，即核心高、周边低；新区高、旧城低；远水高、近水低；远绿地高、近绿地低。

（2）天际轮廓线控制

一般镇建筑建筑高度差异不大，建筑高度为1～6层。天际轮廓线控制应依据城市用地规划和周边地形地貌条件,确定建筑控制高度,同时遵从"核心高、四周低"的原则,轮廓线应高低有序。

（3）建筑风格引导

南营保持传统要素,适当运用现代元素;而旧建筑应保持华北地区的传统特色,在维护、改造的过程中注重对传统的继承。新旧建筑在建筑色彩以及空间关系上注重和谐统一,避免形成冲突,破坏城市整体风貌。

大河、寺家庄作为山前地区的城镇,注重于塑造风情小镇的城镇形象。新建建筑在建筑元素、建筑材质、建筑色彩方面要充分地结合华北地区的传统,展现城镇的文化底蕴;而旧建筑应保持华北地区的传统特色,在维护、改造的过程中注重对传统的继承。新旧建筑建筑风格应保持较高的统一度,城镇建筑风格的整体性较为突出。

7.5.4 农村风貌指引

1）重点村

重点村为现状自然景观条件较好,或地方风貌保留较为完整,具有一定地域文化保留价值的村庄。强化该类村庄的培育,对于传承地方文化、彰显城市特色具有重要的意义。特色村庄空间发展以塑造风貌、完善设施、严控建设为重点。

加强对特色村庄乡土文化、历史文化、自然景观,以及周边环境要素、环境氛围的保护和恢复,建设具有浓郁地域文化和景观特色的村庄聚落。强化特色村庄的生活服务设施和旅游休闲服务设施建设,提升村民生活环境质量,支撑旅游等特色产业发展。

（1）历史文化型

作为历史特色型村,实施特色文化保护开发,做到修旧如旧,传承历史文化。村民住宅不宜大拆大建,重点在现有基础上进行改造提升。立面及屋顶保持传统符号,屋顶使用传统坡屋顶形式。

村庄环境:建立集中的垃圾回收站,增加村内绿化（树木、灌木、草地多层次）、道路硬化。

建筑风貌:梳理村落空间布局,保证视线畅通,交通畅达。改造民居院落,使用高效集约的平面布置,立面改造,加强地域文化符号。上京、前杜北、后杜北毗邻毗卢寺,建筑增加古建特色,颜色突出青砖黛瓦,形成与毗卢寺较为统一的风貌片区（表7-45）。

表7-45 历史文化型村庄建筑风貌整治

项目	内容
墙面	清洁——将瓷砖贴面表面污垢、油渍、砂浆流痕以及其他杂物清除干净 找平——清水墙面、表面不平整的,较大的凹陷用聚合物水泥砂浆抹平。较小的孔洞、裂缝用水泥乳胶腻子修补 风干——墙面找平并待其风干后方可粉刷
屋顶	清理——清理屋顶脏乱杂物,太阳能设施排放整齐 改坡顶——统一改造为内坡顶
门窗	清理——清理墙面杂物,小广告,污垢、油渍、砂浆流痕以及其他杂物清除干净 改造——对破旧门窗进行统一出新。改造窗口,进行出新,粉刷亮灰色框,窗户外设置金属制图案格栅

（2）游憩休闲型

庄合、双庙应依托丰富的休闲娱乐资源，村庄进行高标准建设，为游客提供高档的餐饮、住宿条件，形成休闲、度假的游客之家。各观光区域的农业主题明确，选用地方天然材料，做出多种形式，体现乡土气息和地方特色（表7-46）。

表7-46　游憩休闲型村庄建筑风貌整治

项目	内容
墙面	清水砖墙、石坯墙、贴面墙体、水刷石墙的整治方式：直接清洗、修补，使墙面表面保持平整。选用象牙白色的涂料进行统一粉刷。
屋顶	首先清理屋顶，拆除彩钢瓦屋顶、油毡瓦等。屋顶统一改造为内坡式、双坡屋顶形式 原平屋顶女儿墙部分改造为半坡檐口 屋顶和檐口统一采用枣红色琉璃瓦 坡屋顶改造可结合实施时序分步实施
门窗	门窗在满足安全、采光、通风等性能要求下，提高其保温性和气密性，宜采用平开型塑钢门窗和中空玻璃塑钢门窗。门窗外加金属制装饰格栅，外窗框进行统一改造
门头	增加暗红色檐口及传统图案，大门两侧墙面保留原贴面或粉刷为朱红色，增加对联，墙裙增加传统图案

（3）观光采摘型

在原貌基础上对外立面进行清洁和修补，体现传统田园风貌的基础上适当增加现代符号，逐步实现"一村一品、一村一貌"。体现地域文化，结合观光，保留地域性风格；选用地方天然材料，做出多种形式，体现乡土气息和地方特色（表7-47）。

表7-47　观光采摘型村庄建筑风貌整治

项目	内容
墙面	建筑外墙统一采用腻子找平，粉刷象牙白色涂料，不增加彩绘图案
墙裙	用朱红色涂料粉刷，高度为45厘米，增加勾缝细节
屋顶	分期进行坡屋顶改造，实现冬暖夏凉，与环境协调
门窗	外立面门窗清洗，简单处理，不增加格栅等构件，内部门窗有条件的可以提高保温性能
门楼	用枣红色琉璃瓦装饰。檐口增加暗红色装饰琉璃瓦，檐口下粉刷色带

2）一般村

村庄保持原有低层的建筑风貌。原貌整修，对结构进行修缮，对外立面进行清洁和修补，在保证建筑质量、满足村民生活使用需求的同时，尽量体现出历史风貌和地方特色（表7-48）。

表7-48　一般村建筑风貌整治

项目	内容
屋顶	保留原有屋顶样式，进行屋顶修缮改造。采用当地平屋顶
外墙	对建筑外墙进行清洁，保持原有外墙材质，对墙面破损、不平整等情况进行修复整理
门窗	保留原有门窗结构，对门窗进行清洁，对于损坏的门窗，用原材质原色彩的构件进行修复替换
装饰	对建筑立面、檐口、门窗等具有特色的装饰构件进行修复，突出地方特色和历史风貌

7.6 开发控制

7.6.1 大城市绿带规划控制指标讨论

本次指标的选取与参考范围是根据国内各大城市已有控制指标体系、国家生态市建设标准及联合国可持续发展指标框架确定。此次参考的国内大城市为上海、杭州以及长株潭地区,但这3个城市都有自身的局限性,例如上海绿带控制指标体系注重于对生态环境方面的关注,但缺少对绿带内土地使用及产业引导的控制;杭州绿带控制指标体系较为全面,但部分指标较为琐碎和重复,部分指标的实践意义不大;长株潭的指标体系中有大量对整个绿带总体控制的指标,对单元无参考价值。因此本次指标选取及参考范围确定综合3个地区的指标体系,考虑实际的应用价值与实施难度,确定最终的指标体系。

1) 低碳生态指标

低碳生态指标包括对生态环境指标的控制以及对低碳生活的控制,指标选取主要参考上海、杭州、长株潭地区的绿带管控指标体系,另外参考国家生态园林城市建设标准及联合国可持续发展指标框架中的指标,汇总如表7-49所示。

表7-49 各指标体系生态环境管控指标汇总表

控制指标	上海	杭州	长株潭地区	国家生态市建设标准	联合国可持续发展指标框架
水环境质量	√	√	√	√	
绿地率		√	√	√	
人均公共绿地		√	√	√	
物种丰富度	√		√	√	√
生活垃圾无害化处理率		√	√	√	√
道路广场透水面积比例	√		√	√	
本地物种指数	√		√	√	
森林覆盖率		√		√	√
绿化覆盖率			√	√	
空气环境质量			√	√	
工业用水重复率		√		√	
可再生能源比例			√		√
环境噪声达标区覆盖率				√	
自然度	√				
群落垂直结构	√				
单个树种优势度	√				

控制指标	上海	杭州	长株潭地区	国家生态市建设标准	联合国可持续发展指标框架
生态驳岸比例	✓				
水面绿化率	✓				
通透性	✓				
乔木密度	✓				
郁闭度	✓				
水面率		✓			
林网水网结合度		✓			
林网路网结合度		✓			
道路绿化率			✓		
水岸绿化率			✓		
再生水利用率		✓			
采暖地区集中供热普及率				✓	

可以看出各体系中采用较多的指标为水环境质量、绿地率、人均公共绿地、物种丰富度、生活垃圾无害化处理率、道路广场透水面积比例、本地物种指数、森林覆盖率。

其中由于绿带内人口分布不均，密度较城市建成区低，无法对此进行控制，因此剔除人均公共绿地这一指标。而本地物种指数、物种丰富度指数在地块层面难以进行科学的测量，因此剔除这两个指标。另外由于绿带地区需要维持良好的环境质量，并增加资源回用比例，因此增加空气环境质量、环境噪声达标区覆盖率、可再生能源比例、工业用水重复率4个指标。

（1）水环境质量

水环境质量依据水域环境功能和保护目标，划分为五类区域：

Ⅰ类：主要适用于源头水，国家自然保护区；Ⅱ类：主要适用于集中式生活饮用水、地表水源地一级保护区，珍稀水生生物栖息地，鱼虾类产卵场，仔稚幼鱼的索饵场等；Ⅲ：主要适用于集中式生活饮用水，地表水源地二级保护区，鱼虾类越冬、洄游通道，水产养殖区等渔业水域及游泳区；Ⅳ类：主要适用于一般工业用水区及人体非直接接触的娱乐用水区；Ⅴ类：主要适用于农业用水区及一般景观要求水域。

国家生态市建设标准对水环境质量的要求是达到功能区标准，且无劣Ⅴ类水体。杭州绿带对此的要求是在Ⅰ～Ⅳ类之间，因此在大城市绿带控制指标体系中水环境质量的参考值是Ⅰ～Ⅳ。

（2）空气环境质量

根据环境空气污染物浓度限值划分两类功能区，一类区为自然保护区、风景名胜区和其他需要特殊保护的区域；二类区为居住区、商业交通居民混合区、文化区、工业区和农村地区。

国家生态市建设标准对此项目的要求是达到功能区标准，由于绿带内包含了生态空间、生产空间以及生活空间,因此两类功能区范围都有所涉及,因此取值Ⅰ~Ⅱ。

(3)环境噪声达标区覆盖率

根据《声环境质量标准》,噪声环境质量包括5类功能区。0类声环境功能区:指康复疗养区等特别需要安静的区域。1类声环境功能区:指以居民住宅、医疗卫生、文化教育、科研设计、行政办公为主要功能,需要保持安静的区域。2类声环境功能区:指以商业金融、集市贸易为主要功能,或者居住、商业、工业混杂,需要维护住宅安静的区域。3类声环境功能区:指以工业生产、仓储物流为主要功能,需要防止工业噪声对周围环境产生严重影响的区域。4类声环境功能区:指交通干线两侧一定距离之内,需要防止交通噪声对周围环境产生严重影响的区域,包括4a类和4b类两种类型。4a类为高速公路、一级公路、二级公路、城市快速路、城市主干路、城市次干路、城市轨道交通(地面段)、内河航道两侧区域;4b类为铁路干线两侧区域。

此次指标制定要求各区域均达到各功能区的噪声限值要求,因此要求噪声环境达标区覆盖率达到100%。

(4)森林覆盖率

森林覆盖率中的森林指郁闭度0.3以上的乔木林、竹林、国家特别规定的灌木林地、经济林地,以及农田林网和村旁、宅旁、水旁、路旁林木。

国家生态市建设标准中规定,平原地区森林覆盖率应不低于15%。但考虑到森林在各地块中分布的不均匀性,可以适当降低森林覆盖率的下限。在参考了杭州各地块对森林覆盖率的规划之后,此次森林覆盖率的限制控制在5%以上。

(5)绿地率

国家生态市建设标准中队绿地率的要求是需要达到25%以上,参考《江苏省城市规划管理技术规定》中对居住区的绿地率要求是≥30%,学校的绿地率要求是≥35%,公园的绿地率要求是≥70%。综合考虑以上各指标,本书认为绿带地区单元内绿化率应较国家生态市标准稍有提高,不应低于30%。

(6)道路广场透水面积比例

国家生态市建设标准中给出的参考值是≥70%,长株潭地区绿带采用的规划值是≥50%,由于绿带地区的其中一个功能是作为城市缓冲区域,需要为城市自然灾害做好充分的准备,良好的透水能力是必备的,因此针对绿带地区道路广场透水面积比例选取较高的参考值,不应低于70%。

(7)生活垃圾无害化处理率

国家生态市建设标准及长株潭对此指标的限值为≥90%,而杭州对此指标的要求是100%,考虑到绿带范围内包括村庄、城镇、产业园区等多种类型用地,因此设定此指标的参考值为≥90%。

(8)可再生能源比例

长株潭地区对此指标的要求是在30%~80%之间,其中已建区和发展区的可再生能源比例≥30%,一般限建区≥60%,严格限建区和禁建区≥80%,因此此次指标确定参考长株潭地区的指标值,设定为30%~80%。

(9)工业用水重复率

国家生态市建设标准对此指标的规定为≥80%,而杭州市指标体系对此指标的规划值是≥65%,考虑到此指标的实施及控制较为容易,因此此次指标参考值也采用80%作为限值。

综合以上分析,生态环境指标评价体系如表7-50所示。

表7-50 生态环境指标整理表

指标项目	计算/测量方法	参考范围
水环境质量	《地表水环境质量标准》中规定的水质参数项目	Ⅰ~Ⅳ
空气环境质量	《环境空气质量标准》环境空气污染物的浓度限值	Ⅰ~Ⅱ
环境噪声达标区覆盖率	《声环境质量标准》中规定的功能区噪声限值	100%
森林覆盖率	森林覆盖面积/土地总面积	≥5%
绿地率	绿地面积/土地面积	≥30%
道路广场透水面积比例	透水面积/道路广场总面积	≥70%
生活垃圾无害化处理率	无害化处理的生活垃圾数量/生活垃圾产生总量	≥90%
可再生能源比例	可再生能源消耗/地区总能源消耗	30%~80%
工业用水重复率	重复利用的水量/总用水量	≥80%

2)土地利用指标

建筑建造类指标包括土地使用、建筑开发强度以及建筑建设指引等,本次指标体系建立参考上海、杭州、长株潭地区以及传统控制性详细规划指标体系,对其进行梳理(表7-51)。

表7-51 各指标体系建筑建造管控指标汇总表

指标项目	上海	杭州	长株潭地区	控规指标
建筑高度	√	√		√
容积率		√		√
建筑密度		√		√
占地面积		√		√
建筑风格	√			√
新建绿色建筑比例	√		√	
人均居住面积		√	√	
用地相容性		√		
土地利用可变性		√		
准入/禁入用地类型		√		
建筑材料	√			
奖励强度		√		

在各大城市建筑建造类指标体系里,广泛使用的指标为建筑高度、容积率、建筑密度、占地面积、建筑风格、新建绿色建筑比例以及人均居住面积。其中建筑风格属于引导性指标,因此在此次指标体系中不予以考虑。

（1）建筑高度

为了保证绿带地区绿色生态的特性，绿带内的建筑开发强度通常较小，建筑应以多层为主，不允许高层建筑建设。杭州绿带对建筑高度的规定是农村地区不高于 15 米，城镇地区不高于 24 米，本书认为这样的设置较为合理，因此本次指标确定选取杭州数据。

（2）建筑密度

杭州绿带指标体系中对建筑密度的要求分为 15％、20％、30％以及 35％以下，而在控规指标体系中住宅建筑的建筑密度要求在 20％～35％之间，因此本书认为 35％以下的建筑密度的设定较为合理。

（3）容积率

容积率的估算可以简化成建筑密度乘以地区的平均层数，本书设定的最大建筑密度为 35％，以多层及低层建筑为主，平均建筑层数在 4～5 层之间，因此估算容积率的限值是 1.4 至 1.75 之间。杭州绿带指标体系中最大容积率为 1.5，因此本书采用杭州容积率指标值。

（4）新建绿色建筑比例

长株潭绿心指标体系中对新建绿色建筑比例的要求是 30％以上，但截至 2015 年，城镇新建建筑中绿色建筑的比例已达到 20％，部分城市达到 30％。绿带地区作为城市生态涵养、低碳示范区域，应在绿色建筑方面做出表率，因此本书认为绿带地区新建绿色建筑比例应占 50％以上。

综合以上分析，建筑建造指标评价体系如表 7-52 所示。

表 7-52　建筑建造指标整理表

指标项目	计算/测量方法	参考范围
建筑高度	屋面最高檐口底部到室外地坪的高度	≤24 米
建筑密度	建筑物基底面积总和/总用地面积	≤35％
容积率	地上总建筑面积/总用地面积	≤1.5
新建绿色建筑比例	新建绿色建筑数量/新建建筑数量	≥50％

3）产业资源指标

为达到低碳生态产业的目标，需要对产业的能耗、布局、发展方向等进行控制，通过对杭州、长株潭等地区绿带的控制指标体系及国家生态市建设指标、联合国可持续发展指标框架的梳理，归纳出适用于绿带地区的产业资源指标体系（表 7-53）。

表 7-53　各指标体系产业资源指标汇总表

指标项目	杭州	长株潭地区	国家生态市建设指标	联合国可持续发展指标框架
单位 GDP 能耗		√	√	√
单位 GDP 水耗		√	√	√
第三产业占 GDP 比重		√	√	
人均生产总值	√	√		

指标项目	杭州	长株潭地区	国家生态市建设指标	联合国可持续发展指标框架
土地产出率	✓			
产业发展方向	✓			
准入行业门类	✓			
禁入行业门类	✓			
第三产业从业人员比例		✓		

在现有指标体系中单位 GDP 能耗、单位 GDP 水耗属于使用较多的指标，其次是第三产业占 GDP 比重、人均生产总值。但此指标体系主要应用于微观地块层面，人均生产总值、单位 GDP 能耗、单位 GDP 水耗在此层面较难统计，且会浪费大量人力物力，对地块控制层面意义不大，因此剔除这 3 个指标。另外由于需要对产业进入门槛进行管控，因此将杭州指标体系中的准入／禁入行业门类纳入。

（1）第三产业占 GDP 比重

国家生态市建设标准对三产比重的要求是达到 40% 以上，长株潭地区对本指标的要求是适建区 30% 以上、限建区 60% 以上。综合考虑两个地区的指标，最后确定本次参考值选取是 40% 以上。

（2）准入／禁入行业门类

根据国家统计局行业分类标准，我国行业共分 20 大类。根据对环境的污染及破坏程度，表 7-54 列出准入行业门类。

表 7-54 可进入行业类别

行业分类	包含类别	可进入类别	备注
A 农、林、牧、渔业	01～05	01～05	
C 制造业	13～43	13、14、20、34～37、39、40、43	
E 建筑业	47～50	47～50	
F 批发和零售业	51、52	51、52	
G 交通运输、仓储和邮政业	53～60	53～60	不包括危险品仓储
J 金融业	66～69	66～69	
K 房地产业	70	70	
L 租赁和商务服务业	71、72	71、72	
M 科学研究和技术服务业	73～75	73～75	
N 水利、环境和公共设施管理业	76～78	76～78	不包括 7724 危险废物治理和 7725 放射性废物治理
O 居民服务、修理和其他服务业	79～81	79～81	

行业分类	包含类别	可进入类别	备注
P 教育	82	82	
Q 卫生和社会工作	83、84	83、84	
R 文化、体育和娱乐业	85～89	85～89	
S 公共管理、社会保障和社会组织	90～95	90～95	
T 国际组织	96	96	

综合以上分析,产业资源指标评价体系如表 7-55 所示。

表 7-55 产业资源指标整理表

指标项目	计算/测量方法	参考范围
第三产业占 GDP 比重	第三产业产值/地区 GDP 总量	≥40%
准入/禁入行业门类	按国家统计局行业分类标准,根据保护要求及用地类型确定	见表 7-52

7.6.2 石家庄绿色隔离空间单元划分方法

1）单元划分目的

为了有效落实规划对绿色隔离地区用地的空间管制和用地监控,细化对各类用地(非建设用地和建设用地)的指标控制,并为下一层次的规划编制提供有效依据,要对绿色隔离地区用地范围进行控制单元划分,并确定控制单元的控制指标体系和建设导引标准。

2）单元划分原则

为了便于分类型管理,单元划分应尽量与生态用地控制类型分区保持空间一致性。单元划分力图用地明确、界线清晰,根据规划用地类别以及地形特点等划分。为了便于行政管理部门付诸实施和管理,单元划分要尽量保证乡镇行政界线的完整性。个别形状特别狭长的地块,在统一指标的控制下将其划分为 2～3 个控制单元,以便于分区管理和分图幅的编制。

3）单元划分方案

根据以上单元划分原则,以及从用地属性考虑,将绿色隔离空间控制单元划分为 5 个单元地块,分别为 TZ-001、TZ-002、TZ-003、TZ-004、TZ-005(图 7-30 至图 7-34)。

4）单元控制指标体系

绿色隔离空间单元控制从总体控制与村庄控制两方面对绿色隔离空间的建设活动进行规范与引导。总体控制指标是对单元进行整体性控制的指标,村庄控制指标是对保留村庄的建设与设施配套的控制(城镇建设用地按照石家庄城市建设用地管理标准进行控制)。

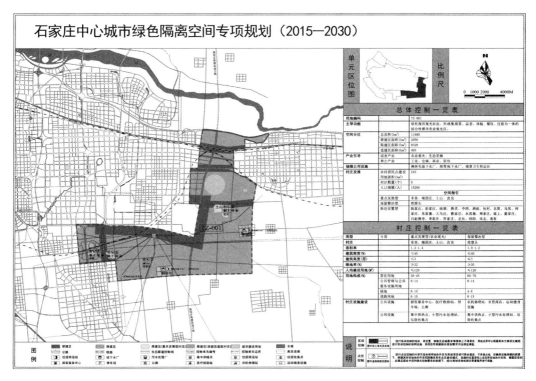

图7-30 图则 TZ-001
图片来源：自绘

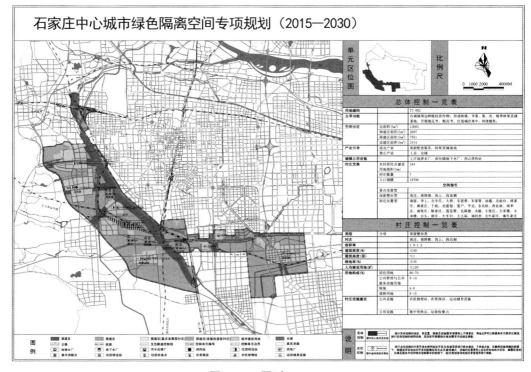

图7-31 图则 TZ-002
图片来源：自绘

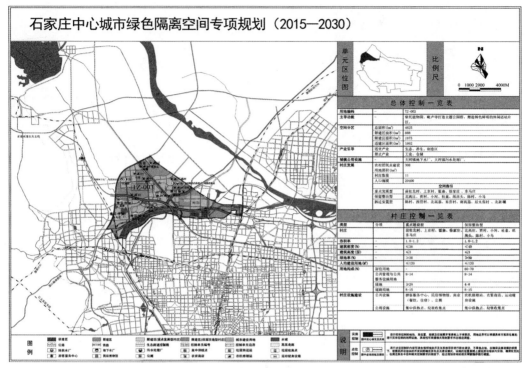

图 7-32　图则 TZ - 003
图片来源:自绘

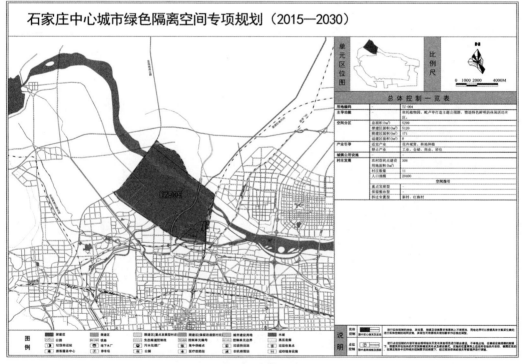

图 7-33　图则 TZ - 004
图片来源:自绘

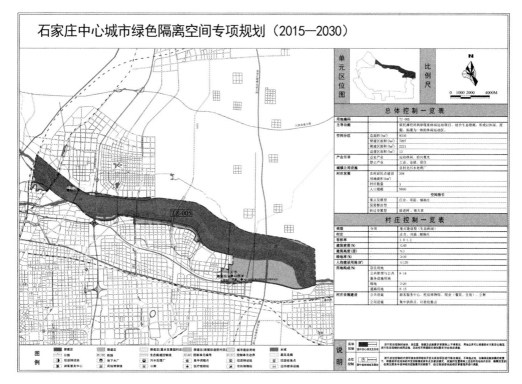

图 7-34　图则 TZ-005
图片来源:自绘

(1) 总体控制指标

包括了主导功能、空间分区、产业引导、公用设施、村庄发展等 5 类指标。

主导功能是以单元发展现状和产业发展适宜性分析为基础,结合相关规划制定的单元发展的总体策划。空间分区是单元内禁建区、限建区、适建区的构成情况。产业引导为根据主导功能对产业的发展引导,分成适宜产业与禁止产业两类。公用设施则是对单元内公用设施的配置进行控制。村庄发展为对单元内村庄发展的引导,将村庄分为重点发展型、保留整治型、拆迁安置型 3 类,并明确保留村庄的数量、用地面积与人口规模。

(2) 村庄控制

包含村庄类型、用地构成、建设控制、设施建设等 4 类指标。

村庄类型将保留的村庄分为重点发展型和保留整治型两类,以便有针对性地进行指标控制。用地构成对村庄的人均建设用地面积,以及居住用地、公共管理与公共服务设施用地、绿地、道路用地的构成比例进行控制。建设控制从容积率、建筑密度、建筑高度、绿地率等指标对村庄的物质环境建设进行控制。设施建设则从公共设施和公用设施两方面对村庄的设施配套进行控制。

7.6.3　石家庄绿色隔离空间规划管理

1) 目标与原则

(1) 发展目标

通过控制建设用地总量,保护自然生态要素,发展绿色休闲产业,传承历史文化,提升风貌特色,重现"沃野平畴、村落散布"的田园风光,将绿色隔离空间建设为重要的都市近郊休闲地。

（2）基本原则

以人为本：以提高人民群众生活质量和丰富市民的休闲活动为根本,在保护各类资源的基础上,为人们提供设施完备、环境优美的生活空间和怡人的休闲活动场所。

生态优先：加强对基本农田、水源地、林地、水系的保护,补偿或修复已破坏的自然资源,实现区域生态资源的可持续发展。

文化传承：充分尊重地域文化与艺术,突出历史文化和风土民情特色,将自然和人文精神结合起来,尊重和保护历史人文景观,延续历史文脉。

2）生态空间建设管理

（1）特色功能区

结合现有生态基础和地域特色,把绿色隔离空间划分成水源地片区、植物园片区、山前片区、都市农业片区、滹沱河沿岸片区等5个特色功能区,进行生态空间建设。重点发展生态观光农业、生产性绿地、近郊风景林地等具有生态补偿、调节、休闲功能的绿色产业。

① 水源地片区

在严格执行《石家庄市市区生活饮用水地下水源保护区污染防治条例》的基础上,鼓励各种具有观赏性的规模农林业建设,打造林海花田的大地艺术景观区,宜开展骑行、徒步、摄影等活动。

② 植物园片区

恢复自然生态基底,依托植物园、毗卢寺和水系打造主题公园群,宜开展文化、养生、休闲等娱乐活动。

③ 山前片区

在城镇周边种植经济林,形成核桃、苹果、梨、杏、桃等林果采摘基地,打造城在林中、林绕城美的意境,宜开展桃花节、梨花节等活动。

④ 都市农业片区

依托现有观光农业,形成集观赏、品尝、体验、餐饮、住宿为一体的综合性都市农业观光区,宜开展瓜果蔬菜采摘、垂钓、开心农场、农家乐、农事体验、乡村茶吧、乡村工艺坊等活动。

⑤ 滹沱河沿岸片区

恢复滹沱河自然生态群落,形成以休闲、拓展为一体的休闲运动区,宜开展露营、拓展运动等娱乐活动。

（2）环城林带

在中心城区及良村开发区规划建成区外围控制宽度不低于200米的环城林带。国、省道两侧分别控制30米、20米道路绿化带。县、乡道两侧分别控制5~10米道路绿化带,同时完善区域农田林网建设。

3）城乡建设用地管理

严格控制镇区用地边界。镇区建设应以多层为主,可适当点缀小高层,禁止建设高层建筑；建筑色彩以浅色调为主,与自然相协调。

严格控制现状村庄用地边界,沿村庄四周建设20~50米宽的环村林带。在不增加现状村庄用地的情况下,利用存量土地,加强文化教育、医疗卫生、养老、体育等公共服务设施建设,改善村庄生活条件。

村庄建设应保持原有低层风貌格局,城镇给水、排水、供热等基础设施能覆盖到的村庄可以考虑适当建设多层建筑。

结合旅游资源和自然景观资源,确定东客、端固庄、土山、宜安、前杜北村、后杜北村、上京村、霍寨、徐家庄、庄合、双庙等村庄为重点建设村庄。着重加强商业(餐饮、住宿)、游客服务中心、民俗博物馆、停车场、公厕等旅游配套设施的建设,满足旅游接待需求。

上京、前杜北、后杜北毗邻毗卢寺,村庄建筑改造,突出青砖黛瓦的仿古特色,形成与毗卢寺较为统一的风貌片区。东客、端固庄、土山、宜安、霍寨、徐家庄等村庄在传统田园风貌的基础上适当增加现代符号,结合农业观光园和植物园的自然景观资源,创造传统与现代交融、景观优美、整洁划一的村庄景观。庄合、双庙等村庄进行高标准建设,以现代别墅度假村的形式为游客提供高档的餐饮、住宿条件,形成休闲、度假的游客之家。

在园区、镇区外,禁止规划新增工业用地,现有工业企业应逐步向工业园区搬迁。

7.6.4 石家庄绿带分区规划控制指标研究

1)严格限制区控制指标

严格限制区包括滹沱河治导区、水源一级保护区、南水北调管线一级保护区、河流及其绿化防护带、220 kV 及 500 kV 高压线走廊、石化园区绿化隔离区。此类区域严格禁止无关建设进入,因此指标管控最为严格(表 7-56)。

表 7-56 石家庄严格限制区控制指标

类别	指标项目	规划限值
低碳生态	水环境质量	Ⅰ~Ⅲ
	空气环境质量	Ⅰ
	环境噪声达标区覆盖率	100%
	森林覆盖率	≥15%
	绿地率	≥70%
	道路广场透水面积比例	≥70%
	生活垃圾无害化处理率	≥90%
	可再生能源比例	≥80%
土地利用	建筑高度	≤15 米
	建筑密度	≤20%
	容积率	≤0.5
	新建绿色建筑比例	≥60%
产业引导	第三产业占 GDP 比重	≥80%
	准入/禁入行业门类	—

2）一般限制区控制指标

一般限制区包括滹沱河绿化保护范围、道路铁路噪声防护区、水源二级保护区、一般农村居民点、基本农田及一般农田。此类区域大部分住宅以及部分工业可进入，但控制指标较为严格，需达到指标要求后才可进入（表7-57）。

表7-57 石家庄一般限制区控制指标

类别	指标项目	规划限值
低碳生态	水环境质量	Ⅰ～Ⅳ
	空气环境质量	Ⅰ～Ⅱ
	环境噪声达标区覆盖率	100％
	森林覆盖率	≥10％
	绿地率	≥40％
	道路广场透水面积比例	≥70％
	生活垃圾无害化处理率	≥90％
	可再生能源比例	≥60％
	工业用水重复率	≥80％
土地利用	建筑高度	≤24米
	建筑密度	≤30％
	容积率	≤1.0
	新建绿色建筑比例	≥40％
产业引导	第三产业占GDP比重	≥40％
	准入/禁入行业门类	—

3）城乡建设区控制指标

城乡建设区包括城镇建设区、产业园区以及物流基地，此类区域是绿带内生产、生活的主要区域，除了污染严重、破坏环境的工业，其余低碳环保类产业均可进入（表7-58）。

表7-58 石家庄城乡建设区控制指标

类别	指标项目	规划限值
低碳生态	水环境质量	Ⅰ～Ⅳ
	空气环境质量	Ⅱ
	环境噪声达标区覆盖率	100％
	绿地率	≥30％
	道路广场透水面积比例	≥70％
	生活垃圾无害化处理率	≥90％
	可再生能源比例	≥30％
	工业用水重复率	≥80％

类别	指标项目	规划限制
土地利用	建筑高度	≤24 米
	建筑密度	≤35％
	容积率	≤1.5
	新建绿色建筑比例	≥50％
产业引导	第三产业占 GDP 比重	≥40％
	准入/禁入行业门类	—

8 结论与讨论

8.1 主要结论

（1）大城市绿带形态分为环形、嵌合型、网络型及分散型，这4种类型对改善城市生态环境均起到明显作用，其中环形形态对城市蔓延的控制作用较为显著，网络型次之。

（2）大城市绿带由生态空间、生产空间、生活空间及基础设施配套组成，其中生态空间是绿带的主体，应占60%以上，生活空间及生产空间是绿带的必要组成部分，通过生活空间及生产空间的嵌入，可以激发绿带的发展与活力。

（3）大城市绿带的控制应从"宏观＋微观"方面入手，其中宏观的控制应从低碳生态、土地利用及产业引导三方面入手，对绿化总量、绿化质量、建筑开发强度、产业发展方向等方面进行控制。

（4）对大城市绿带具体的控制应以单元为单位，实施分区域分指标的具体控制，将低碳生态、土地利用、产业引导三方面具体到15个指标进行控制。

绿带政策是西方国家为应对快速城市化、快速工业化中城市无序蔓延而形成的规划工具，它最早起源于英国伦敦，之后巴黎、莫斯科、渥太华、柏林等城市开始效仿伦敦，陆续开始了绿带的实践，而我国也自1980年代开始由北京最先启动了绿带建设，此后上海、天津、成都、石家庄等城市开始了绿带的本土化实践。随着绿带实践的推进，绿带的功能由最初的容纳性城市增长限制手段，逐渐地加入生态功能、游憩功能、景观美化功能等，绿带的空间构成也从简单的以农田、林地为主的农村地区逐渐丰富为涵盖旅游、产业、郊野公园、体育设施、农场、度假村等多种类型用地的复合功能地区，涵盖了生态、游憩、生活、生产等4个方面。

石家庄绿带自2005年建设以来经历了十多年的历程，绿带地区城乡空间发生了显著变化。在生态空间方面，绿带的生态强度呈现下降的趋势，生态空间总量持续下降，生态斑块的破碎程度上升且植被覆盖的质量出现明显退化；在游憩空间方面，呈现出较快发展的特点，游憩空间的总量与类型都得到了提升，游憩空间的系统性开始显现，具有发展提升的空间与潜力；在生活空间方面，虽然村庄地区常住人口呈现下降趋势，村庄的规模处于扩张状态，而区位条件较好的村庄的建设强度显著上升，容积率由原来的0.6～0.8上升至1.0以上；在生产空间方面，与居住空间类似，绿带农村地区的生产空间也出现较快增长，农村工业快速发展，呈现用地效益低下、空间分布零散的特点。农村地区生活、生产空间的无序发展对绿带地区建设形成了突出影响。

绿带空间演变的动因包括了三方面。首先，绿带地区与中心城区之间存在显著的经济发展差距，低廉的农村土地成本吸引城市资本向绿带转移，而农村地区相对低下的收入水平与非农用地方式则诱使农民对集体土地进行开发,外部的冲击与内部的转变的契合成为了生活空间与生产空间增长的最根本推动力。其次,由于地方政府发展观念的落后,存在"重发展轻民生""重城市轻农村"的理念,对绿带地区的建设行为疏于控制,使农村地区工业与房地产业发展形成无序、零散的状态,并且导致了农村公共服务设施水平的滞后。再次,县级行政主体较强的独立性也对绿带地区的规划管理带来了挑战。幸而生活水平的提升与消费观念的多样化使地区旅游产业得到了长足的发展,为绿带地区经济的转型提升提供了良好的基础。

绿带地区的优化发展首先要形成生态化的产业结构,通过休闲农业、农业物流业发展促进一产、三产的融合,并严格限制工业发展规模;同时强化地区生态建设,在区域层面与外部生态资源以及中心城区形成协调的空间格局,在地区层面则要以郊野公园体系与林带建设增强生态稳定性,并为游憩发展提供基础;另外,在城乡建设方面,要通过控制用地增长、适时进行旧居更新促进城市紧凑发展,要通过村庄迁并与村庄建设控制促进乡村集约发展;在设施配套方面,要通过政府财政改革与引入市场机制保证城乡高效公平的设施配套;在空间管制方面要形成分区分类,根据生态要素的重要程度形成不同控制强度的控制以及针对其特性形成差异化的控制。

8.2　展望与不足

8.2.1　研究展望

随着绿带游憩功能重要性的不断提升,绿带与市民生活的联系越来越紧密,绿带不单是为城市打造的"绿腰带",也是市民生活的"桃源",绿带规划研究应该进一步去探索绿带建设中如何加强市民参与,不仅使地区内部居民的生存需求得到反映,同时也要使外部居民的游憩休闲需求得到最大满足,这是当前研究中应该积极延伸的方向。此外,由于我国转型发展的深化以及发展理念的转变,城市与绿带的关系、绿带的功能定位也应该不断更新发展,在新的出发点上更好地指导绿带实践的进行。

8.2.2　研究不足

本书从大城市绿带的规划与管控角度出发,试图总结出适用于大城市绿带管控的指标体系,但由于研究资源、篇幅及个人能力的限制,仍有以下不足:

(1) 本书所建立的控制指标体系是基于现有城市指标体系的总结,主要注重指标的实施性,对于部分指标如物种丰富度、单位 GDP 能耗进行了舍弃,在后续研究中可以更加注重指标体系的研究性。

(2) 目前对控制指标的研究方法仅采用归纳总结方法获得,后续研究中可采用科学方法如空间分析、数理方法得出科学数值。

(3) 在控制指标体系的建立上,针对不同类型,不同构成比例的绿带,可以细化控制指标体系,进行进一步的发展。

参考文献

[1] Anderson, J R, Ernest E H, Roach J R, et al, 1976. A land use and land cover classification system for use with remote sensor data[R]. Geological Survey Professional Paper No. 964. Washington: United States Government Printing Office.

[2] Amati M, Yokohari M, 2006. Temporal changes and local variations in the functions of London's green belt[J]. Landscape and Urban Planning, 75(1-2):125-142.

[3] Ahern J, 1995. Greenways as a planning strategy[J]. Landscape & Urban Planning, 33(1-3):131-155.

[4] Adam Smith Institute,1973. The green quadratic[R]. London: Adam Smith Institute.

[5] Amati M, Taylor L, 2010. From green belts to green infrastructure[J]. Planning Practice&Research, 25: 2143-2155.

[6] Brown D G, Page S E, Riolo R, et al, 2004. Agent based and analytical modeling to evaluate the effectiveness of greenbelts[J]. Environmental Modelling & Software, 19(12):1097-1109.

[7] Bengston D N, Youn Y C, 2006. Urban containment policies and the protection of natural areas: The case of Seoul's greenbelt[J]. Ecology and Society, 11(1).

[8] Bibby P, 2009. Land use change in Britain[J]. Land Use Policy, 26(1):S2-S13.

[9] Boentje J P, Blinnikov M S, 2007. Post-soviet forest fragmentation and loss in the green belt around Moscow, Russia (1991-2001): A remote sensing perspective[J]. Landscape & Urban Planning, 82(4):208-221.

[10] Bae C-H C. 1998. Korea's greenbelts: Impacts and options for change[J]. Pacific Rim Law & Policy Journal, 7(3): 479-502.

[11] Barker K, 2005. On the economics of the Barker Review of Housing Supply[J]. Housing Studies, 20(6): 949-971.

[12] Curtis C,1996. Can strategic planning contribute to a reduction in car-based travel[J]. Transport Policy (3): 55-65.

[13] Dawkins C J, Nelson A C, 2002. Urban containment policies and housing prices: An international comparison with implications for future research[J]. Land Use Policy, 19(1):1-12.

[14] Ewing R, 1997. Is Los Angeles-style sprawl desirable? [J]. American Planning Association,63 (1): 107-126

[15] Elson M, 2002. Modernising the green belt: Some recent contributions[J].

Town and Country Planning,71(10)：266-267.

[16] Fitzsimons J，Pearson C J，Lawson C，et al，2012．Evaluation of land-use planning in greenbelts based on intrinsic characteristics and stakeholder values[J]．Landscape and Urban Planning,106(1)：23-34.

[17] Green H，Thomas M，ILES N，et al，1996．Housing in England[R]．London：HMSO：14-27

[18] Gordon P，Richardson H W，1997．Are compact cities a desirable planning goal？[J]．American Planning Association，63：95-106

[19] Gant R L，Robinson G M，Fazal S，2011．Land-use change in the "Edgelands"：policies and pressures in London's rural-urban fringe[J]．Land Use Policy（28）：266-279.

[20] Herzele A V，Wiedemann T，2003．A monitoring tool for the provision of accessible and attractive urban green spaces[J]．Landscape and Urban Planning，63(2)：109-126.

[21] Hall P，Thomas R，Gracey H，et al，1973．The Containment of Urban England[M]．London：Allen and Unwin.

[22] Herington J，1990．Be yound green belts：managing growth in the 21st century[M]．London：Jessica kingsley pub.

[23] Jones M T，Ainsworth K，1997．Green belts or green wedges for Wales?：Searching for an appropriate solution to urban fringe problems in the principality[R]．Department of City and Regional Planning．Cardiff：University of Wales College of Cardiff.

[24] Kim J，1990．Urban redevelopment of green belt villages：A case study of Seoul[J]．Cities，7(4)：323-332.

[25] Kühn M，2003．Greenbelt and green heart：Separating and integrating landscapes in European city regions[J]．Landscape and Urban Planning，64(1)：19-27.

[26] Lee C - M，Linneman P，1998．Dynamics of the greenbelt amenity effect on the land market：The case of Seoul's greenbelt[J]．Real Estate Economics，26(1)：107-129.

[27] Lee C M，1999．An intertemporal efficiency test of a greenbelt：Assessing the economic impacts of Seoul's greenbelt[J]．Journal of Planning Education and Research，19(1)：41-52.

[28] Lai L W C，Ho W K O，2001．Low-rise residential developments in green belts：A Hong Kong empirical study of planning applications[J]．Plannng Practice and Research，16(3-4)：321-335.

[29] Longley P，Batty M，Shepherd J，et al，1992．Do green belts change the shape of urban areas：A preliminary analysis of the settlement geography of South East England[J]．Regional studies，26(5)：437-452.

[30] Larnelle N，Legenne C，2008．The Paris-ue-de-France ceinture verte[J]．Urban Green Belts in the Twenty-first cENTURY．227-241.

[31] Munton R ，Marsden W T，1988．Reconsidering urban-fringe agriculture：A

longitudinal analysis of capital restructuring on farms in the metropolitan green belt[J]. Transactions of the Institute of British Geographers (New Series), 13(3):324-336.

[32] Mandelker D, 1962. Green belts and urban growth: English town and country planning in action[M]. Madison: University of Wisconsin Press.

[33] Nelson A C, 1985. A unifying view of greenbelt influences on regional land values and implications for regional planning policy[J]. Growth and Change (4): 43-44.

[34] Nelson A C, Duncan J B, 1995. Growth management principles and practices [M]. Washington, WA: American Planning Association.

[35] Pond D, 2009. Institutions, political economy and land-use policy: Greenbelt politics in Ontario[J]. Environmental Politics, 18(2): 238-256.

[36] Royal Town Planning Institute, 2000. Green belt policy[R]. A discussion paper RTPI/G3. London: The Royal Town Planning Institute.

[37] Siedentop S, Fina S, Krehl A, 2016. Greenbelts in Germany's regional plans: An effective growth management policy[J]. Landscape and Urban Planning, 145:71-82.

[38] Tashiro Y, Ye K R, 1993. A study on application process of greenbelt as development restriction region which is a style of land-use regulation in Korea[J]. Technical Bulletin of Faculty of Horticulture Chiba University, 47:85-93.

[39] Tang B S, Wong S W, Lee A K W, 2005. Green belt, countryside conservation and local politics: a Hong Kong case study[J]. Review of Urban and Regional Development Studies, 17(3): 230-247.

[40] Williams G, Baker M, 2007. Strategic and regional planning in the North-West [M]//Dimitriou M, Thompson R. Strategic Planning for Regional Development in the UK. London: Routledge: 291-315.

[41] Yokohari M, Takeuchi K, Watanabe T, et al, 2000. Beyond greenbelts and zoning:A new planning concept for the environment of Asian mega-cities[J]. Landscape and Urban Planning, 47(3-4):159-171.

[42] 鲍承业,2010. 城市开敞空间环的规划分析与研究:以上海环城绿带为例[M]//中国环境艺术设计·景论. 北京:中国建筑工业出版社:10.

[43] 彼得·霍尔,2008. 城市和区域规划[M]. 北京:中国建筑工业出版社.

[44] 曹娜,2012. 基于生态理念的城市发展空间模式研究:以北京市绿化隔离地区为例[C]//中国城市规划学会. 多元与包容:2012 中国城市规划年会论文集. 中国城市规划学会:8.

[45] 曹哲铭,2010. 簇群式城市生态空间结构模式与建构研究[D]. 武汉:华中科技大学.

[46] 柴舟跃,谢晓萍,尤利安·韦克尔,2016. 德国大都市绿带规划建设与管理研究:以科隆与法兰克福为例[J]. 城市规划,40(5):99-104.

[47] 陈玮玮,2008. 介入生态理念的城乡交错带控规编制方法探索:以杭州市西湖区生态控制区单元控制性详细规划为例[C]//中国城市规划学会. 生态文明视角下的城乡规划:2008 中国城市规划年会论文集. 中国城市规划学会:10.

[48] 陈永昶,郭净,徐虹,2014. 休闲旅游:国内外研究现状、差异与内涵解析[J]. 地理与地理信息科学,30(6):94-98.

[49] 崔振东,2010. 日本农业的六次产业化及启示[J]. 农业经济(12):6-8.

[50] 冯萍,2003. 引导城市良性发展的有益探索:谈广东省《环城绿带规划指引》的编制[J]. 规划师(10):82-83,86.

[51] 付晶,2006. 上海环城绿带评价及发展对策研究[C]//中国地理学会,等. 中国地理学会 2006 年学术年会论文摘要集:1.

[52] 甘霖,2012. 基于遥感影像的北京绿隔规划控制成效分析[J]. 北京规划建设(5):37-40.

[53] 龚兆先,周永章,2005. 环城绿带对城乡边缘带景观的促进机制[J]. 城市问题(4):31-34.

[54] 郭昊,2014. 北京市绿隔村庄规划模式与政策研究[D]. 北京:清华大学.

[55] 关卓今,裴铁璠,2001. 生态边缘效应与生态平衡变化方向[J]. 生态学杂志(2):52-55.

[56] 韩西丽,2004. 从绿化隔离带到绿色通道:以北京市绿化隔离带为例[J]. 城市问题(2):27-31.

[57] 郝璞.2015. 基于竞租理论的城中村建设强度分析:以深圳市为例[J]. 城市规划,39(8):24-28,38.

[58] 黄雨薇,2012. 英国绿带政策形成、发展及其启示[D]. 武汉:华中科技大学.

[59] 黄震方,祝晔,袁林旺,等,2011. 休闲旅游资源的内涵、分类与评价:以江苏省常州市为例[J]. 地理研究,30(9):1543-1553.

[60] 贾俊,高晶,2005. 英国绿带政策的起源、发展和挑战[J]. 中国园林(3):73-76.

[61] 王涌彬,开彦,2005. 紧凑新城镇:节能省地与可持续发展之路[J]. 住宅科技(9):3-6.

[62] 黎新,1989. 巴黎地区环形绿带规划[J]. 国际城市规划(3):22-28.

[63] 李功,刘家明,宋涛,等,2015. 北京市绿带游憩空间分布特征及其成因[J]. 地理研究,34(8):1507-1521.

[64] 李功,刘家明,宋涛,等,2014. 城市绿带及其游憩利用研究进展[J]. 地理科学进展,33(9):1252-1261.

[65] 李强,戴俭,2005. 规划制度安排与"绿带"政策的绩效:伦敦与北京的比较[J]. 城市发展研究(6):32-35.

[66] 李潇,2014. 德国"区域公园"战略实践及其启示:一种弹性区域管治工具[J]. 规划师,30(5):120-126.

[67] 李小娟,2007. ENVI遥感影像处理教程[M]. 北京:中国环境科学出版社.

[68] 刘博,魏甫,2017. 基于近自然林理论的城市环城绿带植物规划:以长沙市环城绿带生态圈为例[J]. 中南林业调查规划,36(4):21-25.

[69] 刘涛,仝德,李贵才,2014. 空间尺度对城市竞标地租理论的适用性影响分析:以深圳经济特区为例[J]. 经济地理,34(2):67-72.

[70] 刘玉,苏晓捷,车巍巍,2014. 中国城乡结合部演化态势与发展趋向[J]. 国际城市

规划,29(4):27-32.

[71] 陆同伟,宋珂,杨秀,等,2011. 基于生态适宜度分析的城市用地规划研究:以杭州市东南部生态带保护与控制规划为例[J]. 复旦学报(自然科学版),50(2):245-251.

[72] 马静,2011. 北京市绿化隔离带政策绩效评价[D]. 北京:北京林业大学.

[73] 马璐璐,2015. 北京城市边缘区绿色空间现状及提升策略研究[D]. 北京:北京林业大学.

[74] 闵希莹,杨保军,2003. 北京第二道绿化隔离带与城市空间布局[J]. 城市规划(9):17-21,26.

[75] 欧阳志云,李伟峰,Paulussen J,等,2004. 大城市绿化控制带的结构与生态功能[J]. 城市规划(4):41-45.

[76] 潘嘉虹,2014. 绿环作为城市增长管理工具:发展、争论及启示[C]//中国城市规划学会. 城乡治理与规划改革——2014 中国城市规划年会论文集. 中国城市规划学会.

[77] 潘鑫,胥建华,2008. 中国大城市空间扩展与绿带保护策略研究[J]. 中国工程咨询(1):24-26.

[78] 彭少麟,2012. 生态景观林带建设的主要生态学理论与应用[J]. 广东林业科技,28(3):82-87.

[79] 任超,袁超,何正军,等,2014. 城市通风廊道研究及其规划应用[J]. 城市规划学刊(3):52-60.

[80] 沙里宁,1986. 城市:它的发展衰败与未来[M]. 顾启源,译. 北京:中国建筑工业出版社.

[81] 邵晓梅,刘庆,张衍毓,2006. 土地集约利用的研究进展及展望[J]. 地理科学进展(2):85-95.

[82] 石崧,凌莉,乐芸,2013. 香港郊野公园规划建设经验借鉴及启示[J]. 上海城市规划(5):62-68.

[83] 宋家宁,张清勇,2009. 国内城乡结合部土地利用研究综述[J]. 中国土地科学,23(11):76-81.

[84] 宋京城,顾金峰,时忠明,等,2013. 浅议中国台湾现代农业特点及对内地的启示[J]. 中国农业信息(16):41-43.

[85] 宋彦,丁成日,2005. 韩国之绿化带政策及其评估[J]. 城市发展研究(5):41-46.

[86] 孙瑶,马航,宋聚生,2015. 深圳、香港郊野公园开发策略比较研究[J]. 风景园林(7):118-124.

[87] 孙喆,2009. 城市郊野公园是城市生态保护的重要载体:以杭州城市生态带保护为例[J]. 中国园林,25(6):19-23.

[88] 谭求,2009. 北京市第一道绿化隔离地区规划反思和探索[D]. 北京:清华大学.

[89] 汪永华,2004. 环城绿带理论及基于城市生态恢复的环城绿带规划[J]. 风景园林(53):20-25.

[90] 汪永华,2005. 大城市环城绿带规划原则与理念[M]//中国城市规划学会. 城市规划面对面:2005 城市规划年会论文集(下). 北京:中国水利水电出版社.

[91] 王瀚,2007. 我国城市绿带规划建设中的挑战及其对策研究[D]. 武汉:华中科技

大学.

[92] 王红兵,陈家宽,2014. 环城绿带格局与大城市规模的相关性[J]. 科学通报,59(15):1429-1436.

[93] 王思元,2012. 城市边缘区绿色空间格局研究及规划策略探索[J]. 中国园林,28(6):118-121.

[94] 王卫红,2013. 基于生态效应准则的环城绿带规划:天津外环绿带生态构建研究[C]//中国城市规划学会. 城市时代,协同规划:2013 中国城市规划年会论文集. 中国城市规划学会:13.

[95] 王旭东,王鹏飞,杨秋生,2014. 国内外环城绿带规划案例比较及其展望[J]. 规划师,30(12):93-99.

[96] 王云才,吕东,彭震伟,等,2015. 基于生态网络规划的生态红线划定研究:以安徽省宣城市南漪湖地区为例[J]. 城市规划学刊(3):28-35.

[97] 温全平,杨辛,2010. 环城绿带详细规划指标体系探讨:以上海市宝山区生态专项建设管理示范基地规划为例[J]. 风景园林(1):86-92.

[98] 文萍,吕斌,赵鹏军,2015. 国外大城市绿带规划与实施效果:以伦敦、东京、首尔为例[J]. 国际城市规划,30(S1):57-63.

[99] 吴国强,余思澄,王振健,2001. 上海城市环城绿带规划开发理念初探[J]. 城市规划(4):74-75.

[100] 吴纳维,2014. 北京绿隔产业用地规划实施现状问题与对策:以朝阳区为例[J]. 城市规划(2):76-84.

[101] 吴纳维,张悦,王月波,2015. 北京绿隔乡村土地利用演变及其保留村庄的评估与管控研究:以崔各庄乡为例[J]. 城市规划学刊(1):67-73.

[102] 吴妍,赵志强,周蕴薇,2012. 莫斯科绿地系统规划建设经验研究[J]. 中国园林,28(5):54-57.

[103] 谢涤湘,宋健,魏清泉,等,2004. 我国环城绿带建设初探:以珠江三角洲为例[J]. 城市规划(4):46-49.

[104] 谢欣梅,2009. 北京、伦敦、首尔绿带政策及城市化背景对比[J]. 北京规划建设(6):68-70.

[105] 谢欣梅,丁成日,2012. 伦敦绿化带政策实施评价及其对北京的启示和建议[J]. 城市发展研究,19(6):46-53.

[106] 谢盈盈,2010. 荷兰兰斯塔德"绿心":巨型公共绿地空间案例经验[J]. 北京规划建设(3):64-69.

[107] 邢忠,汤西子,徐晓波,2014. 城市边缘区生态环境保护研究综述[J]. 国际城市规划,29(5):30-41.

[108] 许浩,2003. 国外城市绿地系统规划[M]. 北京:中国建筑工业出版社.

[109] 闫娟,2010. 我国政府绩效评估指标体系构建的新趋向与新要求[J]. 理论导刊(7):8-11.

[110] 燕守广,林乃峰,沈渭寿,2014. 江苏省生态红线区域划分与保护[J]. 生态与农村环境学报,30(3):294-299.

[111] 杨玲,2010. 环城绿带游憩开发及游憩规划相关内容研究[D]. 北京:北京林业大学.

[112] 杨小鹏,2008. 首尔的绿带政策与新城政策:二元规划体系下的矛盾[J]. 规划师(2):85-88.

[113] 杨小鹏,2010. 英国的绿带政策及对我国城市绿带建设的启示[J]. 国际城市规划,25(1):100-106.

[114] 杨志安,汤旖璆,2014. 土地财政收入与城市公共服务水平关系研究[J]. 价格理论与实践(11):104-106.

[115] 尹慧君,2010. "生态经济学"视野下的城市绿化隔离地区产业发展探索:以北京市东三乡地区为例[C]//中国城市规划学会,重庆市人民政府. 规划创新:2010中国城市规划年会论文集. 中国城市规划学会:9.

[116] 余佶,余佳,2016. 英国绿带政策演进及对中国新型城镇化的启示[J]. 世界农业(10):210-214.

[117] 俞孔坚,1999. 生物保护的景观生态安全格局[J]. 生态学报(1):10-17.

[118] 曾鹏,2004. 对规范我国农村房地产市场的思考[J]. 农业经济(12):24-25.

[119] 曾赞荣,王连生,2014. "绿隔"政策实施下北京市城乡结合部土地利用问题及开发模式研究[J]. 城市发展研究,21(7):24-28.

[120] 张怀振,姜卫兵,2005. 环城绿带在欧洲的发展与应用[J]. 城市发展研究(6):36-40.

[121] 张浪,2015. 城市绿地系统布局结构模式的对比研究[J]. 中国园林,31(4):50-54.

[122] 张衔春,单卓然,贺欢欢,等,2014. 英国"绿带"政策对城乡边缘带的影响机制研究[J]. 国际城市规划,29(5):42-50.

[123] 张衔春,龙迪,边防,2015. 兰斯塔德"绿心"保护:区域协调建构与空间规划创新[J]. 国际城市规划,30(5):57-65.

[124] 张晓佳,2006. 城市规划区绿地系统规划研究[D]. 北京:北京林业大学.

[125] 张卓林,2011. 城市环城绿带的建设策略及景观策略研究:以西安环城绿带为例[D]. 西安:西安建筑科技大学.

[126] 郑风田,2011. 农民为什么盼征地?[J]. 中国经济周刊(49):18.

[127] 朱道林,徐思超,2015. 长江经济带城市地价水平与区域经济发展关系[J]. 中国发展,15(3):39-45.

[128] 宗跃光,1999. 城市景观生态规划中的廊道效应研究:以北京市区为例[J]. 生态学报,19(2):3-8.

[129] 孙瑶,马航,宋聚生,2015. 深圳、香港郊野公园开发策略比较研究[J]. 风景园林(7):118-124.

[130] 祝的春,2005. 大城市边缘区绿色生态园规划研究[D]. 北京:中国农业大学.

后　记

　　2010年前后,石家庄强调省会意识,提出城市建设"一年一大步,三年大变样",笔者从建设大街开始,陆续参与二环路、中山路等规划设计实践,感受到城市的快速发展和日新月异的变化,2015年有幸接受规划局委托,与石家庄规划设计院合作编制中心城市绿色隔离空间专项规划,隐隐感受到城市发展开始了新的转型。

　　蔓延是大城市面临的普遍问题,在西方表现为低密度外延扩张,在我国表现为"摊大饼"式快速扩展,造成交通拥堵、环境恶化、用地浪费等问题。为限制城市无序蔓延,英国1938年通过绿带法案,1944年艾伯克隆比主持大伦敦规划提出绿带环,1947年,英国城乡规划法为绿带实施奠定法律基础,1968年新的城乡规划法在地方结构规划中明确绿带规划内容,1998年英国政府颁布绿带政策指引,绿带作为控制无序蔓延的有效工具被世界大城市普遍使用,莫斯科、巴黎、柏林,以及亚洲的东京、首尔,北美洲的多伦多、渥太华等大城市相继规划建设绿带。

　　我国大城市先后建设绿色隔离地区,1993年北京规划第一、第二绿色隔离区,1993年上海规划外环线绿带,2003年成都规划"198"绿化生态区。然而在快速城市化进程中,绿色隔离空间不断遭到蚕食,城市生态环境遭到威胁。2013年获得国务院批准同意的石家庄市城市总体规划明确了中心城区规划建成区边界和城乡生态协调区范围。城市外延式扩张导致郊区尤其是近郊农业用地不断遭到"蚕食",亟须对城乡过渡地带的城乡生态协调区的发展进行有效控制与指导,防止中心城区建设用地无限制地向外扩展以及农村建设用地向中心城区蔓延。

　　当前,我国生态文明建设正处于压力叠加、负重前行的关键期,已进入提供更多优质生态产品以满足人民日益增长的优美生态环境需要的攻坚期,也到了有条件有能力解决生态环境突出问题的窗口期。大城市作为文明的集聚地、先行区,也是生态问题相对集中的地域,坚持人与自然和谐共生的自然观,坚持绿水青山就是金山银山的发展观,坚持良好生态环境是最普惠的民生福祉的民生观,坚持山水林田湖草是生命共同体的系统观,保护和建设好美丽城郊,成为大城市建设的重要任务之一,也是美丽中国的现实需求。

　　有幸得到江苏省科技支撑计划项目(BE2014706)、国家科技支撑计划(2015BAL02B01)、国家自然科学基金(51578129)、高等学校博士学科点专项科研基金(20090092120001)的资助,依托石家庄中心城市绿色隔离空间专项规划和中标的位于北京绿隔的温榆河公园周边区域概念性规划,指导研究生曹伯威、陈天鹤完成硕士论文,在实践和理论探索基础上,继续总结提升。

感谢石家庄规划设计院安桂江、乔润卓、郭树霞、南龙、高华轶等同行在工作中的支持，感谢曹伯威、陈天鹤、尤方璐、潘嘉虹、程亚午、李梦柯、黄玮琳等同学的无私帮助。大城市绿色隔离地区规划与建设面临的困难和问题还不少，本书还很不成熟，难免疏漏，希望同行斧正。

熊国平

2018 年 7 月